STREETSCAPE FOR WHO

街道是谁的

从街景设计出发
重构城市公共空间

余　洋
陈跃中　编著
董芦笛

召集单位
SRC 城市街景设计研究中心
易兰规划设计院

中国建筑工业出版社

图书在版编目（CIP）数据

街道是谁的：从街景设计出发重构城市公共空间/
余洋，陈跃中，董芦笛编著．—北京：中国建筑工
业出版社，2019.11
ISBN 978-7-112-24394-5

Ⅰ.①街… Ⅱ.①余… ②陈… ③董… Ⅲ.①城市
道路-城市景观-景观设计 Ⅳ.①TU984.1

中国版本图书馆CIP数据核字（2019）第245823号

责任编辑：戚琳琳 率 琦
责任校对：王 烨

街道是谁的
从街景设计出发 重构城市公共空间
余 洋 陈跃中 董芦笛 编著
＊
中国建筑工业出版社出版、发行（北京海淀三里河路9号）
各地新华书店、建筑书店经销
北京锋尚制版有限公司制版
北京富诚彩色印刷有限公司印刷
＊
开本：880×1230毫米 1/16 印张：22 字数：737千字
2020年1月第一版 2020年1月第一次印刷
定价：258.00元
ISBN 978-7-112-24394-5
（34726）

主　编

余　洋　陈跃中　董芦笛

编　委

周文倩　唐艳红　王海江　李泽琨　杨　妍　刘　婷
徐群峰　魏佳玉　王　琛　高中鹏　张妍妍　慕晓东

协　编

于雅诺　黄晓倩　姬昆元　赵红霞　曾　潘　贾瑾玉

妙梌迁

賀街道是誰的付梓己亥白露

孟兆楨

道莫便於捷而於道

中国工程院院士孟兆祯先生为本书题词

IFLA（国际风景园林师联合会）
主席James Hayter教授为本书
题词

The next decade will be the
one for landscape architects
our profession will continue
to expand in its influence
affecting positively our
human environments as
they are challenged by
climate change + the effects
of rapid urbanisation.
We are indeed privileged
to be practising in a
profession that will have
profound importance to the
quality of life of our communities.

Oct. 2019   James Hayter

The next decade will be the one for landscape architects. Our profession will continue to expand in its influence, affecting positively our human environments as they are challenged by climate change + the effects of rapid urbanization. We are indeed privileged to be practising in a profession that will have profound importance to the quality of life in our communities.

James Hayter
October. 2019

序 一

中国的城镇化建设已经从增量时代进入到增量和存量并存，且逐渐以存量为主的时代，因而，基于存量优化和品质提升的城市更新成为重要的规划和设计工作。同时，社会发展进入到关注消费品质的阶段，提供公共福利的城市资源成为重要的消费产品。在市场和经济动能的助力下，一些城市居住区的环境景观品质近年来有所提升，但是，作为城市公共空间重要组成的街道空间品质，却由于多年来机动车规划优先的影响，街道品质改善有限，与其相伴相生的街道生活日益缺失，乃至基本消失。

作为城市空间的重要组成，去汽车化、步行回归已经成为城市街道发展的趋势，街景成为城市更新的重要议题。我曾经在1991年造访纽约时代广场，当时这里车水马龙，机动车交通组织混杂。而当我2009年再次去这里时，时代广场变成了十分繁华的步行区域，机动车交通经过跨地块的重新组织反而提高了通行效率，街区完成了"回归步行"的华丽转身。从雅各布斯的"街道眼"和林奇的"城市五要素"，到各国发布的"完整街道"、"健康街道"等设计导则，街景的重要性愈发凸显。从上海的街道设计导则开始，许多城市相继推出了各类街道设计导则或指引文件，将街景纳入城市设计之中进行统筹考虑，意味着街景设计获得了更有保障的支撑条件。

街景重构是一个非常值得推荐和鼓励的倡议。作为城市设计的重要组成部分，如何从城市生活的角度探索街道空间景观设计，如何从街道出发重构城市公共空间，都指向一个重要的命题——街道是谁的？由SRC街景研究中心率先发起的"街景重构"倡议，引起了业内的普遍关注。它的目标是"打造品质活力的公共空间"，通过六个设计阶段的过程，解决传统街景设计中存在的各种问题，实现合理利用街道空间，激发城市活力，重新塑造城市特色的愿景。同时，街景重构的五原则涉及了慢行系统、用地红线、街道形态、场地功能和文化，对建筑界面、慢行通道、道路设施、道路绿化、广告标识和夜景照明等街景重构要素进行全方位改造。

城市人居环境营造今天早已超脱关于"美"的讨论，有活力的城市、安全的城市、健康的城市发展建设成为新的关注热点。城市活力很大程度上来自街道的活力，当人们提及一座城市的印象时，通常都与街道有关。安全和健康的街道也是微观层面城市设计的重要内容。在城市进入修补型发展阶段之时，街景重构从城市细节处入手改进人居环境的空间品质和生活质量，修复和优化城市空间结构，提升真实的城市生活品质，实现城市双修的目标。

本书从理论、实践和教育三个角度大胆质疑街道的权属，以"街道是谁的"的发问形式阐明上述内容。其先进之处是填补了国内相关领域的空白，并起到引领作用。尤其是以街景实践为核心，向理论和教学两个层面拓展，将行业热点与理论和教学实践紧密结合。

中共十九大报告指出，中国特色社会主义已进入一个新时代，社会主要矛盾已经转化为人民日益增长的美好生活需要和不平衡不充分的发展之间的矛盾。城市发展的核心价值和历史意义不仅要围绕城市文化内涵和人居环境品质的改善和提升，也需要完成进入数字时代的城市发展的紧密结合，关注具身交往的显性活力和非具身在场的隐形活力并存的新的城市街道图景。

我相信，街景重构一定会在"新时代"的持续创新中，继续发挥其对于城市健康发展的重要支撑作用！

王建国

中国工程院院士

序 二

　　街道是城市空间的重要组成部分。对于外地人来说，沿着街道行进是认识一座城市的最主要途径；而对于当地人来说，街道不仅仅是通行的通道，更是生活的空间。美国作家简·雅各布斯（Jane Jacobs）说："当我们想到一个城市时，首先出现在脑海里的就是街道。街道有生气，城市也就有生气；街道沉闷，城市也就沉闷"。

　　在快速城市化之前，特别是在汽车普遍进入家庭之前，街道就是城市中重要的公共空间和户外生活的场所，人们在这里逛街、购物、会友、聊天、休息、表演、观演、举办各种节庆活动。街道不仅具有交通的功能，更是城市生活和城市文化的载体，是城市的活力和魅力所在。街道是城市中最容易被认知和记忆的空间，也是城市风貌和个性的集中体现。

　　尽管街道承载着多重复合的功能，但是在过去40年的以追求发展速度、规模和效率为目标的快速城市化过程中，我们的规划却将城市道路简单地划分为快速路、主干道、次干道和支路，街道规划在整体上以实现机动车快速通行为导向，目的在于追求交通的高效和快捷。街道的功能趋于单一，步行空间被挤压，公共空间缺失，城市缺少了可以承载慢生活的道路体系。另外，以机动车交通为导向的交通政策使得城市街道不断加宽，街道不仅失去了亲切宜人的尺度和生活的活力，许多沉积了悠久历史文化的街道也在更新改造的过程中，被切断了历史文脉，失去了原有的鲜明特征。改造或新建的街道在设计中也较少考虑雨洪的滞纳和管理，不透水路面占比不断加大，路旁原有的沟渠和河道被大量填埋，城市洪涝产生的频率和强度不断加剧。

　　美好宜居的城市都是适合步行的城市，需要便利齐全的生活设施、方便舒适的公共交通、完善宜人的步行体系以及舒适亲切的城市街道。如今，中国的发展进入了转型时期，城市的发展也从过去粗放的增量发展转变为现在的存量更新和质量提升，快速城市化时期留下的欠账必须得到弥补。重新定义城市街道的功能，积极寻求街道问题的解决对策，提升城市街道品质的时机已经成熟。

　　城市街道有不同的类型，依功能、等级、位置、周边环境和人的活动的不同，在城市中扮演着不同的角色。城市必须重构街道体系，改变以车行为本的简单化的城市道路分类，满足人车需求的平衡，从而创造出安全舒适、方便友好、适宜步行、具有良好的公共空间和景观质量、具有地域特征和文化底蕴的城市街道，承载起和谐、舒适、富有活力的现代化城市生活。

同时，街道还可以通过设计成为绿色街道，不仅具有良好的树荫、优美的环境，还可以作为城市的绿色基础设施，吸收污染、降低噪声、缓解热岛效应、滞纳雨水、成为城市生态网络的一部分，提升城市的弹性和可持续性。

在存量更新的时代，我们应该深入思考"街道是谁的"问题，探索构建新的街道景观。近年来SRC街景研究中心率先发起了"街景重构"倡议，并在理论研究、设计实践和教学中取得了相当多引人注目的成果，获得了行业内的普遍反响。本书就是该中心阶段性成果的汇集和总结。相信这本书的出版会有效地推进中国城市街景的研究、实践及相关领域教学的探索。

王向荣

北京林业大学园林学院院长，教授

目　录

街景规划设计
理论研究篇

Streetscape Planning and Design—Theoretical Research

前言

余洋

在存量规划的约束下，街道成为城市更新的主要对象之一。它不仅是重要的城市公共空间，也是重要的社会公共资源。它一直随着城市认知的深入在不断地变化，从建筑形态的立面改造到提升空间品质的设施更新。同时，街道和社区生活作为设计的成果，也成为热议和关注的对象。

在这个过程中，有一个不可回避的问题，就是"街道是谁的？"

它是政府的吗？是被政府建设和管理的城市形象代言人吗？

它是设计师的吗？是设计师理解的空间形态和空间功能吗？

它是老百姓的吗？是大爷下棋和大妈跳舞的场地吗？

它是孩子们的吗？是可以踢球、跑跳的玩耍之所吗？

街道的创造者应该是街道的归属者。只有在这个逻辑之上，才能明确街道改造的目标，才能知道如何选择最佳的建设和更新途径。然而，街道是复杂的，它不仅是物理空间，解决城市交通，建构城市空间；它还是社会空间，表达城市文化，容纳市井日常。所以，街道的归属是多层次并存，多维度拓展的结果。甚至可以说，它的归属是动态的，是在不断变化的，是不同时期背景下，不同归属群体优先权利的更迭。

因此，街道的理论研究和实践探索具有广泛性、开放性和复杂性。随着大数据和人工智能时代的到来，新的工具和数据帮助街道的归属者更深入地感知和了解街道的真实。认真地讨论"街道是谁的"，与其说是一个问题，不如说是对街道更新价值观的深刻思考。

在这个思考过程中，本书的理论研究部分收录了近期发表的九篇文章，分为街道的基础理论和认知探索两个部分。基础理论部分从街道的历史起源、空间转型、设计原则、数据城市、法规管控五个角度梳理了街道理论研究的几个主要方向，希望厘清街景研究的几个重要核心问题。认知探索部分从特殊街道类型和多元数据分析两个层面，选取了四篇文章，主要说明街景研究工具和研究对象的数字化和多元化的趋势。

在基础理论部分，陈跃中详述了街景重构的六个设计阶段，并针对权属复杂的街边带，从慢行交通、建设红线、空间形态、场地功能和使用需求五个方面提出了街景重构需要遵循的五个设计原则。文章致力于打破传统街道空间的设计方式，提出合理、科学的解决办法。徐磊青从街道转型的角度梳理了历经350年的街道发展历史，将其分为三个转型期，分别为：从视觉到开发、交通基础设施和共享的街道。文章阐述了基于城市发展的街道形态演变，提到了机动车激增、步行回归、城市设计等重要议题对街道的显著影响。作为系统工程的街道需要各学科的融合，以凸显城市公共空间的本质。唐克扬认为对街道的讨论需要结合确切的历史情境，围绕时间因素才能分析街道的演化。在数据增强设计的背景下，龙瀛提出街道城市主义的概念，认识城市的新方式，建立以街道为个体的城市空间分析、统计、模拟和评价的框架体系。基于对美国部分城市的街道设计导则进行梳理与归纳，陈泳认为街道设计充分体现了步行优先的设计理念，强调街道的公共性、安全性、舒适性、可达性和平衡性，使街道作为城市重要的公共空间重新焕发活力。

在认知探索部分，卢峰以山地街道为研究场地，通过对老年人街道空间非正式使用情况的观察和分析，研究城市街道的包容性，并从活动多样性、活动成本、小尺度空间三个层面提出街道设计的策略。胡一可将计算机视觉技术引入城市街道空间研究，准确客观地分析并还原人群的空间行为模式，进而从人群空间行为的层面指导城市街道空间设计，推动城市公共空间精准化设计与研究的发展。叶宇结合街景数据和新分析技术提出了面向人本尺度的街道空间品质测度操作框架。街景图像数据、机器学习算法、神经网络算法、空间网络可达性分析等一系列新的数据和分析工具，可以挖掘区域中"具有更新潜力的街道"，为城市微更新提供精细化技术支持。余洋基于手机APP共享的健身数据，以街道线性体育活动为研究对象，在空间集聚、建成环境和人群收入三个层面上对人群行为进行分析。研究从时间和空间两个维度对城市街道的健康服务功能进行描述，认知街道空间的健康属性和特征，并提出相应的设计策略。

第一章　设计的基础理论

- 街景重构：打造品质活力的公共空间
- 街道转型：一部公共空间的现代简史
- 公共街道的历史起源
- 街道城市主义——新数据环境下城市研究与规划设计的新思路
- 基于人性化维度的街道设计导控——以美国为例

街景重构：打造品质活力的公共空间

陈跃中

城市街景对城市的文化、生态环境和形象展示十分重要，是城市景观的重要组成部分。现代城市街景设计经历了3次转型：（1）从视觉到开发，奥斯曼（Haussmann）在1858年启动了巴黎改造工程，对城市重要节点进行连接[1]，设计了香榭丽舍大道等世界上第一批城市景观大道[2]；（2）效率取胜[1]，交通量和车辆运行能力成为街道设计的基础[3]，道路成为城市的基础设施；（3）共享街道，消费主义、街道平权运动、慢行交通和步行交通的回归，共同推动了街景设计的第三次转型[1]。简·雅各布斯（Jane Jacobs）在《美国大城市的死与生》中写道："当想到一个城市时，首先出现在脑海里的是街道。街道有生气城市也就有生气，街道沉闷城市也就沉闷。[4]"因此，城市街景设计对城市环境的美化、城市生活的体验以及城市形象的展示具有重要意义。

20世纪70年代出现了全球性的"去汽车化"变革运动。人们对街景的需求逐渐向慢行交通和步行交通回归，以步行适宜性（walkability）这个衡量区域适合步行程度的指标为例，人们愿意为步行适应性高的邻里单元支付更高额的房屋费用[1]。荷兰首先提出设计生活式的街道（woonerf），随后英国的生活式街区（home zones）、美国的完整街道（complete streets），以及新西兰和澳大利亚的共享街区（shared zone）等街景设计相继出现，欧美各国在同一时期兴起了街道变革运动，综合考虑街道重构对环境、经济和社会因素的影响，选择可持续的街道重建方案[5]。在这次变革中，街景设计体现了"行人优先"的原则，重点强调街道不仅需要考虑为机动车规划便捷的行驶路线，更应加强行人对街道空间的使用。基于街道景观对居民健康、福祉[6]、邻里行为、认知和情感的影响研究，如何满足居民对安全的可步行街景需求[7]，逐渐成为国外街景研究关注的热点。

20世纪90年代，城市街景设计成为中国"城市美化"运动中的重要内容。为了提高城市发展的可持续性和宜居性，我国城市发展理念正在经历从"车行优先"向"以人为本"的转变。为了更好地实施街道变革运动，美国西雅图、旧金山、洛杉矶和纽约等地先后发布了街道设计导则。随后，世界各地也出台相应政策，涌现出了多种设计思路和设计导则。有的城市地区已经很成功地实现了目标，改善了恶化的环境；有的地区还在计划性地分阶段实施，并已初见成效。为了更好地响应"以人为本"的政策，"人性化"街道设计的研究和项目相继出现。随着《上海市街道设计导则》《广州市城市道路全要素设计手册》等政策的出台，为街道的改造提供了具体实施方法。以开放社区理念为契机推进城市设计的发展，街景设计可以作为现阶段加强城市设计的关键。传统的街景设计方式存在以下几方面问题：（1）以"车行优先"理念主导的城市街景设计，设计对行人的步行需求考虑不足；（2）重视景观视觉效果，忽视行人对街道景观设计的互动需求；（3）街道景观与周边环境的融洽程度不佳；（4）从设计者的思路出发，忽略了使用者的体验和感受；（5）缺少对新功能的适应，对外卖、快递从业人员的使用和休憩需求考虑不足，未考虑共享单车的停放需求；（6）缺少对街景设计规范化、纲领性的理论提炼。

通过长期的研究和实践，总结凝练出适应我国城市目前发展阶段、打破传统街道设计方式的街景重构五原则，分析了街景设计策略，指出它是风景园林行业未来的研究方向之一，可以作为对现阶段我国城市街道设计的理论补充。街景重构的五原则有助于设计者、建设者和管理者以顺应时代发展需求的新视角重新认识街道空间，通过采取多元化的技术手段来设计和塑造新的街道景观，使城市街道设施更为安全、功能更加合理，不仅能够承载城市的特色文化记忆，还能顺应时代需求，形成为人民服务的、充满活力的城市空间。

1　街景重构六阶段

街景是用来描述街道自然环境和建筑物的术语，指街道的设计质量及其视觉效果[8]。街景让人意识到街道是一个能让人参与各种活动的公共场所。街景作为城市文化内涵的主要展

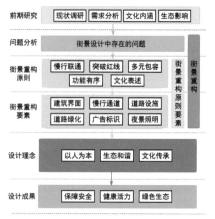

图1　街景重构六阶段

图2　以色列埃米尔林荫道（引自https://www.gooood.cn/circling-the-avenue-by-bo-landscape-architects.htm）

图3　城市立交桥下空间增加慢行空间示意[9]

示窗口，可以直观反映城市的文明程度和文化内涵。街景能够从物质层面提供便利的出行服务，满足居民出行需求，同时也可以从精神层面为周边邻里单元搭建信息沟通交流的渠道，传承文化记忆。

街景重构分为6个阶段。（1）前期研究：包括现状调研、需求分析、文化内涵和生态影响等方面。（2）问题分析：通过前期研究，针对现有街景存在的问题，提出解决问题的具体设计方案。（3）街景重构原则：包括慢行连通、突破红线、多元包容、功能有序和文化表述5个方面。（4）街景重构要素：包括建筑界面、道路设施、道路绿化、广告标识和夜景照明等。（5）设计理念：包括以人为本、生态和谐和文化传承等。（6）设计成果：包括保障安全、健康活力和绿色生态等（图1）。

在街景重构过程中，可以有针对性地解决传统街景设计中存在的各种问题，合理利用街道空间，满足当今社会需要，有助于改善城市基础服务设施，激发城市活力，提升城市文化内涵，加强城市对居民的人文关怀，创造更加生态和谐的城市街景，从而重新塑造有特色的城市精神标志。

2　街景重构五原则

2.1　慢行连通——在城市人口密集区建立慢行网络系统

在老城区和已建成区中，建立城市绿色廊道：用慢行道、自行车道、慢跑道把零星的、潜在的城市公共空间和城市公园连接起来，生态系统也随之建立和优化。

首先，进行街区慢行道的连接，这涉及市民出行的安全和便利性。近几年在国家政策的影响下，我国各地兴建绿道系统，并取得了一定成效。然而新建的绿道很多分布在郊外，对于居住在城市中心的人来说距离较远，惠及的人数有限，无法改善城市中心区街道出行环境以及市民户外活动缺乏的问题，缺乏对老城区及已建成区绿色慢行系统的建立和梳理。

国外很多城市通过采用针灸式、见缝插针的方式梳理慢行系统，解决老城区的问题。老城区因条件所限，设计要因地制宜，灵活连通慢行线路，不必追求标准断面和标准尺度。重点是要满足出行者便捷和安全的需求。用以色列埃米尔林荫道的慢行道改造项目为例，该项目致力于在公路旁的边缘化地带建立高质量的慢行道（图2）。

其次，连接公园绿地系统，提升城市公园的使用效率。中华人民共和国成立后建成了大量公园和公共空间，但却被围墙或城市道路分割，相互独立、分散，缺少联系。因此，将一些封闭的城市公园对外开放，使其变成城市公共空间，并用慢行道进行连接。在这方面，国外有许多先进的案例值得我们学习，其中美国的一些城市曾花费很大气力建设绿道，例如在美国波士顿翡翠项链项目中，设计了一条长达16km的公园带，利用60~460m宽的绿地连接9个公园，通过连接带状公园的道路系统形成线性公园。

再次，对城市中被废弃或闲置的区域进行改造与连接，改善区域的生态环境，提高空间利用率。引入丰富的娱乐设施，塑造社交活动空间，重新规划安全舒适的慢行道及植物景观（图3），让这些空间重新焕发活力，并与城市中心绿道系统相连接。对闲置空间进行再利用和连通已成为欧美等国家城市更新的一项重要手段。美国纽约的高线公园是将曾经废弃的高架铁路改造成今天的线性空中花园，通过打造城市中心一条独特的架空慢行道，将区域内各个部分连接在一起，激发了城市的生活与交往活力。

2.2 突破红线——开放界面，统筹设计红线内外的空间及设施

红线内外空间统筹规划可以打破原本僵直的人行道空间，改善高大围墙的硬性分割，形成有层次的空间系统，创造出更加生动的城市界面，使城市与社区更好地连接。

近几年，随着政府倡导开放式街区的建立，要求未来街区设计打破围墙的限制，将建筑、社区、居民及城市公共空间更紧密地结合起来，这就要求设计师对未来街区形态做更深入的研究。

研究红线内外统筹设计的方式和方法，先要了解人对空间使用的心理及行为习惯。扬·盖尔[10]在《交往与空间》一书中指出，在城市空间中，边界区最受人们青睐，因为边界为观察空间提供了最佳条件（图4）。使用者既可以看清一切，又暴露得不多，可以同时看到2个空间，也可以与他人保持距离，获得最佳舒适感。依照这一理论，街道的红线区域作为城市道路的边界应是行人休憩的最佳

场所，在边界上设置休闲家具最便于让人们停留下来，产生交流。在安全性获得保障的前提下，空间界面越丰富，人们就越喜欢在此停驻。

依据对人行为习惯的研究，对于传统红线界面使用的围墙分割法，可以用更加丰富有效的手段代替，例如用形式多样的矮墙结合缓坡地形及层次丰富的种植，以条状街道家具形成空间界面创造街道微口袋，打破线型布置，为人们提供休闲和交往空间，使街道变得更有人情味（图5）。

北京的京东总部项目，将总部附属绿地与周边市政街道进行统筹设计，是将红线内外进行整体打造的一个成功案例。它不仅创造了高品质的城市空间，而且更好地展示了企业的形象。设计既要考虑空间作为城市街道的公共性，又要考虑项目本身的领域感，还需要把握城市街道的整体形象。规划后的场地可供百姓休闲散步，在成为城市公共空间一部分的同时，利用空间收放设计使之具有一定的领域感，照顾到了公共空间与私属企业空间的过渡，形成了一个完整、多层次的公共空间体系（图6）。

欧美国家近年来"去汽车化"的街道设计将街道整体进行统筹规划，重新分配车行与慢行权属，反映出城

市更新的新趋势。如美国印第安纳波利斯的佐治亚大街为了鼓励慢行出行，设计者将大街由原来的双向六车道，减少到双向两车道，在街道中间增设公共空间，为行人提供了更多、更友好的街道服务设施（图7）。这样的做法，在一定程度上限制了车行、减缓了车速，增强了行人的安全性，增加了道路两侧的联系，创造出了更多的公共活动空间。

还有一种将街道统筹规划的做法是在两侧建筑和红线内空间不变的情况下，将直路改为"S"形路。这样的做法打破了传统单调的线性空间，使步行空间收放变化，同时增加了公共活动和服务设施空间，有利于减缓车速，增加步行安全感，还在一定程度上改善视觉印象（图8）。

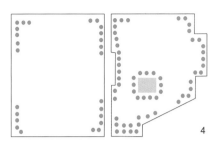

图4 人们更愿意在空间界面丰富的边界与角落停留和休息
图5 红线界面做法研究
图6 北京京东总部项目统筹规划红线内外空间

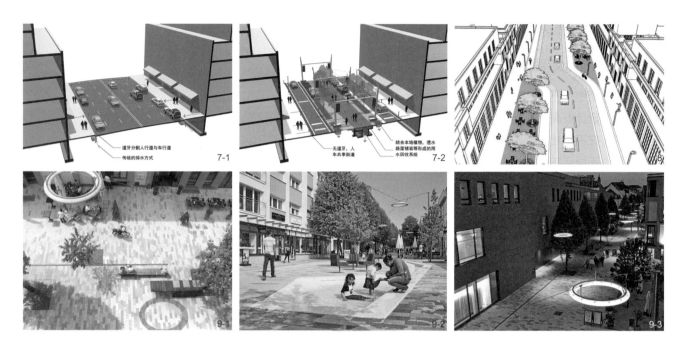

图7　大街改造前（7-1）、后（7-2）街景示意（引自http://www.ratiodesign.com/project/georgia-street-enhancements）
图8　"S"形路街道空间意向
图9　多元丰富的娱乐和服务空间（引自http://www.bauchplan.de/projekt.php?name=13bb）

2.3　多元包容——多元价值观创造丰富的街道形态

不同街道由于承载不同功能，应该呈现不同的面貌、配套不同的设施。通过历史、艺术、文化与人的活动进行多层次叠加，使街道空间变得更具特色和趣味，并富有人情味。街景应该反映区域历史，融入邻里文化，街道应该有表情、有温度。

近年来，许多城市为树立形象而打造景观大道，不分大街小巷，设计相仿，缺乏地方及区域特色，也不能融入街边丰富多彩的市民生活，无法满足居民需求。这主要是由于城市过度注重形象工程，按照单一价值观行事的结果。

以人为本的多元价值观让人的生活重新回到街道，要求街道设计多元化，同时鼓励多样化的街边生活，因为街道是公共产品，是为大多数人建立的。不同的人对街道的使用方式、

构成要素和形式都有不同的诉求。多元价值观要求多元的街道类型：既有整齐划一的形象大道，也应该有丰富便捷的邻里小道。街道设计可以具有丰富的空间形态、设计语言和景观元素，维护城市形象不应仅靠取缔和压缩街边生活，早餐摊、室外咖啡餐饮、街边带小商业等不应该被"一刀切"地全盘取缔，而应该在一些邻里街道上保留并融入景观设计[11]。只有这样，行人和居民才能将街道视为生活的载体，多元的利益诉求才能在街景中体现出来。德国伯布林根的新英里大道项目就很好地体现了多元包容的设计原则。大道串联了老街区的城市空间和建筑，为更好地与周边街区现状衔接和对话，采用了去秩序化、去中心化的空间布局，带给人们自由、舒适的体验。而在上空重复出现的悬吊灯圈装置，又赋予变化丰富的步行街以整体感和归属感，为看似无序的空间提供了一种秩序（图9）。

2.4　功能有序——注重场地功能，满足社区变化新需求

运用空间艺术和硬软质景观手段组织街道功能空间，满足城市生活新需求。

由于长期忽略场地功能，今天的城市街道空间品质低劣，汽车、自行车挤占人行道的现象十分普遍，街道功能缺乏梳理。近几年城市生活新功能的出现又让原有的街道更加拥挤不堪。共享单车乱停放、外卖快递小车侵占人行道等问题愈发凸显，严重影响了市民的出行与生活。人们在街道上的活动越来越少，公共空间的品质与职能大幅萎缩。解决街道空间的根本方法就是重新梳理街道功能，使之井然有序，例如，为共享单车在自行车道旁留出充足的停放空间，方便存取；在建筑出入口附近为外卖快递交接设置专门的送货空间，方便送货取货。这些功能空间的合理设计和布局

可以从以下几个方面来考虑。

2.4.1　使用者和使用需求

不同的街道有不同的使用者和不同的功能，设计者需要调查和响应他们的需求。在不同社区，人群的构成不尽相同。不同年龄、性别的使用者的行走速度与耐力不同，走路方式和感觉不同，需要的设施也不尽相同。一些人路遇亲友，需要短暂的停留交往；一些人喜欢聚在一起，唱歌跳舞；一些人饭后遛弯，期待进行放松身心的娱乐活动；一些人来到新的城市，准备探索发现新鲜事物；一些人需要使用推车或轮椅；一些人看不清标识或需要使用拐杖……了解他们的使用需求，有助于提高慢行系统设计的实用性和合理性。

近些年城市街道被赋予了很多新的功能，这些功能为街道增添了新的使用需求——共享单车停放，快递送货和外卖送餐等。了解这部分人的使用需求和习惯，设置必要的专属空间，统筹场地设计，对于街边带的合理安排和利用具有至关重要的作用。

2.4.2　慢行道功能分区研究

根据使用功能，一般的慢行道可分为4个区域：临界区、行人通行区、种植设施区和缓冲区（图10）。

临界区：靠近建筑一侧的区域，通常作为建筑的延续。包括建筑临街一侧的出入口、坡道和结构等，也包括植物种植、雨棚、指示牌和户外茶座等附属设施。

行人通行区：用来解决行人的快速通行问题，应保证畅通，没有任何障碍物，且与车行道平行。这个区域是人们进入建筑或乘坐公共交通的主要通道，因此需要满足无障碍设计规范，为行人提供一个足够宽度的安全行走空间。

种植设施区：道牙和行人通行区之间的区域。这块区域可以用于植物种植也可用来摆放街道家具和设施，例如路灯、系统化标识、公交车站和共享单车停车处等。当这个区域较宽时，生态种植池和休息空间也可以设置在这里。

缓冲区：临近人行道的区域，由多种类型的不同元素组成。它可以包括路边停车位、自行车道、共享单车停车处、人行道延伸带和临时路边活动空间。

慢行道功能分区不仅需要满足现代城市人的需求，还要根据城市的发展进行不断地更新与调整，以满足不断出现的新功能需求。街道空间设计者应将共享单车停车处、快递送货站、外卖送餐平台、休息空间及服务性构筑物合理设置在街边带中，与沿街种植和街道设施有效组织在一起，避免街道功能相互干扰，提升街道空间品质（图11、图12）。

2.5　文化表述——延续场地记忆，对接市民生活，打造街区特色

街道见证了城市的发展与演变，承载着丰富多彩的街区生活，串联着形态多样的建筑单体，蕴含着丰富多样的城市记忆，是邻里情感与社会的纽带，是体现城市和街区特色的重要载体。

我国的多数城市经历了快速发展、大拆大建，使城市街道形式趋同，缺少地方和区域特色，同时也缺乏对于城市街区文化记忆的挖掘。

一些老街区承载着丰富多样的历史记忆。设计要让街道记忆得以发掘和延续，让保护与发展共存，使场所精神融入街景设计中。湖南常德老西门项目中，在设计葫芦口区域时，以当地居民常见的"四水归堂"建筑庭院为灵感，利用竖向高差创造了下沉水院这一特殊的景观形式。运用现代景观的手法和材料再现了窨子屋四水归堂的记忆。在曾经的场地和空间布局中，融入了现代的元素和生活方式，让场地焕发了新的生机和生趣（图13）。

除了对文化记忆的挖掘与表达，当下将市民的文化生活融入街区设计，打造有生命力的街道空间也非常重要[11]。市民的文化生活是随着社会的长期发展形成的，鼓励街边高质量的文化生活，为他们提供适合的场地，对市民的身心健康有着积极的影响，也有助于展示城市发展的风貌（图14）。

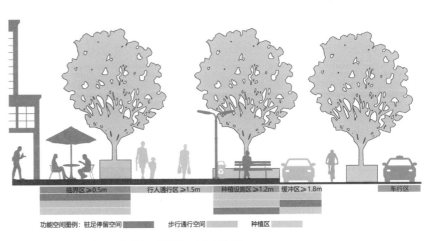

临界区≥0.5m　　行人通行区≥1.5m　　种植设施区≥1.2m　　缓冲区≥1.8m　　车行区

功能空间图例：驻足停留空间　　步行通行空间　　种植区

图10　慢行道功能区划分及各功能区的推荐尺度和空间研究

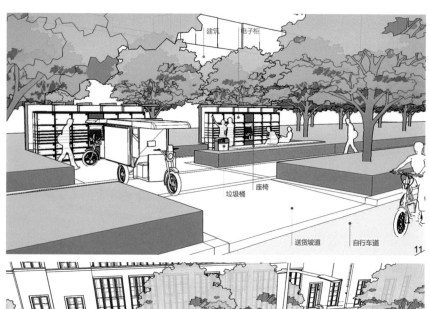

图11 在临界区临近建筑入口处设置快递送货站，提供方便送货取货的便民服务设施

图12 种植设施区的休息空间，种植区和共享单车停车处相结合的街边带设计

图13 常德老西门葫芦口广场以四水归堂为设计构思，做下沉式水庭，层层叠叠的石台阶深受市民喜爱，在观看水上戏曲表演时，成为天然的观众席（易兰设计提供）

图14 美国旧金山街头的乐队演出，吸引来路过自发的舞者（引自https://travel.qunar.com/p-pl5804531）

图15 北京望京SOHO项目利用丰富变化的空间设计语言，打造具有现代感的特色街区，为城市生活提供了新鲜载体，重新塑造了街区的风貌和文化（易兰设计提供）

在地性就是一种文化表现。研究使用者的生活习惯，使之更好地服务所在街区。每条街道所在街区都有其人群的文化特色，要把这些挖掘出来，与街道空间和景观元素的设计相结合才能体现特色，呈现出丰富的街区形态[6]。北京望京SOHO项目中，景观融入其建筑标志性的流线型设计，利用动感、流畅的线条，既呼应了建筑的形态风格，又在解决竖向的同时打造令人愉悦、尺度适宜、空间变化丰富的现代化办公商业环境和城市公共空间（图15）。在这个项目中，设计师打开场地有意让市民生活更多地融入其中。

3 总结

打造有活力的城市街道需要遵循街景重构五原则，对建筑界面、慢行通道、道路设施、道路绿化、广告标识和夜景照明等街景重构要素进行全方位改造。在街道景观设计过程中，艺术家的参与可以丰富居民的视觉体验，增强街道景观的美感、艺术性、可识别性和独特性。以整合与完善街道基础设施功能为基础进行智能化改造，打造安全、节能、高效、便捷的街道生活场所。此外，从整体考虑，将街道竖向铺装种植蓄排，运用可持续的生态手段打造沿街绿色基础设施，重塑自然生态系统的多样性和功能性，从而缓解城市生态环境压力，提升街道空间美感，为市民提供自然生境科普教育基地。街道元素的打造有利于提升街道品质、展示街区形象，创造更吸引人的街道空间。

街景重构理念是在国家政策的保障下，打破了传统街道空间设计方式，提出的合理、科学的规划设计原则。它的实施需要政府、开发商、社区和设计师的共同努力与协作，组织多样化的团队进行街道空间统筹规划。只有各方坚持"以人为本"，以将百姓的生活带回街道作为奋斗目标，贯彻街景重构原则，精细地打造、有效地管理，不断创新和完善监管机制，形成良好的制度保障和舆论监督体系，才能不断推动城市街道的转型和发展[12]。

本文源自：陈跃中. 街景重构：打造品质活力的公共空间[J]. 中国园林，2018，34（11）：69-74.

（图片来源：文中图片除注明外，均由作者提供）

参考文献：

[1] 徐磊青. 街道转型：一部公共空间的现代简史[J]. 时代建筑，2017（6）：6-11.

[2] 覃文超. 城市景观大道街景设计方法研究[D]. 广州：华南理工大学，2013.

[3] 斯蒂芬. 马歇尔. 城市·设计与演变[M]. 陈燕秋，胡静，孙旭东译. 北京. 中国建筑工业出版社，2014.

[4] 简·雅各布斯，美国大城市的死与生[M]. 金衡山译. 南京：译林出版社，2006.

[5] Reddy K R. Sustainable Streetscape: Case of Lake Street in Downtown Oak Park, Illinois, USA[C]//Asce India Conference, Urbanization Challenges in emerging economies, Moving Towards Resilient Sustainable Cities and Infrastructure. 2018.

[6] Spokane A R, Lombard J L, Martinez F, et al. Identifying Streetscape Features Significant to Well-Being[J]. *Architectural Science Review*, 2007, 50(3): 234-245.

[7] Foster S, Giles-Corti B, Knuiman M. Creating safe walkable streetscapes: Does house design and upkeep discourage incivilities in suburban neighbourhoods? [J]. *Journal of Environmental Psychology*, 2011, 31(1): 79-88.

[8] Rehan R M. Sustainable streetscape as an effective tool in sustainable urban design[J]. *Hbrc Journal*, 2013, 9(2): 173-186.

[9] Global Designing Cities Initiative and National Association of City Transportation Officials. *Global Street Design Guide*[M]. Washington，D. C.: Island press, 2016.

[10] 扬·盖尔. 交往与空间[M]. 北京：中国建筑工业出版社，2002.

[11] Montgomery J. Making a city: Urbanity, vitality and urban design[J]. *Journal of Urban Design*, 1998, 3(1): 93-116.

[12] 上海市规划和国土资源管理局. 上海街道设计导则[S]. 2016.

街道转型：一部公共空间的现代简史

徐磊青

图1　雨中的巴黎街道

1　漫游和现代街道的起源

现代意义上的街道起源何处？是路易十四时期的巴黎环城大道？还是《清明上河图》中北宋的街市？按照笔者的理解应该还是前者。在1653年和1667年间，巴黎连续实现了三个世界第一：第一个邮政公共系统、第一个公共交通系统和第一个街道照明系统（德让，2017），巴黎狭窄的沟渠小路逐渐变成现代意义上的大道通途。街道不仅成为步行、车行的交通通路，也成为提供现代公共服务的线性体系，更为巴黎的飞速进步提供了动力。"到1667年，巴黎市民和游客可以在孚日广场乘坐公共马车，把钱交给穿着制服的乘务员，然后坐车到达当地许多景点。如果他们选择在天黑后出行，整个路途中都有通宵灯光照明。这些发明创新足以吸引各地人前来……巴黎受众最广的活动是街头散步，人们之所以能享受步行，是因为在巴黎，越来越多的道路铺设了大卵石。油亮亮的大卵石令前来巴黎的外国游客赞叹不绝。这些卵石赋予了巴黎现代的外貌，并本质上改变了巴黎的情调，带来既新奇又现代的足下体验。"（德让，2017）

街道打开了漫游者的路径，步行成为巴黎人新的时尚。人们惊讶地发现，巴黎的贵族走下了马车，踏行在明亮的大卵石上，出现在巴黎的各个角落。许多描述都可以证明，巴黎在17世纪的公共工程还教会了市民和城市进行互动的新方式。巴黎人成为波德莱尔（Charles Baudelaire）笔下的漫游者（flâneur）。城市街道是属于漫游者的。巴黎已经被塑造成一个"宏伟"的地方，一个充满街灯、林荫大道、橱窗、塞纳河的浪漫，以及快节奏步行生活的"世界奇迹"（德让，2017）。在这些街道上，市民们初次体会到可看的活动之乐趣绝对超越可听、可嗅和可闻的活动。以前人们在城市里遇到某人通常会停下来交谈几分钟，嘘寒问暖，致意问好，而后告别，现在在街道上则可以流连顾盼，彼此相望，几分钟，几小时。（图1）

2　第一次街道转型：从视觉到开发

伟大的街道是伟大城市的标配。波德莱尔一直批评布鲁塞尔，其中一点尤为让他气愤："那里没有橱窗。马路上没有什么东西可以让你观望，街道空空如也，根本不适合闲逛。"狄更斯（Charles John Huffam Dickens）在外出旅行时，常常抱怨没有热闹的街道。1846年他在洛桑写《董贝父子》时写下这样的句子："我无法说清我是多么需要那些街道。它们似乎为我大脑提供了紧张工作时不可或缺的东西。我可以两周内在一个僻静地方很好地写作，然后再去伦敦待上一两天。接着又可以重新如此工作。"（德让，2017）在当时，街道属于漫游者，属于视觉，属于眼睛，属于陌生人，因为那时公共汽车、火车和有轨电车还没有出现。

街道上"流淌"着橱窗、商品、人群、煤气灯、马车、碎石路、百货商店、钢铁大王和贵妇人。漫游者在世间终于找到了属于他们的场所：街道。奥斯曼（Haussmann）在1858年启动了巴黎改造工程，它的目的与开发和投资有关，这是一次城市结构的重大转型。1835年至1845年间，巴黎已经成为世界上最大的工业城市，1846年的100万居民中有40万是工厂雇员。拿破仑三世时期的"巴黎美化"计划首先是为了回应"量"的增长问题，正如梯也尔（Thiers）管辖区同样范围内的实际人口已经翻倍，根据奥斯曼最后的估算，将从1846年的120万人增长到1870年的197万人（巴内翰等，2012）。

在规划上奥斯曼首先对城市主要节点进行了连接。他用一套切口系统，既将城市切开，也将城市与大型纪念物相接，例如与广场、火车站和重要公共建筑的联系。奥斯曼时期巴黎总体风貌格局的形成，从内容到操作都是建立在对古典文化的延续之上，展示的是巴洛克式的城市特征。

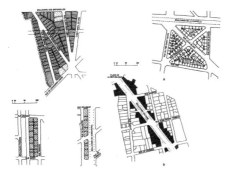
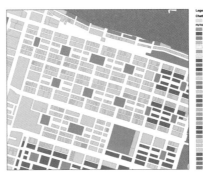

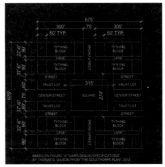

图2 奥斯曼的街区肌理　　　　　　　　　　　　　　　　　　　　　　　　图3 萨凡纳街区模式

它诞生于城市"增长"的某个阶段，需要一种结构上的调整，这个新的结构要素是：林荫道与大街。这些要素根植于视觉的文化，很大程度上依赖于如何"再现"（巴内翰等，2012），即通过视觉来表达别墅、公园、火车站、大型雕塑等要素，使其在开阔空间中更具有可读性，相当于凯文·林奇（Kevin Lynch）所言的路径、节点和地标的关系。类似的大城市规划手法后来在芝加哥和堪培拉等地也能看到。

2.1 作为城市开发轴线的街道

街道是一种集合产权地块、车行人行空间、庭院广场和使用形式的城市公共空间，它是城市空间要素组织的连续脉络。除了作为伟大城市的视觉通廊以外，奥斯曼巴黎改造工程的另一个重要贡献是，城市增长下的结构性轴线网络开发模式。按照巴内翰等（2012）的观点，除了将城市切开和拉直以外，奥斯曼给城市开发提供了系统性的可开发地块（图2）。

奥斯曼的做法是，在历史肌理中插入一个连续系统，其网状结构带来了整齐的框架，这个框架可以四处扩散，把资产阶级的空间模式带到需要开发的城市各处。因此，更应该把奥斯曼的城市切口看成是一套城市开发的系统，而不仅仅是巴洛克式的视觉

通道与"观赏海洋"。

2.2 街道与街区

街区概念在上述开发模式下显得非常重要。街区是由一个个地块连续拼接而成，连续地块表现出明显的连续性和组织规则。对于开发而言，需要确定地块尺寸、地块沿街面宽和进深。在这一点上萨凡纳和曼哈顿可能更易把握，其原因不仅在于这两者属于新建和待开发的状态，也在于奥斯曼的巴黎改造工程与萨凡纳、曼哈顿的棋盘式体系之不同，不仅有开发模式，也包括了对古典文化的尊重和利用，以及如何将新的景物纳入旧的肌理中。（图3）在奥斯曼的工程中出现了大量的三角形街区。

笔者认为，街道作为公共空间如何发挥作用制约于很多基本的限制要素，其中街道两侧地块尺度是非常重要的一项内容。而其中，地块的自治性是一个重要理念，即地块自身是只能依托于街道的组织和供应、处于非自然状态，还是地块可以自治并脱离于街道。这样的区分对街道作为城市公共空间所发挥的效能具有重要影响。非自治性地块可以产生完整的统一的城市，而自治性地块产生的是片段性的城市。萨凡纳和曼哈顿这样的地块划分方式刚好保证了街区地块的不可自治性，并依托于街道。

奥斯曼规划棒下的巴黎街道，正是表达了对传统的自治性地块的深恶痛绝。"奥斯曼在任何情况下均不像过去年代或英国城市那样追求自治的片段，目标明确地反对片段城市的思想。甚至在那些未建设地区，连续的城市化仍有可能。"按照巴内涵等人（2012）的说法，巴斯、爱丁堡和伦敦都是乔治王时代最杰出的片段城市。而奥斯曼的巴黎与伦敦城的不同之处在于，其干预单元不可以规整为一个有序的序列——即表达土地产权、财政组织和城市结构内部的地块划分之间的明确关系。它来自于两个原因：第一是涉及银行与企业、土地产权和资产阶级的社会角色，第二是涉及新的干预与既有城市之间的关系，即在关系随意的城市片段之间重塑总体的设计，追求全面的组织。

自治性与非自治性的地块划分也展现了资产阶级的空间逻辑，即地块必须依托于街道的空间和社会组织，以获得最大利益。传统的城市句法最初在连续的公共空间得以体现，一切要素都是相连的。城市肌理的基本要素就是建筑、地块和道路，水平面上的要素起主导作用（Salat，2012）。由作为公共空间的道路来连接街区，对创建完整的城市环境是不可或缺的。当然之后城市发展也呈现出了另一个方向：在资本主义的推动下，超级资本的出现推动了超级地块

的产生，导致了碎片化和片段化的城市空间。

除了街区和地块尺度以外，影响街道如何发挥作用的另一非常重要的因素是地块的功能多样性。虽然奥斯曼的巴黎改造工程在这方面的贡献不多，但在奥斯曼时代由伟大的建筑师、工程师组成的工作团队的共同努力下，城市美化运动与城市开发模式完美地结合在一起，它们协同而平衡。历史表明，奥斯曼的城市开发模式极大地影响了后来的城市规划和设计。

3 第二次街道转型：速度取胜

传统的街道集三者于一身：循环路径、公共空间和建筑临街区域，这粗略等同于交通工程师所言之线性空间，规划师所言之平面空间和建筑师、城市设计师所言之三维空间（马歇尔，2011）。街道是城市活动的容器，它不仅为通行活动而存在，还是漫步、交谈、售卖、表演、乞讨等行为发生的场所。它是城市最有生机和最繁忙的地点。街道既是物质空间，也是社会空间，更是公共领域。而汽车的大量涌现和其他因素完全改变了街道的原貌，虽然在20世纪初期，汽车还被公认为是一项造福人类的重要发明。

19世纪末，纽约的人口剧烈膨胀。1875年，纽约已经是世界第三大城市，而到1925年时则跃升世界第一，1900年至1940年，其人口从344万增至745万（霍尔，2016）。如何安置汹涌而来的新移民的住房和工作，以及如何分流这些人口到新郊区以降低中心区很高的人口密度，成为纽约在19世纪末和20世纪初面对的重要规划课题。纽约长期以来的水路、铁路和陆路交通保持着世界级的水准和高效率。直到1920年，纽约

都遵循着符合逻辑的发展道路，通过地铁和通勤列车将郊区和市中心及中城（Midtown）的办公区域相连接。但当时汽车拥有者的突然增多如同释放了瓶中怪物般一发不可收拾。罗伯特·摩西（Robert Moses）一手打造的公园大道也不起作用（霍尔，2016）。"实际上完成了几乎所有的高速公路项目，甚至要远大于当初的规划规模，而唯独缺少联合铁路和大量交通组合设施，因此，当以郊区化为基础而建设的高速公路以一种规划制定者都无法想象的规模蓬勃发展起来时，实际上带来的是'分散化'而并非亚当斯所设想的'集中化'。"

这是规划历史上的重要时刻，区域规划的历史是从城市美化运动向效率城市运动转变的关键点，实际上也是向地区效率转变的巨大飞跃（霍尔，2016）。在此，街道或者说道路的核心是速度，以速度取胜的道路成为城市规划的主导之一，这一情况在之后所导致的发展结果不言自明。

3.1 失去脚步的街道

柯布西耶曾说，"我们要消灭街道——只有接受这个基本前提之后，我们才能真正迈入现代城镇规划，"现代主义巨匠们对高速公路和道路等级制欢欣鼓舞。道路被等级化地分成快速路、主干道、次干道、支路，这些等级是以交通工程量和车流量来评定的。机动性成为道路的主要衡量标准，甚至街道这个词也不再被提及，是道路，特别是快速机动性道路成了城市的主宰。伴随着汽车、公路对城市的控制，再加上现代主义规划的功能分区，城市形态发生了剧烈变化。二战以后的城市规划见证了这段历史。街道属于交通工程师，属于

交通规划的一部分，它被安排进道路设计的学科，以交通流量和车辆运行能力的科学为设计基础（马歇尔，2014）。

道路成为一种城市基础设施，它与公共交通、交通流量、功能用地、建筑密度等规划内容和指标有关。道路成为城市生产的重要管道，步行者的活动在这个体系中消失了，城市规划所考虑的城市活动主体不包括步行者，当然对城市体验必不可少的城市行走感知也被忽略（图4）。

3.2 城市设计

当代城市设计起源于街道步行性消失的年代是有原因的，而且起初源于建筑学多半也是为了"赎罪"。大家都对传统欧洲城市与柯布西耶所设想的旷野中—组点式高层组成的现代城市之间的巨大差异感到迷茫[①]（格雷夫斯，2006）。建筑师总是容易从建筑与空间的关系来思考，他们发现在传统的城市环境中，建筑立面的围合将城市空间限定为一系列有限的"虚空"，建筑是图底关系的"底"，而城市空间是"图"。现代城市中，城市空间成为一种开敞无边界的"虚空"，建筑成为图底关系的"图"（格雷夫斯，2006），一方面，汽车占领了街道，另一方面，在现代主义和纯粹主义的影响下，街道在现代城市中被摧毁。受当代城市文脉和可识别性消失的刺激，一部分有思想的建筑师和研究者开始思索，如克里尔（Rob Krier）在《城镇空间》（Town Spaces）中通过图底关系对传统城市主义的当代诠释、罗西（Aldo Rossi）在《城市建筑》（The Architecture of the City）中对传统城市肌理的研究与复现，以及C·亚历山大（Christopher Alexander）

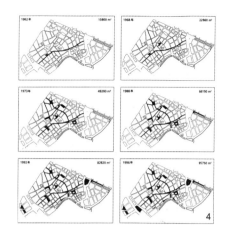

图4　哥本哈根老城的步行系统的发展
（1962~1995年）
图5　柯布西耶的明日之城
图6　柯布西耶的1961年规划

在《模式语言》（*A Pattern Language*）中对传统城市生活的基因提取等。建筑与城市理论家开始了一系列的反思，导致一些新的城市设计理念的跃起，例如紧凑城市、新城市主义等，以及对街道类型、街道界面、街道活力、街道品质等空间生产方式的重新提倡。

3.3　步行街

　　城市设计起源于对街道设计的反思，那时汽车路权优先，道路变成交通基础设施。作为一种机动化的反动，出现了步行街。城市机动性的一个后果就是郊区化发展，城市中心的传统邻里和核心商业区日益衰落，那里的居民、商业和就业机会逐渐向郊区转移，中心城在人们的生活和经济发展中的地位日趋下降。步行街就是一种使中心商业区复活的策略，其通过封闭机动交通，营造商业零售氛围，鼓励步行，获得与迪士尼乐园类似的一种片段化的城市感知环境。步行街运动兴起于20世纪60年代，有的尝试成功了，如哥本哈根的步行系统，有的暂时成功了，后来又重新恢复机动车通行（图5）。总体而言，试图用步行街挽救中心区的衰落多半以失败告终。

3.4　步行者通道

　　建筑师的阳谋就是把步行与车行分开，让车行归道路，步行归通道，而因为汽车路权优先，所以多半是汽车在地面，步行在空中或地下。柯布西耶的高层公寓设计方案里有一个令人瞩目之处，就是步行者与车行交通的分离，就像1961年柏林中心再建规划国际竞赛中他所提交的方案——穿越城市的高速道路并配建不受干扰的步行者专用道。这些不受干扰的步行系统位于机动车交通的上方，于是地面属于机动车，人行通道在二层。（图6）强行把行人赶到地面以上的做法被证明是建筑师的一厢情愿，它一方面是对街道句法的破坏（马歇尔，2014），另一方面遭到了社会学家和邻里的抨击，因为这粗暴地将街道与它的社会网络脱离开来，抨击者中最为著名的人物包括简·雅各布斯（Jane Jacobs）。在那样的设想中，步行者被看成仅是用脚走路的动物，它与用轮子"走路"的汽车本质上没什么两样。

3.5　街道的社会生产

　　柯布西耶在1937年试图用一条从东到西的高架公路穿越巴黎市区的

梦想没有达成。他所提倡的高速公路与奥斯曼规划中最宽的福熙大街（Avenue Foch）的宽度一致（120m）（吉迪恩，2014）。巴黎中心城区没有被高架高速公路穿越实属幸运，但是50多年来，很多高速公路穿越城市中心区的计划在其他地方都实现了，例如穿越波士顿老城中心的高速公路。讽刺的是，后来波士顿又用了15年花了近200亿美元把这条高速公路的市中心段强行捅到地下成为隧道，这就是著名的"大挖掘"（Big Dig）。（图7）

　　纽约第五大道延伸案，既是摩西和简·雅各布斯关于城市发展模式之间的激辩，也是关于街道、街区和邻里价值的重申。摩西计划中穿越格林尼治村、SOHO区、华盛顿广场等重要公共空间的高架道路没有实现，这些社区最后都保留了下来，延续了社区的街道和文化。后来的大量研究证明，街道是公共空间的重要组成部分，是公共领域。街道具有社交性，街道具有城市性（卓健，2015），街道就是城市，对街道的体验就是对城市的体验。

3.6　什么是街道

　　在现代主义城市规划和激进的现代建筑大师们"杰作"的持续影响

图7　波士顿的中央干道（左图）被拆掉修成了玫瑰肯尼迪林荫道

下，二战后40年来街道消失、街区解体、城市环境也越来越"现代"。在满目疮痍的城市环境中，一系列非常重要的反思之作，以及街道研究成果，在连续的30年里不断发表或出版，包括简·雅各布斯的《美国伟大城市的死与生》（*The Death and Life of Great American Cities*）（1961年），鲁道夫斯基（Bernard Rudofsdy）的《为人民的街道》（*Streets for People*）（1969年），阿普尔亚德（Donald Appleyard）的《宜居街道》（*Livable Streets*）（1981年），穆东（Anne Vernez Moudon）的《为公众使用的街道》（*Public Streets for Public Use*）（1987年），以及阿兰·B·雅各布斯（Allan B. Jacobs）的《伟大的街道》（*Great Streets*）（1993年）等。这些作者们纷纷提出，街道不仅仅是供流动和通行的空间，同时也是重要的交流和遇见的社会空间。简·雅各布斯在《美国伟大城市的死与生》里提出街道之眼对社区安全的重要性，阿普尔亚德提出交通流量越大行人社交活动越少，阿兰·B·雅各布斯说伟大的街道的衡量标准里最重要的一条是：必须有助于邻里关系的形成，它应该能促进人们的友谊与

互动。最好的街道会鼓励大众共同参与。很明显，对于街道，大家有着不同的定义。

古特曼（Gutman）对文艺复兴以来的街道含义所做的总结包括：街道是社会实体，它的设计折射出社会和文化动机；街道是三维的，街道两旁的定义街道的建筑物和二维街道地面同等重要；街道不仅能够帮助人们通达到那些分布在街道两旁或周边的地点，还能将人与人连接起来，促进沟通和交流；虽然存在一些私有化街道，但总的说来，街道是公共的、开放的；街道分为两部分，一部分供人通行，另一部分供动物和车辆通行；虽然街道起着连接作用，但其本身还是有限空间；从规模上看，街道介于建筑物与公园、花园、广场等较大的空间之间。

4　第三次转型：共享的街道

1972年，文丘里（Robert Venturi）、布朗（Denise Scott Brown）和艾泽努尔（Steven Izenour）向主流建筑学扔了"一颗炸弹"，合作出版了《向拉斯韦加斯学习》（*Learning from Las Vegas*）。书里对斯特里普（Strip）大街上的建筑与周边空间

的联系大加赞扬，认为街道不仅仅是交通系统，还是一种沟通的机器，街道是供街道周边各种信息之间进行沟通的渠道。这是一本对后来建筑学的走向产生重要影响的著作，三人严厉抨击了现代主义建筑的洁癖，并呼吁建筑师们向商业主义和平凡的混杂敞开胸怀。

4.1　时光倒流的旅行

1993年，洛杉矶环球影城开业现场的一条步道引起世界轰动，也引领了购物中心的新浪潮。它比一般的购物广场能提供更多新奇感。街上不断出现街头音乐家、魔术师、露天餐吧、棕榈树，每天下午规定时间还会出现蝙蝠侠、超人、史莱克、神奇女侠的花车巡演，让两旁民众翘首以待，欢呼雀跃。步道两旁的建筑则混杂了历史和戏剧的场景，这条步道被称为"城市步道"（City walk），步道两边有40多家专营店、餐饮和娱乐场所。资本家总是比规划师率先嗅到步行街道的商业秘密：汽车是不买东西的，两条腿走路的人才买东西。"城市步道"由捷得事务所（JERDE）设计，他们承认在这个项目中复制了洛杉矶地区的很多建筑立面（图8）。

图8 城市步道（环球影城）

图9 厦门自行车高速路

4.2 消费主义

环球影城只是步迪士尼乐园的后尘。威廉·怀特（William H.Whyte）在20世纪80年代曾讽刺道：当现代城市规划将街道毁灭成一条条车道时，迪士尼乐园却将人们赶进乐园享受原本属于城市的街道体验，还要收门票！不仅是环球影城和迪士尼乐园，街道体验的商业秀还表现在创意街道和文化街区。在消费主义的推动下，它们有时会有一个不太好的名称叫"中产阶级化"或"士绅化"。英国建筑及建成环境委员会（the Commission of Architecture and the Built Environment，简称"CABE"）的调查显示，在城市中心区适当设置步行区域，步行交通量可增加20%～40%，商业零售额将随之增涨10%～25%。自从美国加利福尼亚州山景城（Mountain View）在市中心对主要街道进行改造，实施改善人行道、移除路边停车场、增加绿化以来，中心区在住宅和办公等方面累计吸引了1.5亿美元的私人投资，并成了区域观光地。

4.3 身体取胜

当下，世界正在悄然兴起一场变革，人们越来越热衷步行，并且愿意为适宜步行地区的房子支付高价。所谓步行适宜性（walkability），就是衡量一个地区适合步行程度的指标，简单说就是不用开车就能到达的附近的商店、学校和公园的数量。美国一项新的研究发现，超过3/4的人将舒适的步行环境作为居住地选择的首要因素，因此近年来美国十分重视步行道的设计，以纽约为例，已从邻里单元、街道类型和步行道空间三个层面考虑步行道的设计（徐莎莎等，2012）。一个名为"城市CEO"的组织研究了美国15个地区的90000座房屋，从"WalkScore.com"网站的步行指数得分来分析房屋销售数据。在调查的15个地区中有13个地区显示，步行指数高的社区比一般的社区平均房价要高出4000美元至34000美元。有人甚至计算出了步行指数对房地产价格的影响：步行指数每高1分，房价多3000美元。由此可见，一个地区的步行指数不只是关乎闲情娱乐，它值得政府部门、投资商和置业者的高度关注。

4.4 完整街道

人们对街道的观念正在从交通主导逐渐向生活导向转变，并向慢行交通和步行交通回归。伦敦相继发布了《步行计划》（2004年）、《步行环境改善计划》（2005年）和《街道设计手册》（2007年），并希冀在2015年前将伦敦建成世界上最适宜步行的城市（Gallagher，2015）。伦敦的对手——巴黎，则提出一个更雄心勃勃的计划：希望巴黎在2024年举办奥运会时，成为全球首个"后汽车时代"大都市。18世纪以来，巴黎和伦敦之间的城市竞争已经超过300年，一直未分胜负（霍尔，2016），将来依然难分难解。

除了人们对步行的推崇，自行车也再度风靡。当下中国的自行车系统因为"摩拜"、"ofo"等共享自行车而受世界瞩目，厦门也已建成了中国第一座自行车高速立交桥。（图9）作为平等路权运动的一部分，2003年自行车倡导者芭芭拉·麦肯（Barbara McCann）提出用完整街道替代日常场所（Routine Accommodation）。完整街道的内涵更广泛，它是指面向所有人的街道（陈挚，刘翠鹏，2017）。完整街道的设计和运行应当为全部使用者提供安全的通道，它有三个实现目标：安全街道、绿色街道、活力街道。基于这些原则和目标，很多城市开始编制自己的街道手册。

4.5　街道设计导则

2016年10月，《上海市街道设计导则》颁布施行，这是中国第一部街道设计导则，意义深远，笔者将它列入2016年中国城市设计的十大事件之一。（图10）南京、广州和昆明随后也发布了街道设计导则。从世界范围看，伦敦城在2004年发布了世界上第一个城市街道设计导则，这个导则是伦敦交通部门制定的，说明交通部门终于认同街道空间是城市交通与公共空间的共同载体。此后美国的西雅图（2005年）、洛杉矶（2008年）旧金山（2008年草案）和纽约（2009年）以及阿布扎比、新德里等城市也相继发布了自己的街道设计导则。这些"导则"的宗旨都是创造更平等、更和谐的公共环境，并鼓励发展共享空间、优化街道空间的公共性（Gallagher，2015）。如何实施，是街道导则发挥更好作用的关键。目前，有关部门正在编制上海的《街道设计规范》。

图10 《上海市街道设计导则》

4.6　街道研究方法

在过去的很多年里，土地开发与交通流量曾经主导了交通规划研究。以美国为例，在向基于服务业和信息产业的经济转变中，道路交通出现了小汽车、公共汽车、小汽车、有轨电车、更多的小汽车的情况（金库曼，2013）。公允地说，交通工程师们为了使美国街头不只是供小汽车和其他机动车驰骋的场所，为了使街道不只是如柯布西耶所说的"供应煤气、水、电的精巧构建"，也做出了很多努力。他们希望通过有效的土地利用措施来鼓励公共交通，并在其中发现了三个非常重要的市场因素：居住密度、就业密度和停车费用与管理（奥斯基，2013），同时也建立了不少的交通流量模型。

相比而言，简·雅各布斯主要依靠的是新闻记者敏锐的直觉和观察。穆东在《为公众使用的街道》中采用的是环境行为学调查方法，这些方法后来被扬·盖尔（Jan Gehl）统一编著在他的《如何研究公共生活》（*How to Study Public Life*）（2013年）中，包括观察、计数、地图标记、轨迹记录、日志等。除了日益成熟的三维扫描和无人机图像建模以外，大数据的调查方法也层出不穷，包括手机信令、WiFi探针，以及红外、磁感计数和包括语义、"LBS"感知在内的社会感知（茅明睿，2017），这些方法主要测量记录的是人的活动与情绪，意味着探测"街头芭蕾"的方法又有了新进展。

5　街道的未来

奥斯曼的林荫大道虽然基于政治、经济、商业开发的权力张扬，但是它却成为巴黎人活动与意见表达的

场所，城市主义得到新的诠释，具有明显的现代性（史蒂文森，2015）。自简·雅各布斯和其他一些研究者开始关注街道中人的维度、复杂的街头文化、街头生活的密度与多样性以来，一种颂扬本土的、异质的文化便得以形成，即一种后现代的转向。就像卡斯特（Castells）所认为的：街道重新成为信息流的空间，一种集合生产、消费、共享和体验的地方。

网络化生存的社会中街道会消失吗？答案是否定的。街道上的公共生活不会彻底消失，某些部分还会增强。按照兰德的理论家预测，网络交流的蔓延和城市的扩张，只是增加了面对面接触的需求（肖恩，2016）。

除了步行性、空间品质和活力等方面外，智慧街道和健康街道也是街道的重要发展方向。其中，健康街道主要是指街道环境对人们的心理和生理健康状况所产生的影响。根据CABE的调查，80%的受访者表示，他们对建成环境的质量十分关注，其中85%的受访者进一步表示，建成环境的质量会影响他们的心情。人们不仅喜欢坐在路边的公共座椅上观察来往的行人，精细化的人行道设计还能鼓励人们更多地进行运动，更多地采用步行和自行车等绿色交通方式（徐莎莎等，2012）。笔者最近撰写的两篇文章，也在探讨健康街道。

展望街道的未来时，我们也不应忘记街道在城市发展史上为何"消失"的教训。除了现代城市规划理念、分级路网与小汽车的突然涌现，城市建设相关学科的分离也促成了街道的"消失"。每个学科都在纵深上独自研究自己的"事情"，都把对街道本质的考虑看成是他者的范畴，从而导致对街道本身的忽略（马歇尔，

2012）。街道建设是一个系统工程，它是各种学科的融合。

我们应当牢记，街道的本质是城市重要的公共空间，它充满了生机和各种可能性，正如阿兰·B·雅各布斯所说：我们被吸引到那些最好的街道上，不是因为我们必须去，而是因为我们希望去。

本文源自：徐磊青. 街道转型：一部公共空间的现代简史[J]. 时代建筑，2017（06）：6-11.

（图片由作者提供）

参考文献：

[1] 若昂·德让. 巴黎：现代城市的发明[M]. 赵进生译. 江苏：译林出版社，2017.

[2] 巴内翰，卡斯泰，德保勒. 城市街区的解体——从奥斯曼到勒柯布西耶[M]. 魏羽李，许昊译. 北京：中国建筑工业出版社，2012.

[3] Serge Salat等. 城市与形态[M]. 陆阳，张艳译. 北京：中国建筑工业出版社，2012.

[4] 斯蒂芬·马歇尔. 街道与形态[M]. 苑思楠译. 北京：中国建筑工业出版社，2011.

[5] 彼得·霍尔. 文明中的城市[M]. 王志章等译. 北京：商务印书馆，2016.

[6] 斯蒂芬·马歇尔. 城市·设计与演变[M]. 陈燕秋等译. 北京：中国建筑工业出版社，2014.

[7] 罗伯·克里尔. 城镇空间——传统城市主义的当代诠释[M]. 金秋野，王又佳译. 北京：中国建筑工业出版社，2006.

[8] 西格弗里德·吉迪恩. 空间·时间·建筑：一个新传统的成长[M]. 王锦堂，孙全文译. 武汉：华中科技大学出版社，2014.

[9] 卓健. 城市街道研究与规划设计：全球50个街道案例[M]. 北京：中国建筑工业出版社，2015.

[10] 阿兰·B·雅各布斯. 伟大的街道[M]. 王又佳，金秋野译. 北京：中国建筑工业出版社，1993.

[11] 维卡斯·梅赫塔. 街道：社会公共空间的典范[M]. 金琼兰译. 北京：中国工信出版集团，电子工业出版社，2016.

[12] 文丘里，布朗，艾泽努尔. 向拉斯维加斯学习[M]. 徐怡芳，王健译. 南京：江苏凤凰科学技术出版社，2017.

[13] 戴维·格雷厄姆·肖恩. 重组城市——关于建筑学、城市设计和城市理论的概念模型[M]. 张云峰译. 北京：中国建筑工业出版社，2016.

[14] 徐莎莎，陶承洁，吴立伟，陈韶龄. 面向城市公共生活的街道空间设计探索——以美国的城市街道设计导则为例[A]. //中国城市规划学会. 多元与包容——2012中国城市规划年会论文集. 昆明：云南科技出版社，2012.

[15] Michael R. Gallagher. 追求精细化的街道设计——《伦敦街道设计导则》解读[J]. 城市交通，2015（4）：56-64.

[16] Jay Walljasper. 为打造步行城市，美国也是蛮拼的[EB/OL]. 一览众山小——可持续城市交通. http://mp.weixin.qq.com/s/fDT3WfU1P3r4zyi6d68JrA, 2015-01-16/2017-09-15.

[17] 陈挚，刘翠鹏. 从汽车导向到完整街道：美国完整街道概述[J]. 上海城市规划，2017（4）：140-144.

[18] 佚名. "步行指数"如何影响美国房产价格[EB/OL]. http://www.360doc.com/content/16/0715/18/34487992_575766490.shtml, 2016-07-15/2017-09-10.

[19] 佚名. 步行指数对买房的影响，每加1分贵3千元[EB/OL]. http://www.360doc.com/content/16/0715/18/34487992_575766467.shtml, 2016-07-15/2017-09-10.

[20] 德波拉·史蒂文森. 城市与城市文化[M]. 李东航译. 北京：北京大学出版社，2015.

[21] 韦恩·奥图，帕特里夏·亨德森. 公共交通：土地利用与城市形态[M]. 龚迪嘉译. 北京：中国建筑工业出版社，2013.

[22] 茅明睿. 大数据在老城复兴中的价值[EB/OL]. 《2017北京设计周》演讲, http://live.leju.com/jiaju/bj/6317241055004135586.html, 2017-09-10,

公共街道①的历史起源

唐克扬

查阅城市街道的中文建筑学文献，引用数位居前列的某篇文章吸引了笔者的注意。文章一开始，作者便描绘了北京城市具体的物理片段，有关一条理想街道的理想图景，特别是它的内容和形式之间的关系："50年代建成的南礼士路红线宽30m……当时沿街两侧安排了市级单位有机械施工公司……部分住宅以及儿童医院等。建筑物均沿红线布置，4至5层，局部6层，与街道的高宽比为0.6~0.7：1，具有良好的空间尺度。个别建筑物的重点部位适当后退……"这样做的好处，是可以使街道"具有一定的节奏感"。在建筑师笔下，不同开放空间形态的评估最终都指向良好的空间秩序，"在南礼士路与月坛南街的交叉口处，随着道路的弯曲出现了一个绿化小广场……除上述绿化广场外，路西有月坛公园，路东有南礼士路公园和月坛体育场。整条街道建筑物高低有序，两旁空间疏密有致，人车各行其道，安详舒适。当时的空间环境是值得称赞的。"[1]（图1~图3）

街道本质上依然是"路"，如果没有外部语境的"加持"，它并无自足的形式意义。若检视当代讨论城市街道的建筑学文献，大多已然遵循了这样一种理想的愿景：城市的先在好像是不言自明的②，在厚实的三维历史形态中，街道不过是希腊古瓶上雕刻出的花边，它们的差异仅仅是工匠手艺和艺术品尺度的不同而已。笔者注意到这种讨论的思路和人类学家口

中的"路学"（roadology）有很大的差异，后者或许更愿意相信"原本是没有路的……"在关于第三世界国家发展的讨论中，"路"扮演着重要的角色，在人类学家看来，它能动地改变了城市自身的定义，对于当代中国城市来说，由前现代的状态日趋近代化—现代化时尤其如此。在大多数的语境中，道路"无疑已经成为现代化的标志"。[2]

人们口中的"街—道"，是依托于城市聚落而繁荣后发的"街"，还是构成城市意义最初骨架的"道"？或者，换而言之："街—道"是穿越既有街区体现本地生活意义的"通路"，还是引领城市化旅程形成城市网络组织的"大道"？

1　街道城镇和公路城镇

在《城市文化》一书中，刘易斯·芒福德先后提到了两种不同的城市和道路的关系，一种是街道城镇（street town），另外一种则是无公路城镇（roadless town）。[3]正如更早的村落沿着村路形成，中世纪的街道城镇大多沿着街道形成，最终街道成了城镇的主要开放空间和最有意义的形式要素；与此形成映照的是，20世纪晚近的疏散论提倡快速路和街区的分离，带来了城市和道路的脱离，出现了一种不强调街道交通功能的城镇，或者，如同上文所说的那样，显示了"街"和"道"的显著分别。

"无城镇的公路会产生无公路的

城镇"，如此，快速交通不再必然通过城市中心或者周边，产生了乌托邦式的、像布鲁日那样的旅游目的地般的图景，在其中只剩下白德懋一文中向往的"生活性的街道"。理解这样的"无公路城镇"就要认识它的反面，也即由埃德加·钱伯尔斯（Edgar Chambless）和西班牙线性城市的计划者们所描绘的"早期机械中心主义公路城镇"，它强调作为文明中心的城市也同时是主要的到达和出发地，这其实是另一种源远流长的"街—道"的传统，突出了"路"对于城市的肇始意义，就像罗马的阿皮亚大道除了是本地的礼仪空间也是帝国交通网络的中枢。"公路城镇"可以算是古老的道路—城镇逻辑登峰造极的另一类型，它和"街道城镇"互为表里，形象地说明了两者最终脱离的原因——道路和城市的功能在发源上是彼此依存的，但是在今天也将产生激烈的冲突，这种冲突恰恰孕育在它们最初并行的可能里——既有可能作为本地基础设施的一部分，也同时构成"出""入"通路的区域网络。

虽是当地社区的核心部分，最终也难免成为城市扩张的支点，南礼士路并不总能是一种"安详舒适""使人称赞"的舒适城市空间。即使在20世纪90年代中叶北京尚未汹涌的发展之潮里，白德懋也已经看到，交通流量的增加令得"这条街的景观环境越来越不能令人满意"。交通流量的增长归根结底是因为原本限止于"办公、居住和生活"的城市生活增加了

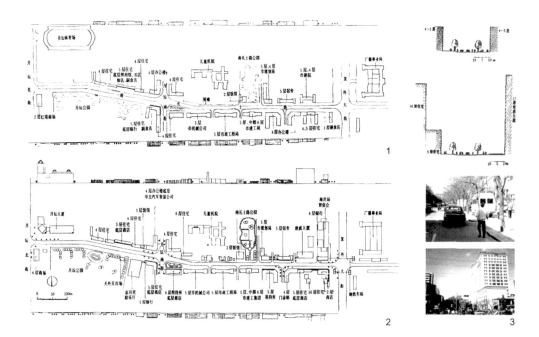

图1　20世纪60年代以前北京南礼士路沿街总平面和立面图

图2　20世纪90年代北京南礼士路沿街总平面和立面图

图3　用以描绘南礼士路前空间尺度的剖面图

许多"新的内容"。在他看来，在这样一条"理应属于生活居住性质"的城市支路上，不宜再增加吸引大量交通的大型办公楼、大型商场、旅馆之类的公共建筑，而是应当"多安排些食品店、副食品店、日用百货店、早餐快餐店等以及与街上工作单位相关的配套商店；严格保护现状绿地，不得再在内进行建筑"——然而，南礼士路并不是可以轻易本地化的内向生活住区，在这样一条连接长安街两侧北京南北城，有多条公交路线通过的交通要道上，除了他本人工作的北京建筑设计院是"京"字头的大型国有企业，早在20世纪50年代初期就存在的儿童医院，更是吸引了与本地化愿望背道而驰的大量人流，就诊者来自全市甚至全国。③

建筑师对于南礼士路的评估主要是空间形态上的，古典形态的街边公园主要为步行者而设计，但影响这条街道交通流量的是城市规划的全局。建筑师站在城市规划设计的角度，企图像"无公路城镇"那样，区分城市道路和街区道路的功能，让机动车交通尽量远离"背心口袋"式的内向街区。然而，即使不谈这条路本身承担的通过式交通在城市级别的压力在不断增长，恰恰是东侧"寸草不生"的快速路和交通枢纽（西二环路和复兴门桥），让在附近生根的大型公共建筑的使用者感到极大不便，倒过来又产生了这些本地开放空间的过度使用和品质下行。城市越是发展，处在核心地段的街道越是难以避免外来影响的侵入，预设的设计意图遭到打乱。这种悖论产生了一种戏剧性的后果，如同彼得·霍尔（Peter Hall）在描绘"公路城镇"兴起的大背景时所描绘的混乱，"……100万辆汽车朝着100万个不同的方向移动，他们行进的道路在一天中有100万次在100万个十字路口发生冲突……"（图4）④

在当代，这个有关道路的问题又回到了它初次发生时的原点：道路到底是消极地服务城市，还是独立于城市甚至先于城市？当建筑师专注于来路不明的城市"街道"的形态塑造问题时，人类学家意图恢复"道"和城市间此消彼长的关系，前一种方法的终点意味着阶段性的城市运动的完结，后一种思路的意义却体现于城市的起源，或者，城市"建成"后无休无止的变化之中。

2 "街"和"道"的不同意义

不做字源学层面的强行区分，仅仅就大家关心的话题来看，"街"和"道"的意义区分久已存在。是先有城还是先有路？《伊利亚特》中分别描述了特洛伊和围城的希腊军队的城寨—聚落。特洛伊人的城市"设计"源于神意，它是统一的、整体的，几乎也是完美的，只止步于突如其来的灾难中；相比之下，特洛伊人只是在城外的田野上仓促地拼凑起来他们的城寨，营房和营房之间自然构成了街道，犹如罗马人的殖民城市一样，这些整饬的街道更多只是"路"的功能。在阿喀琉斯的盾牌上，进一步描绘了和平中的城市和战争中的城市的区别，前者是理想的，神谕一般的愿景，后者却是随着事变和功利才浮现出来。可见，对于聚落的开放空间，

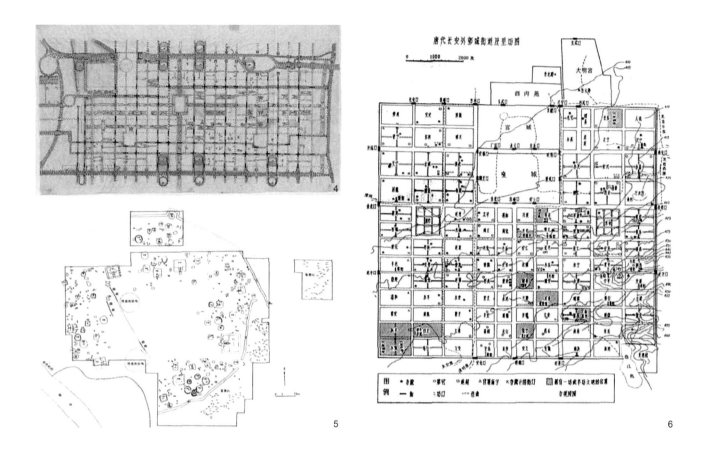

城市和城市的围困者可以有着不同的认知。[4]街道和道路的区分因此不仅与空间有关也和时间有关，体现为"图—底"相反的主从关系。

在中国早期城市形成的阶段，一样存在着这两种区分。从母系氏族社会的聚落，比如陕西临潼姜寨遗址的"大房子"（图5），或者宝鸡北首岭遗址的"广场"，我们并不能就此说，"路"并未在这类聚落中扮演任何角色。事实上，周边揭露的路土提示它们大多指向"大房子"或是"广场"，这些早期的街道只是具有直白的联络作用，即使在形态学的意义上，我们也无法把遗址中仅仅提供交通和聚会功能的开放空间叫作"街道"——我们看到，这样的"街道"甚至也很难说是线性的或是独立于周边环境的。[5]从龙山文化时期的淮阳平粮台遗址开始，依托于"城垣"和"城门"才出现了接近现代意义的城市"街道"，

虽然它们很难说一定是出于某种成熟的"规划"，但是毫无疑问，这时的道路不再只是出于内向的部族聚落防御的需要，而是同时和区域间的联络有关⑤。随着早期城市基础设施的成熟，这些"街道"的意义相对固定下来，于是有了两类不同的道路的计较：最初造就了城市本身的那些"道"和在城市中进一步细分、塑造其意义和结构的"街"。两种角色常常处在重叠和变换之中。

"街—道"的关系变化典型地体现在城市自身的变革之中。作为近来颇有争议的"唐宋变革论"的物证之一，隋唐长安城的城坊制度正聚焦于"街—道"的不同角色。现代网格城市（grid city）通常有着绝对的命名系统，由1～n的数字或字母顺序排列，而中国古代都城的街道却大多基于和人造物城门、宫门的相对关系，从长安的"顺城街""金光门内大街"

到近代北京的"西四大街""西直门内大街"，这样的"街道"的意义都是依赖城市的语境才存在的。但是与此同时，这些通常尺度巨大的城市干道又是"道路"，是它最早表征的区域交通含义的载体。比如隋唐宫城正门前的"承天门广场"也常常被指称为"承天门大街"，是长安通化门和开远门外东西交通的连接纽带。类似的情况也会出现在北京天安门前的东西长安街上，从较为精确的平面图上，我们可以看到这类笼统称为"城市道路"的开放空间既可以被看作线性的通路也可以是事实上的城市基础设施。这类不甚规整的空间的形成原因，和设计师心目中的"节奏"需求有着巨大的不同。只是在因循现代规划思路事后指认和产权认定后，它们才成为真正的"街道"（图6～图8）。

中国中古都城的街道管理和城市发展出现冲突时，常常出现"侵街"

图4 路易斯·康，为费城规划研究而作的交通运动现状分析图
图5 《陕西临潼姜寨母系氏族部落聚落布局概貌图》
图6 史念海，"唐代长安外郭城街道及里坊图"
图7、图8 唐代长安朱雀大街考古现场剥露古代路土所见的车辙，和东市西北隅胜业坊内狗脊岭（古迹岭）地区现况。两种不同性质的城市通路的对比：前者尺度巨大，规制见于史册，但实际使用呈纷繁偶然的状况，后者则是没有明确定义但逐渐被赋予偏窄含义的"非场所"——两者都不完全等同于今天的"街道"

的现象，这种说法本身说明了以上的开放空间是这样一种"变化"的场域的事实。根据马克·奥杰（Marc Augé）提出的"非场所"（non-place）的概念，这样的"路"是转换和运动的场所，难以聚集足够的、确定的意义。[6]从城市发展的历史看，"路"中间态、可变换的角色不仅仅限于具有"超现代性"的当代社会转型，而是一直存在于城市发展的过程中，和（纵深方向）街区的兴废，

以及街道边界的（连续的或者非连续的）状况都密切相关——"非场所"因此也是"非常所"（informal place）。

道路的两面性赋予了它实在的，而非仅仅是美学的形式特征。由于和城市不确定的决定—被决定的关系，街道承受着街道界面里外的意义不同的"压力"，尽管当代城市设计师希望将街道和它毗邻的城市当成一个整体看待，由于不同的发展次序，街区和街—道的关系是难以完全协调一致的。还有一个重要的因素，有关产权——街道"红线"的定义——以及城市自身的生长，不仅在垂直方向（剖面上）也在顺延的方向影响了"街—道"的定位。道路是无限蔓延的，而街道和它附属的城市发展则是非连续的。它不是卡米洛·西特（Camillo Sitte）所指的那种非连续性的街道，意在创造出可以作为理想生活场所的"无公路城镇"，此处的片段化的街道，是事实上的存在，是由不同时间里的不同城市状况创造出的不同街道界面所产生的。

3 从历史的角度"看"街道

此处的"看"是有具体涵义的。事实上，相对于其他的城市要素，街道是更难以被"看到"的，但恰恰是当代街道被赋予的景"观"暴露了它的问题。在标准的城市设计练习中，街道经常被表达成剖面的状态，为的是表达横断面上街道两侧的空间同时存在的对应关系，比如建筑物、行道树等的高度、街道宽度和行人视线构成的角度阈值，不可见的建筑物内部和街面节点的不同对应，等等。例如，在上文援引的南礼士路案例中，作者总结道："按照人的视觉感受，街道的高（房高）宽（街宽）

比如控制在1：1左右，那么空间具有相互包容的匀称性……"在他心目中，在这条道路的黄金时代，它良好的空间尺度正是来自于适当的高宽比（0.6~0.7：1）。

以上的描述方式体现了某些在20世纪80年代的建筑学教育中风靡一时的论著——突出的例子莫过于芦原义信的《街道的美学》——的巨大影响，同时也显现出两个关于街道设计和城市历史研究的关联。其一，当理工科定位的建筑学侧重于分析性的指标，而不是感受性的街道特征时，人们仿佛忘记了街道最主要的社会内涵，以及街道首先是具体的人在使用这样一个事实，事实上，不讨论街道是干什么用的时候，对它的感受无法仅仅透过抽象的数值就复原或者预期出来[6]。其二，中间尺度的街道本是城市规划和建筑设计两种尺度间的折中。经过将道路展开并把多个剖面投影变化联系在一起，我们甚至可以用多个剖面的组合（cross-sections）和展开的长轴剖面（transection），或者把立面和剖面结合来表达全局变化，这种总体和全面的印象是白德懋笔下街道丰富"节奏"的来源，并可以进一步转化为数量化的城市设计"导则"。但有意思的是，这种旨在合理"构成"空间的控制性手法，有时候会被混淆成它预期的观感，或者说，完整的逻辑表达并代替了局部的感受——在人际的尺度，这种逻辑"合成"的"效果图"实际上是不存在的。[7]通过建筑学的方式我们也许"了解"了街道，但是我们并没有真正"看到"街道，甚至也谈不上作为一个"用户"使用了街道。

真正理解街道的历史就需要历史地看待它的类型学，与此同时这也对应着一种历史地"观看"街道的思路。

首先，不存在一种单一的，无

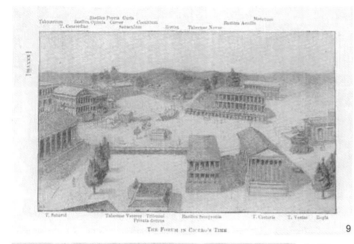

图9　西塞罗时期的罗马论坛地区复原图，同样是最初没有明确定义的"非场所"
图10　在这些作品中我们可以清晰地看到古代凯旋门的遗址之间逐渐形成"通路"的图景
图11、图12　北京前门地区今昔对比：从"街-道"并立的混沌图景到人造"有机态"的仿古"街道"，随着西方摄影术传入的观察街道视角的更新，伴随前者的"街道观"推动了后者实际面貌的重新定义

所不包的观察街道的路径。那些经历了现代转型的历史城市空间，往往可以清楚地看到不同街—道图景的重叠关系。我们缺乏南礼士路规划前的历史影像，但是在其他北京城市的历史照片中，我们可以看得到，向来以宽阔著称的古代中国城市的"大街"或者"道路"，实则只是一部分符合现代街道的标准。这种重叠关系清晰呈现的时刻，比如"侵街"频繁发生的唐宋之际，通常正是城市自身剧烈变革的阶段，其意义往往超过街道变化自身。重要的城市街道首先是区域发展的缩影，一如邓小平时代的深南大道对深圳城市的后续影响，浦东世

纪大道所引起的新城规划争议，或是围绕着2017年初以来北京城市街道界面整治的讨论，等等。在这些案例中我们可以看到，城市发展涉及的街道难以和它周边的城市环境真正保持一致，它们之间的差异，盖源于"变化"，应对于不同尺度的城市发展的迥异的动力。

其次，由于现代城市空前的规模和多样化的发展模式，更由于不同的街道感受模式，街道的图景难以真正"完整"和统一了，即使在平面图的印象中，某些街道也只能是模糊地接近"线性体"的观念——只是当代人的"偏见"才重新塑造

了这样一种线性和整一的漫步道的印象，并让这种模式成为单调的新城市观光区的样板。一个著名的实例是位于罗马市中心的古罗马论坛（Forum Romanum）区域，常常显现在摄影画面前景的塞维鲁凯旋门（Arch of Septimius Severus）的遗址，遥遥对着远处的"终点"提图斯凯旋门（Arch of Titus）。画面中显著的纵深感似乎在两者之间建立起某种类似街道的联系，画面左侧的空地边缘因此显得格外齐整了，连带着有柯林斯柱式的艾美利亚圣堂（Basilica Aemilia）也和它的邻居们连成了一条线。事实上，不易察觉的

空间的"视差"也体现了我们对于街道历史起源读解的误差。在历史上确实有一条绕场一周的凯旋之路，也就是人们通常说的"神圣之路"（Via Sacra），但它们是沿周边行进的。⑧现代人眼中的凯旋大道，在古代城市的生活中实则只是一个宽泛的、随读解视角不断变化的"场域"（图9、图10）。

今天的街道显著地克服了工程和社会协同层面的技术难题。有了精确的规划手段的协助，它既往"大"也向"小"的方向修正，既把宏阔的城市空间变成机动车和礼仪行列的跑道，也将有机的城市形态整饬为中规中矩的形式。原先只有在图解（diagram）的意义上才存在的，完全符合规划原则的道路，在当代中国城市的发展中变成了现实。仅仅从这个后果看，区域性的道路和城市街道变得没有什么不同了，成为原则和实践都一体化的数据系统的产物。因为现阶段体制的特点，在物理和管理方面当代中国城市都缺乏"侵街"的可能，街道—道路往往引领城市的发展，而城市反过来对于街道的影响乏善可陈。人工雕刻和管理出来的参差的形态的"节奏"代替了自然演进中城市道路的有机赓续（图11、图12）。

街道是什么？不能不说，有什么样的街道"观"，最终也就有什么样的街道——甚至街道本身的历史也会被随之重写。

本文源自：唐克扬. 公共街道的历史起源[J]. 时代建筑，2017（06）：38-41.

（图片来源：图1~图3，白德懋，城市街道空间剖析[J]. 建筑学报，1998（3）：13；图4、图9~图12作者资料；图5，贺业矩，《中国古代城市规划史》；图6，史念海，"唐代长安外郭城街道及里坊的变迁"，《中国历史地理论丛》，1994年第一期；图7、图8，作者拍摄）

注释：

① 街道一般对应着英文中的street，但是街道实则涵盖了远比这多的空间类型和功能范型，即使在字面上我们也可以看得到"街道"这种真实涵义的多样性，比如阿兰·雅各布斯的《伟大的街道》一书便引用了罗斯林街（Roslyn Place）、蒙田道（Avenue Montalgne）、圣米歇尔大街（Boulevard Saint-Michel）和罗马步行街等尺度、形态、功用迥异的"街道"案例。

② "如何把蜿蜒的街道弄直，矫正（rectify）地形里不可避免的不规则性，安排视点……"出自W. Herrmann著，Laugier and 18th Century French Theory的136页。

③ "阜成门关厢"图中，阜成门外大街南北两侧的南礼士路和北礼士路是基本对称的断头道路，出自侯仁之主编，《北京历史地图集》的133页。但是这并非意味着这条路在此前依托于一个内向的社区，更早的记录暗示着它是郊庙和城市之间的通路，从明代建设夕月坛起，因夕月坛东墙外的大道上的礼神坊牌楼而有"礼士路"。参见王铭珍，"礼士路小考"，《北京档案》2012年第10期，46-47页。

④ ast E. E., Streets: The Circulatory System, in Robbins, G. W., Tittlton, L D. ed. Los Angeles: A Preface to a Master Plan, 1941, p.96. 转引自彼得·霍尔，《文明中的城市》，1181页。

⑤ 贺业矩，孟津小潘沟遗址虽然有"道路"，但是类属自发形成的性质。而平粮台遗址北门和南北各有相对走向的路土，推测可能有类似规划轴线的道路。

⑥ 比如，20世纪初纽约这样的城市按照街道的高宽比评估将会是极不正常的，但正是纽约的超级摩天楼和它们脚下逼仄街道的比例关系构成了库哈斯所说的"拥挤的文化"的形态基础，经过规划理性所调控的宽街则少为人所提起。

⑦ 在另外一种语境之中，诸如《清明上河图》那样的街道图景琳琅满目，但是街道图景赖以读解的图画程序（pictorial program）实则和人们的实际观感并不一样。

⑧ 除了塞维鲁凯旋门和提图斯凯旋门之外，中间还有已基本看不清形状的奥古斯都凯旋门（Arch of August），其实三者任两个都不在同一条直线上，它们之间并没有道路存在。

参考文献：

[1] 白德懋. 城市街道空间剖析[J]. 建筑学报，1998（3）：13.

[2] 周永明. 路学：道路、空间与文化[M]. 重庆：重庆大学出版社，2016年.

[3] 刘易斯. 芒福德. 城市文化[M]. 郑时龄，注解. 宋俊岭，李翔宁，周鸣浩译. 北京：中国建筑工业出版社，2009：514-515.

[4] 陈晓兰. 性别·城市·异邦：文学主题的跨文化阐释[M]. 上海：复旦大学出版社，2014：72-78.

[5] 贺业矩. 中国古代城市规划史[M]. 北京：中国建筑工业出版社，1996：45-47.

[6] 周永明. 路学：道路、空间与文化[M]//袁长庚. 方位·记忆·道德：道路与华北某村落的社会变迁. 重庆：重庆大学出版社，2016：145-162.

街道城市主义
——新数据环境下城市研究与规划设计的新思路

龙瀛

1　问题的提出

地块或街区是城市规划和管理的基本单元，也是城市研究关注的重要对象。而街道作为交通的载体和重要的城市公共空间，除了受到建筑师、设计师和社会学家的关注之外，已有的城市研究对其的探索还比较有限。表1示意了地块与街道在各个维度的差别，这也进一步说明仅仅地块层面的研究不足以构成城市研究的全部，对街道空间的探索同样具有较为深远的意义。关于街道和街道活力方面的探讨和文献综述[4]，这里不再赘述。总体上，街道研究多以定性描述为主，定量实证研究较少，并且受限于数据的获取成本，已有研究通过实地调研，所展开研究的对象多为个别典型街道。当前，街道上的低头

族、违章停车、杂乱城市家具、步行空间受侵蚀、非正式商业、低端业态和城市活力下降等问题层出不穷，街道逐渐成了城市问题的大本营和城市管理的重点。同时，随着中国的城镇化进入下半程，以及信息通信技术（Information & Communication Technique，简称"ICT"）的大力发展对人们生活方式和城市组织方式带来的变化，街道成为链接城市研究与规划设计的桥梁和与设计师对话的重要媒介，街道视角的城市研究在这个时代迎来了新的发展机遇。

在这样的背景下，本文提出了街道城市主义（Street Urbanism）这一新数据环境下的城市研究和规划设计的新思路，它是在认识论层面上重新认知城市的一种方式（网格-->地块-->街道）。街道城市主义是以街道为单元的城市空间分析、统计和模拟的框架体系，寻求在结合空间活动观察统计方法、新数据交叉验证与设想发散方式的同时，积累大模型（big model）的样本体系[3]，建立精细化设计案例和定量实证方法，以此来加强精细化研究方法对空间行为的分析，最终探求街道相关社会活动形成的理论机制。在新数据环境和以人为本的新型城镇化驱使下，城市管理和规划正在走向精细化，数据和分析方法也日益成熟，从而引导关注街道视角的城市研究，这就是提出街道城市主义的初衷。街道城市主义并不否定地块的作用，而是希望街道能真正起到骨骼的支撑作用，连接作为肌肉的地块与

城市，使城市迸发出真正的活力。

街道城市主义的目标是，在数据增强设计（Data Augmented Design，简称"DAD"）[1][2]的框架下，吸收已有设计师、评论家和学者对街道的思考和认识（如雅各布斯、林奇、盖尔和怀特等），结合已有的城市理论，建立以街道作为个体的城市空间分析、统计、模拟和评价的框架体系（定性认识的定量版本），并致力于将成果用于设计实践（如评价设计方案）。街道城市主义框架下可能的城市研究内容可以有（但不限于）如下几方面：探究定量实证方法，加强模拟方法对空间行为的模拟，探求街道相关社会活动的形成理论机制；精细化模拟，结合离散型地理模型探究模型，探求街道尺度地理模型的新进展；街道视角的基于用户感知的可参与的空间设计方法；以及基于大模型范式的中国城市街道系统的理论架构等。

2　街道城市主义的研究框架

城市研究得到了越来越多的关注，不同领域的学者关注城市的方式常常差异巨大，如物理和计算机学者擅长将城市分为网格，城市规划与管理学者擅长从地块角度认识城市，城市设计或建筑设计学者则较为关注街道。

在理论层面，街道城市主义致力于借鉴已有的相关研究和理论基础，丰富街道尺度的相关城市理论，如将

地块与街道的差别一览		表1
维度	地块	街道
几何形状	面状	线性
权属	私有空间或限制空间	公共空间
组织	整齐	杂乱（多样）
利益主体	单一	多元
城市感知	难以全面感知	城市意象的重要载体
反映的对象	身份	生活
可进入性	不易于访问（如门禁社区和单位）	易于访问
时间变化	瞬时差异不明显	瞬时差异明显
特征	正式性	正式性与非正式性并存
空间关系	割裂	连续

街道指标纳入已有理论或创建全新的理论；在方法层面，致力于建立一套完整的街道定量评价指标体系，构建街道指标与城市现象和效率的关系，以及将大模型这一研究范式引入街道研究进而实现跨城市的街道研究，关注识别街道的一般规律、地域差异及其影响因素；在实践层面，致力于开发一套覆盖全国所有城市的街道尺度的空间数据库、在线地图与规划设计支持平台，关注街道尺度的城市活力、可步行性等现实问题，支持城市规划与设计，呼应以人为本的新型城镇化。

要开展街道城市主义方面的研究，首先需明确街道的定义。街道（street）不等同于道路（road）。道路是到达某个目的地的途径和过程，着重点在两地之间的运动，强调其通行能力。除了具备道路的许多功能特性，如交通功能之外，街道还是重要的公共场所。街道的范围可以从不同的角度界定，可以将道路红线所包含的范围作为街道空间，也可以将与街道有直接联系的建筑和公共空间纳入街道研究的范围，具体的定义方式取决于具体城市研究的目的。

可以用于研究街道城市主义的常用方法包括：（1）空间抽象模型，如空间句法（认知和环境心理），用以明确和适当地抽象空间设计；（2）空间分析与统计，用以明确空间的统计学效应，如常用的空间统计方法核密度法、插值法等；（3）数据挖掘与可视化，如机器学习（machine learning）、社区发现（community detection）等；（4）自然语言处理（针对社交网络数据），针对文本、关键词的趋势分析，对于事件、城市实体的即时评价等；（5）城市模型（如大模型的预测模块），如元胞自动机、多主体模型等用以预测

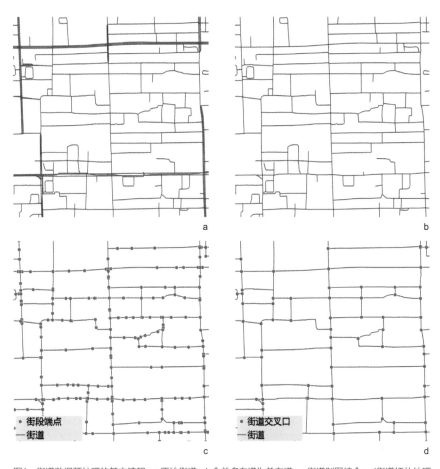

图1　街道数据预处理的基本流程：a原始街道；b合并多车道为单车道；c街道制图综合；d街道拓扑处理（街道简化结果）

城市发展以及规划设计的近远期效应；（6）基于过程建模（procedural modeling），实现街道的自动生成用以支持规划设计的情景分析。

街道城市主义在方法论层面的初步思路如下。

2.1　街道数据预处理

要开展基于街道层面的研究工作，合适的街道网络数据显得至关重要。较为常见的街道网络数据细节过多，且存在可能的拓扑问题等，因此需要进行必要的多个环节的街道数据预处理，以便后续用于指标计算和城市研究。街道数据预处理的基本流程涵盖了街道合并、街道简化和拓扑处理等环节，均可利用ESRI ArcGIS

实现（图1）。

2.2　街道指标评价

要开展街道的量化研究，对其进行指标评价尤为重要。这些指标主要针对街道及其周边区域，涵盖街道外在表征、自身特征和环境特征三方面内容（表2）。

指标可通过三种方法计算：（1）开放数据自动评价，适用于大范围街道；（2）基于街景数据人机交互评价、现场调研以及布置传感设备（适合小规模街道）等；（3）众包机制评价（借助GeoHey、CartoDB等在线地图平台）。需要强调的是，如今基于开放数据对大范围街道进行定量评价已经具备了基本条件[3]，例如，

街道量化研究的评价指标   表2

	评价指标		可采用数据
外在表征	人口密度		人口普查资料、手机信令，互联网公司基于位置服务（location based service，"LBS"）的数据
	城市活力	经济活力	经济普查、居民出行调查中的居民家庭调查、大众点评
		社会活力	大众点评、位置微博、街景
自身特征	城市功能	功能密度	兴趣点（points of interest，"POI"）、用地现状图
		多样性	
		中心性	
	物理特征	街道长度	街景
		地面铺装	
		是否机非隔离	
		行道树质量	
	界面特征	连续度	建筑、街景
		橱窗比	
	交通特征	等级	居民出行调查、出租车轨迹和城市基础地理信息系统GIS
		限速	
		车流量	
环境特征	区位特征	所处功能分区	城市基础地理信息系统GIS
		是否在城镇建设用地内	
		与城市中心、次中心、商业综合体的距离	
	城市设计	周边街坊肌理	街道交叉口、用地现状图
	开发强度		建筑、街景
	可达性	地铁站	城市基础地理信息系统GIS
		公交站点与线路数量	
	控制变量	所在城市或区县的GDP、人口、产业结构等	统计年鉴

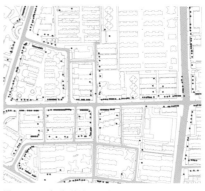

图2　POIs与街道关系示意

考虑到多数POI点位分布在街道两侧（图2），可以利用POI数据对街道的城市功能、功能密度、功能混合度进行评价[6]。

这些指标适用于评价现状街道，同时部分指标也适用于定量评价城市规划与城市设计，如规划设计方案的情景分析，进而起到规划设计支持的作用。

2.3　街道分类

街道的分类对于研究城市空间至关重要，只有进行必要的分类，才可以有的放矢地发现街道存在的问题并提出相应的规划设计和改造策略。可以从不同时段的人类活动、功能密度等级、功能多样性等级、周边城市设计情况以及可步行性等级等方面对街道进行分类。

此外，还可以基于街道周边的用地性质对街道进行分类（图3）。地块的性质直接影响着与之相邻的街道活力，通常工业区内的街道活力较低，商业区内的街道活力较高。已有研究鲜有讨论地块属性如何追加给街道，笔者认为，街道性质由100m缓冲范围内地块性质决定，若比重最大的类型地块面积占比超过50%，则将该类型属性赋予街道。如图中居住（R）类地块占比最高，且超过50%，则街道属性为居住，若最高占比大于0%且小于50%，则该街道为混合型（mixed）。

2.4　城市实证研究

街道的量化评价和分类是开展街道视角的城市实证研究的基础。基于大模型研究范式[3]，在街道层面可以分析街道指标的统计分布特征（如正态分布还是长尾分布）、空间分布特征（是否空间集聚）、指标间的相关性（如街道活力与街道宽度的关系），基于多个街道指标进行聚类分析，如识别交通性街道、生活性街道、混合型街道等，以及街道指标的回归分析。通过城市街道层面的大量深入分析，有望发现中国城市街道的一般性规律或地区差异，此外基于回归方法建立的街道指标的解释模型，具有丰富已有城市理论或构建新的理论的潜力。

在城市层面，基于一个城市内的街道构成，建立新的城市指标，如平均街道活力，进而可以进行城市排行、分级和聚类等，可以将新的基于街道的指标纳入已有的城市理论，也可以建立该指标的解释模型（与其他宏观指标关系），致力于发展新的城市理论。

图3　基于地块用地性质对街道进行分类示意
图4　街道活力的评价指标和影响因素构成
图5　街道尺度城市活力评价结果

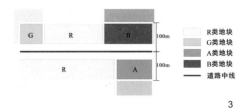

3

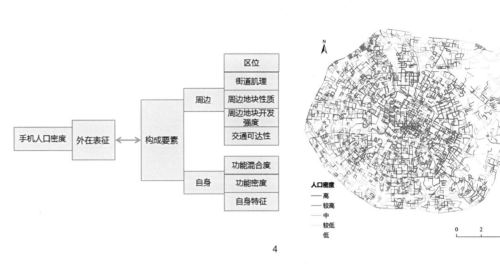

4　　　　　　　　　　　　　　　　　　　　　　　　5

2.5　规划设计支持

在对街道进行深入研究的基础上，应进一步将研究成果应用于城市规划与设计。如可以开发在线的可交互的规划设计支持平台（正在开发中），可查询现状街道的外在表征和构成要素指标、评价规划设计方案的影响等。

3　相关研究案例

3.1　成都街道活力及其影响因素分析

雅各布斯曾说，街道有生气，城市才有活力。对街道活力的相关研究，多从定性的角度来阐述，许多设计师、城市批判家乃至社会学家都有自己认为的一套营造空间活力的最佳方式。目前国内外紧扣街道活力的定量实证研究较少，而部分与街道活力相关的定量研究多采用专家打分、现场调研的方法选择典型街道展

开研究。本案例在大数据和开放数据背景下，针对成都市域内的所有街道开展街道活力的量化和影响因素分析工作[4]。

街道活力的核心是街上从事各种活动的人，而街道的物理环境为人们提供活动的场所，并对人的活动产生影响。因此街道活力的剖析可以从两个维度展开，即活力的外在表征和街道活力的构成要素。街道活力的外在表征可通过街道上从事非必要性活动的人口密度来反映，本研究选用某个周末下午的手机信令数据推测街道活力；街道活力的构成要素包括街道的自身特征和周边特征（图4、图5）。

研究表明，在成都市二圈层范围内，A类（公共管理与公共服务）街道活力受功能密度的影响较功能混合度大，天府广场的距离因素对A类街道影响最为明显；B类（商业服务业设施）街道活力受地铁口影响明显，且商业综合体有利于带动周边B类街道活力，功能混合度较功能密度影响更大，公交站点密集能一定程度促进

B类街道活力提升；R类（居住）街道活力受功能多样性影响较功能密度更大，且街道交叉口密集的地方，利于活力形成，公交站点密度对提升R类街道活力不明显；街道长度、街道宽度对各类街道活力影响较小。

3.2　基于街景图片评价中国245个城市的街道绿化水平

街道绿化已经被证明具有吸收污染、降低噪声、缓解城市热岛效应等生态环境效应，同时又是建成环境中与居民生活质量相关的重要因素之一。相较街道的平面绿化布局，街道的可见绿（visible greenery）日益得到学界和业界的关注，但对其的客观认识历来受到评价方法、时间和人力等方面的约束，已有研究多局限于较小的地域。在本研究中，笔者与合作者提出了一套基于街景图片，利用图像识别和GIS技术自动评价街道绿化情况的方法，并将其应用于中国245个主要城市的中心地区[②]。在

图6 基于街景图片识别街道绿化情况之某地区街景及对应的街道绿化程度评价结果

街道可步行性的评价指标体系   表3

大类	细分类	精细评分标准		
		-1	0	1
减分项	路面铺装	N/A	铺装平整	铺装残缺或杂草丛生
	无障碍性	N/A	有必备盲道和缓坡	无盲道和缓坡
	违章停车	N/A	无停车占道	存在停车占道
	设施占道	N/A	无设施占道	存在市政设施占道
	视线遮挡	N/A	无侧边停车	侧边停车遮挡视线
加分项	步行尺度	容许2人或2人以上并排通过	容许1人轻松通过	无路可走
	可达性	方便安全的人行横道或十字路口	道路较宽但可视范围内设有天桥或地下通道	可视范围内无路口或行人路线过于复杂
	魅力空间	能聚集人气的积极空间	正常路边空间	混乱无序的消极空间
	绿化景观	能遮蔽大部分步行道空间的绿荫	正常的绿化空间	无遮蔽

该研究中笔者搜集了近百万张腾讯街景图片,识别了每张图片的绿化率(green ratio)用以表征街道的可见绿情况,并进一步将图片层次的结果汇总到街道和城市尺度(图6)。针对131个夏季拍摄街景的城市,研究发现,街道长度越长、周边地块尺度越小、所在城市经济越发达、行政等级越高,则街道的绿化程度越好;另外,西部地区的城市街道整体绿化程度更好;街道绿化水平最高的五个城市分别是潍坊、淄博、宝鸡、马鞍山和承德。城市级别的街道绿化排序结果显示,前五位城市都是国家园林城市,而后五位则都不是,这也从侧面佐证了该研究所提出的自动化评价街道可见绿的方法。

3.3 基于街景图片评价北京街道可步行性

街道的可步行性是城市慢行系统规划的重要环节之一,现有研究多采用现场调研的方法,适用于较小空间范围的评价。新兴的街景图片为研究街道的可步行性提供了一个重要的数据源,数据获取快速便捷,且不受天气、时间、地点的限制。针对北京市民关注的1560个街道位置,分别从八个角度(平行于地面每隔45°)对每个位置抓取一张街景截图,共计12480张街景照片。基于已有文献,并结合街景图片的特征和北京的特有情况,研究选取了九个指标用于评价街道的可步行性(表3)。之后利用人工判读的方法,针对每个街道的各

个指标进行评价(图7)最后对各个指标进行综合,给出每个街道最终的可步行性。此外,还结合了公众参与的规划设计理念,由市民对这些不同街道的可步行性进行评价,给予好评与差评,进而与街景的指标评价综合结果进行比对。

3.4 基于街道交叉口重新定义中国的城市系统

长期以来,中国对于"城市"的界定一直存在着行政城市地域(城市管辖权对应的空间范围)和实体城市地域(城市建成区范围)的"二元性"割裂。中国目前除了官方认可的653个不同等级的城市外(2014年口径),1624个县城和部分规模

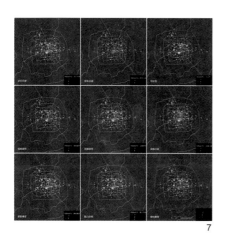

7

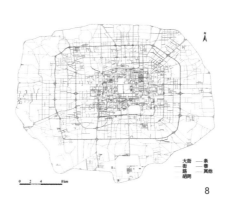

8

9

图7　街道可步行性各指标的评价结果
图8、图9　北京和上海街道通名空间分布规律

较大的镇，从功能实体的角度亦属于国际上广为认可的城市，因此中国存在着大量游离于统计和行政体制之外的被忽略的城市。为此，笔者利用2014年覆盖全国的街道数据，生成823.6万个街道交叉口，并基于渗透理论（percolation theory）重建中国的城市系统③。如果以100个交叉口作为最小的城市门槛，则中国有4629个"城市"，其中3340个位于现有城市的市辖区边界之外。这些被忽略"城市"的快速扩张、人口收缩与空置现象，游离于决策者、学者和统计资料的视野之外，因而更加值得关注。此外，将同样的方法应用于2009年的街道交叉口，结果显示，2009～2014年，中国的"城市"数量由2273个增长为4629个，"城市"面积由28405km²增长到64144km²。通过重新定义城市和构建中国城市系统，有望更加客观地认识中国的城市系统，对后续的中国城市发展状况的客观评价，问题的识别以及战略的制定，都将产生有益的作用。此外，大数据和开放数据所构成的新数据环境，源于其动态性、大覆盖和精细化等特点，适合对重新定义的中国城市系

统进行监测和评价。

3.5　基于街道名称分析城市形态

街道名称的意义不仅仅在于其本身，还是其他地物定位的依据。同时，街道是一个城市的"脸面"，反映出一个城市的历史文化内涵、生活特征以及品味的高低[1]。街道名称由专名和通名两部分组成。街道通名是街道名称中指代的地理实体类别的部分，在同类街道地名中具有相同的意义；街道专名是街道名称中用来区分各个地理实体的部分。其中专名部分的命名方式多样，每条街道的具体名称就更为纷杂，而街道通名相对固定，与城市空间形态联系紧密，是在历史发展的长河中逐步形成的，因此，不同地区的通名蕴含了当地的文化特征[5]。如图8、图9分别为北京（五环内）和上海（外环高速内）的街道通名空间分布。

城市街道通名总体上呈现出以下三个特征：作为城市重要骨架的高等级街道，各个城市的街道通名具有较高的相似性，均以快速路、大道、路和街为主导；对于较低等级街道（如城市支路），则有明显的地域差

异性，体现出各个城市自身的文化特色，比如"胡同"、"条"是北京的特色，"巷"在南京的支路中占有较大的比重，"弄"则在上海的地名中出现频率较高；历史城区街道通名的多样性高，而外围扩张区域，具有地方文化底蕴的街道通名的多样性降低。因此，对于有一定历史文化底蕴的城市来说，可通过街道通名推测其历史城市形态。

4　结论与建议

正如雅各布斯所说，长着眼睛的街道，可以更深刻地阅读城市。本文首先给出了街道城市主义提出的城市发展和技术进步等方面的相关背景，提出了街道城市主义的理论依托、研究框架以及五个研究案例。街道城市主义主要涉及认识论与方法论两个层面，认识论层面提出了一种从街道入手研究和规划设计城市的新思路，方法论层面提出了街道研究的基本方法、手段、逻辑和过程。

大数据时代提供了研究大规模街道的机会，这是以往现场调查所不具备的条件。需要强调的是，提倡街道城市主义并不是说其他地理单元的城

市化没有意义，相反，后续研究将更多地关注街道视角与地块和网格视角的关系，如地块的产权性如何传递给街道这样的问题。作为地块主义的补充，笔者希望街道能够更好地起到城市研究与规划设计支持的桥梁作用。

本文源自：龙瀛. 街道城市主义新数据环境下城市研究与城市规划的新思路[J]. 时代建筑，2016（02）：128-132.

（图片来源：图3、图4、图5：龙瀛，周垠. 街道活力的量化评价及影响因素分析：以成都为例. 图6：

Long Y, Liu L. 2016. How green are streets? An analysis on Tencent street view in 245 major Chinese cities. 图7：储妍. 北京步行道环境评价实践与研究：以扎针地图为例. 其余图片由作者提供）

注释：

① 数据增强设计是以定量城市分析为驱动，通过数据分析、建模、预测等手段，为规划设计的全过程提供调研、分析、方案设计、评价、追踪等支持工具，以数据实证提高设计的科学性，并激发规划设计人员的创造力。DAD利用简单直接的方法，充分整合新旧数据源，强化规划设计中方案生成或评估的某个环节，易于推广到大量场地，同时兼顾场地的独特性。DAD属于继计算机辅助设计（Computer Aided Design、CAD）、地理信息系统（Geographical Information System、GIS）和规划支持系统（Planning Support System、PSS）之后的一种新的规划设计支持形式。DAD实际增强的是对城市实体的精确理解、对实体组织和其效应间复杂关系的准确把握以及对空间创造积极影响的切实落实。

② Long Y, Liu L. 2016. How green are streets? An analysis on Tencent street view in 245 major Chinese cities[D]. Beijing City Lab, 2016.

③ Long Y. Redefining Chinese city system with open data. Beijing City Lab, 2016.

参考文献：

[1] 范今朝，黄吉艳. 城市地名规划及命名规则[J]. 城市问题，2005（1）：2-5.

[2] 龙瀛，沈尧. 数据增强设计——新数据环境下的规划设计回应与改变[J]. 上海城市规划，2015（2）：81-87.

[3] 龙瀛，吴康，王江浩，刘行健. 大模型：城市和区域研究的新范式[J]. 城市规划学刊，2014（6）：55-63.

[4] 龙瀛，周垠. 街道活力的量化评价及影响因素分析：以成都为例[J]. 新建筑，2016（1）：52-57.

[5] 王际桐. 中国汉语地名通名的规范[J]. 中国地名. 2002（3）：20-23.

[6] Liu, X, Long, Y. Automated Identification and Characterization of Parcels with Open Street Map and Points of Interest [EB/OL]. Environment and Planning B: Planning & Design, http://epb.sagepub.com/content/early/2015/ 09/02/0265813515604767. full. pdf+html, 2015-09-02.

基于人性化维度的街道设计导控
——以美国为例

陈泳　张一功　袁琦

1　历史背景

近百年美国街道空间的演变与小汽车的使用密切相关。20世纪初，城市中狭窄的街道上依然混行着各色各样的人群、自行车、有轨电车、马车和小汽车，街道在满足城市日常通行的同时，还是人们进行物品交易、社会交流和休憩驻留的生活场所。伴随着城市化与机动化进程，小汽车数量急剧增加，并在短时间内迅速取代了其他交通方式。这其中除了普通民众对小汽车这种新鲜事物的执迷外，政府和商人同样起到了推波助澜的作用，当时的联邦交通政策与汽车、石油界的行业惯例无不怂恿人们使用小汽车，以至于小汽车从1900年的0.8万辆迅速增长到1930年的2300万辆，相当于每5个美国人中就拥有1辆小汽车[1]。为了适应发展，一系列以小汽车为核心的城市规划理念随即产生。树状层级系统成为新型道路模式的基础，道路分级、人车分流和功能分区等现代主义城市建设方式使街道的社会功能被彻底遗忘。1930年，公路与交通工程学专业正式成立，以机动车安全畅行为目标的道路设施规划和标准设计手册陆续出版，成为当时街道设计的范本，并被许多其他国家学习与套用。

20世纪六七十年代，小汽车过度发展带来的城市蔓延、交通拥堵、公共健康和社会公平以及环境与资源等可持续发展问题日益受到社会的关注，使得美国交通部门招致批评并进行反思，直接引发了交通政策的大变革，而《联运地面交通效率法案1991》（ISTEA）的出台则标志着美国交通政策全面向绿色交通进行转型[2]。俄勒冈州波特兰市是早期少数几个积极倡导绿色交通建设的城市之一，1978年在市中心首创"公交步行街区"后，1991年又颁布《交通规划条例》促进步行、自行车与公共交通的发展，并成功实施"街道瘦身计划"，1998年先后制定《波特兰步行总体规划》[3]与《步行设施设计导则》[4]，探索街道的宜步行化建设（图1）。同时期，基于传统城市形态和类型学的新城市主义运动兴起，提倡通过"公交导向开发模式"（TOD）与新"传统开发模式"（TND）来营造紧凑的、人性尺度的邻里社区，引发社会重新思考街道设计的未来。进入21世纪后，美国提出协调多种交通模式的"完整街道"（Complete Street）的明确概念，旨在修正二战后城市道路设计中仅考虑小汽车的做法，强调"应为全部使用者提供安全的通道，包括各个年龄段的行人、骑车人、机动车驾驶人、公交乘客和残疾人"。2005年，"美国完整街道联盟"成立，大力推动街道设计的转型，截至2014年，共有48个州564个地方政府出台了支持完整街道的法律、政策或导则[5]。

本文的主要研究对象为美国近10年来公开发行的50多本城市街道设计导则或包含街道设计内容的城市设计导则。在城市的选取上，主要覆盖美国近期积极倡导以步行和自行车

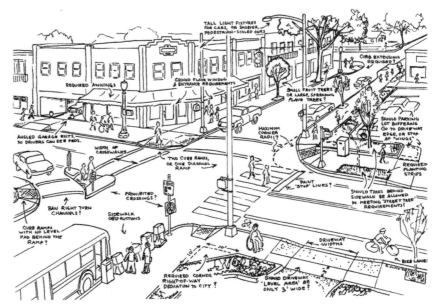

图1　波特兰《步行设施设计导则》中指出的当时步行环境设计问题

为主要交通方式、全面贯彻和执行完整街道政策并取得一定成效的城市或州县。笔者着重对街道导则中的人性化设计内容进行梳理与归纳，主要包括街道类型、空间形态与要素设计等方面，这也是转型后的美国街道设计导则编制的主体部分。

2　街道类型

美国过去的街道设计是以一套固定的街道类型和宽度作为标准的（图2），主要依据机动车的交通功能需求进行分级，很少考虑其他交通方式，也无视周边环境与功能的呼应，导致了一系列的城市问题。新的导则首先关注街道的环境属性，即所处城市片区的类型、土地使用及文脉特征等，这也是传统街道生活之所以多姿多彩的重要原因；其次考虑交通承载力状况，关注行人、自行车骑行者、公交车使用者等其他街道使用者的特征，平衡各方的需求。因此，街道类型划分在原有的分级基础上增加了对区域特征、用地性质与交通方式等方面的综合考量，为实施具有针对性与差异化的街道设计提供了指引。

2.1　区域特征

不同城市区域的街道往往呈现不同的空间形态。美国新城市主义借用生态学的"横断面"概念，提出一套完整的区域划分原则（Transect Zone），依据"城市化强度"（urban intensity）将自然环境至城市环境之间横向分为七个类型区域（图3），即自然（T1）、郊野（T2）、郊区（T3）、一般城区（T4）、城市中心（T5）、城市核心（T6）和特殊分区（SD，如重工业区、交通枢纽与大学等），建立了连续的、不同密度和开发强度的建设标准，确保开发模式的多样性。需要注意的是，各个区域名称并非指一般意义上的地理位置，而是反映区域内的典型建设特征，体现在人口密度、街区密度、住宅量、用地性质和道路网及交通规划等方面的差异，这些也影响到街道设计的相关标准，包括车速、过街红灯时长、车行道、停车道、人行道、路缘石类型、转弯半径、行道树景观以及建筑界面设计等内容。例如，T2的街道可以不设路缘石，而T4和T5的街道中需要设置路缘石，并尽量缩窄车道和景观带[6]。

2.2　用地性质

不同功能区域的街道往往承载着不同类型的出行与活动。同一条道路可能连续贯穿相同特征的区域，但由于所处地段的功能不同，街道的活动与环境氛围也会存在差异，如商业区的街道具有较大的通行流量和公共活动，而居住区街道则相对人少和安静。因此，需要根据不同的用地现状及未来发展进行相应的街道设计，这会涉及街道的空间尺度、建筑沿街界面和人行道宽度等内容，也会影响到街道的细部处理，如步行设施、行道树种类、路边停车方式以及地面材质等。对于街道所处地段的用地性质类型，各个城市基于自身的现状特点其划分方式也不尽相同，如达拉斯分为混合、住区、商业、工业与公园5种类型[7]，芝加哥分为混合、住区、商业中心、中心区、机构/学校、工业与公园7种类型[8]，旧金山则分为商业、住区、工业/混合功能和其他特殊功能4种大类并细分成15种小类[9]，还有的城市将开发密度、商业行为、附近景点及公共空间等因素也作为用地性质划分的补充依据。

2.3　交通功能

新的街道导则对街道交通功能的分类不再只是以机动车为依据，而是以行人为优先，平衡步行、自行车、公交与小汽车等多种交通方式的使用需求，使不同街道的交通承载力和运作方式最大限度地适应其所处的城市环境。依据交通功能，可分为以下5类街道。（1）步行优先的街道：限制机动车行驶速度，满足大量人流的通行与驻留活动，与紧邻建筑首层功能密切联系，属于此类型的街道有步行街（Pedestrian Walkway）、商业街巷（Commercial Alley）和节日街道（Festival Street）等。（2）非机动车优先的街道：通常位于城郊或公园相邻区域，是以慢行交通为主的自然景观型通道，属于此类型的街道有骑行街（Bike Boulevard）和骑行小径（Bike path）等。（3）公共交通优先的街道：公交车、有轨电车、轻轨或观光车等大型公共交通系统占据街道的重要位置，设有适应公共交通的行驶空间、交通指示灯和上下客站点以及标识与指路系统等，属于此类型的街道有公共客运通道（Transit Street）和公交专用道（Bus way）等。（4）机动车优先的街道：依据机动车车速、流量与出入口密度等指标对街道进行分类，其中，目标速度指机动车的建议行驶速度，旨在平衡驾驶员、行人与骑行者的交通需求与安全意识；车流量指在一定时间内通过的机动车总量，为街道车道数量与宽度的设计提供依据；出入口密度通常以1609.3m（1 mile）内交通信号灯数量进行评价[10]。属于此类型的街道有大街（Avenue）、林荫大道（Boulevard）与汽车专用道（Parkway）等。（5）混合交通的街道：包括分行与混行两类。分行

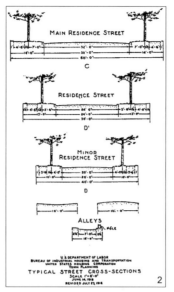

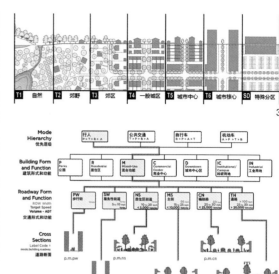

图2　美国1919年颁布的街道断面设计建议
图3　新城市主义提出的区域横断面分区特征
图4　芝加哥街道设计类型的树状图表示

指人、非机动车、公共交通与机动车各自在相应的区域内通行，但相互占比接近，这些街道大多分布于城市中心区与观光目的地等，如主街（main street）既是重要的机动车通道，也需要为行人提供宽阔的步行道与完善的步行设施；混行指人与车在没有明确的路权与交通管制的前提下共同使用街道，通常采用统一标高与连续的地面铺设方式使驾驶员减速慢行，与其他街道使用者和谐共处，如居住区、商业区或历史街区的共享街道（Shared Street）等[11]。

在确定街道的类型方面，新的导则采用单一分类依据、综合两种或两种以上不同分类方式对街道进行分类。总体来看，用地性质和交通功能是绝大多数导则广泛使用的分类依据。有些导则也将区域特征与用地性质合并再与交通功能相结合来划分街道的类型，如波士顿的街道类型包括中心区商业街（Downtown Commercial）、中 心 区 混 合 街（Downtown Mixed-use）、社区主街（Neighborhood Main）、社区辅路（Neighborhood Connector）、社区生活街（Neighborhood Residential）、

工业区街道（Industrial）、共享街道（Shared Street）、驾车专用道路（Parkway）、林荫大道（Boulevard）等9种[12]。为了更清晰地理解街道的不同分类标准，有些导则采用了特殊的街道类型表示方式。纳什维尔将区域特征、用地性质、交通功能（或州际道路设计标准）与车道数目等分类标准依序以组合代码来表示街道的具体类型，如"T3-R-L2"表示城郊居住区双车道地方性街道[13]。芝加哥则依据交通功能与用地性质的分类标准，采用树状图的方式推导出街道类型，并对此类街道的标准断面设计进行引导[8]（图4）。

3　空间形态

街道的空间形态可以用一系列相反性质的词语来描绘，如直与弯、宽与窄、长与短、闭与开、规划与自由等，也可以由一系列表示比例、尺度、对比或韵律等的词汇来表达。但不管用什么方式分析，不可否认的是，出色的街道都具有明确的边界，街道空间正是通过两侧建筑的限定得以"脱颖而出"，从而使其成为场所[14]。

3.1　建筑高度

建筑对街道的限定作用首先反映在街道宽度（D）与建筑界面高度（H）之间的比例关系上。芦原义信在考察欧洲与亚洲的传统街道空间后认为，当D/H=1时，空间尺度比较适宜；当D/H>1时，随着比值的增大街道空间会逐渐产生远离之感；当D/H<1时，随着比值的减少会产生接近之感[15]。而艾伦·雅克布斯对分布在世界各地的数百条街道进行测量和分析后发现，伟大的街道沿街建筑高度都不到30m，大多数街道的高宽比介于1∶1.1与1∶2.5之间，而那些特别宽阔的街道（如巴黎香榭丽舍大街和巴塞罗那格拉西亚大街）往往是通过紧密排列的行道树来强化和限定街道边界的[14]。

但是，街道的高宽比并不只是空间美学的问题，还会涉及城市的区位特征、土地开发与社会文化等其他建设因素；更重要的是，会对街道的微气候环境产生影响，如热带地区的街道空间就需要较大的高宽比值来保护行人免受烈日的暴晒，寒冷地区则相反。因此，大多数导则通常会综合

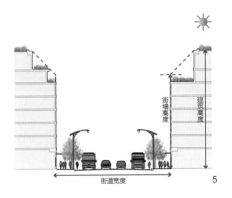

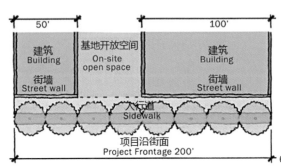

图5　街墙控制示意
图6　贴线率为75%的建筑案例示意
图7　不同建筑功能的底层临街面设计引导
图8　普通街道设计分区示意

考虑以上因素，对城市重要街道的两侧"街墙"进行高度管控（图5）。所谓"街墙"的高度管控，主要针对沿街建筑的天际暴露面控制，最初是为了解决高层建筑对街道的阳光遮挡问题，后来被引用到街道形态的管控中，以保证人眼感知范围内街道空间的有效界定。它将临街建筑分为底部与顶部两个部分，对于沿街所需的建筑起算高度以下的底部部分实施严格的贴线控制，重点考虑街道界面的尺度与相邻建筑的关系；对于起算高度以上的顶部则采取灵活的高度退线方式，减少建筑高大体量对整体沿街面的破坏与压迫感。

3.2　贴线率

如果说街墙的高度控制是对街道空间的垂直向限定，那么街墙的贴线率控制则是对街道空间的水平向限定。诺伯格·舒尔茨（Christian Norberg-Schulz）认为，街道想成为真正的形体，必须具有"图形"的意义，这需要通过连续整齐的边界面来实现[16]。街道界面的连续程度可以用建筑物沿街道投影面宽与该段街道的长度之比来衡量，转换到对沿街建筑的形体管控中通常用贴线率来表示，贴线率是建筑物紧贴建筑界面控制线总长度与建筑界面控制线总长度的比值。很多优秀的街道案例表明，贴线率在70%以上的沿街建筑界面，有利于形成明确的街道界面[17]。

由于城市的复杂多样性，美国对于贴线率的控制大多采用差异化的管理方式，对于建筑密度较大的城市公共活动区、商业商务区或历史街区的要求会高些，对于住宅区与工业区等低密度建设地区则规定很少，一般不做要求。如在洛杉矶中心区[18]，对重要街道两侧的街墙贴线率有明确规定，除必要的行人通道、门厅广场、车辆入口和酒店落客区外，建筑物应尽量贴线建设（离控制线4.57m以内都可认作贴线），并依据建筑功能与街道类型建立不同的赋值标准。大多数地区的贴线率都在70%以上（图6），其中商业街和历史街区的贴线率要求更高，达到90%以上，前者是为了保证行人能够持续、近距离地接收到更多的商业信息并与之产生互动，后者则是为了保护历史街区的形态协调性。另外，优美的街道能够提供一系列连续变化的城市图景，而沿街过长的整齐划一的建筑立面容易造成街道空间呆板缺少变化，因此对于边长超过91.44m（300ft）的大地块开发，要求其建筑通过拆分的方式形成富有节奏感与适宜尺度的沿街界面形态。

3.3　底层临街面

街道一直是公众利益与私人利益互相博弈的社会舞台。建筑街墙的限定使街道的公共空间构架更加明晰，而建筑底层临街面则更体现出公共生活与私有领域的交互渗透。由于步行者在人行道上行进时，有效视域在60°左右，为了看清路线，会很自然地将头向下偏10°，因此街道两边建筑的底层空间成为行人与周边环境最容易发生互动的区域，对于街道活力的支持起着决定性作用，相关的活力评价指标有底层沿街的建筑单元数量、功能混合度、人行与车行出入口数、界面渗透度以及建筑细部等[19]。

首先，高密度的建筑单元及出入口可以为街道提供充分的内外交流点。扬·盖尔（Jan Gehl）认为每100m设置15~25个商业单元及出入口的街段是最有活力的，10~14个则是步行友好的[20]。这项指标经常被引用至商业性街道的设计导控中，如美国旧金山联合大街规定沿街店面宽度宜限制在7.5m以内，商业面积宜控制在225m²左右，如需要突破指标，则要求经过更加严格的设计审核程序[21]。其次，多元混合的商业类型可以满足更多人的不同消费需求，从而支持丰富多彩的街道生活。如美国奥斯汀建议其市中心区的底层临街面

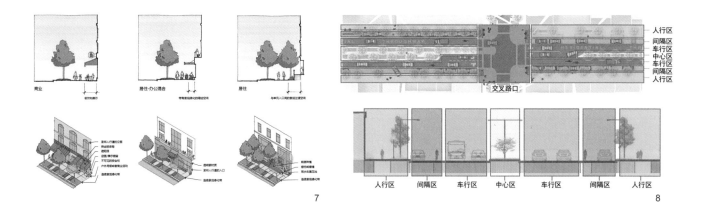

7

8

中支持步行活动的界面比例不应小于75%，并鼓励建筑2层以下尽量出租给不同业态的商家[22]。然而，不同业态的商业店面对街道活力的支持程度也存在差异。相对而言，银行、酒店与房屋中介以及航空公司售票点等店面较为消极。为防止沿街空间被这些出得起高租金但却不吸引人的商家买去，有些城市对这些商家的最大沿街长度提出限定，如纽约林肯广场地区规定其长度不得超过12m[23]。第三，底层临街面的透明度会影响街道与建筑、室外与室内活动之间的交流程度。许多城市中心区要求沿街建筑底层采用大面积的透明玻璃，禁止使用暗色调材质、反射或不透明玻璃，如亚历山大市规定商业街区底层零售功能部分的门洞开口率应在70%以上，而公寓、办公等建筑的门厅不应低于60%[24]；洛杉矶中心区则要求底层商业的最小门洞开口率是75%[18]。

沿街建筑底层界面及环境细部设计因街区环境和建筑首层使用功能的不同而产生差异（图7）。有些导则对此提出设计建议，如在居住区、商业区和混合功能区，建筑沿街面应最大限度地增加通透店面宽度以提升街道空间的趣味性与活跃性；在其他包含底层商业的功能区内，首层层高及建筑退线应充分适应商业或零售活动的需要，临街面同样应保证足够的通透性，以吸引行人并提供直接可达的出入口空间；在其他功能区的街道上，建筑沿街面应避免过长的空白墙面和可见的停车场[25]。

4   设计元素

街道设计没有固定的标准模板，因为每条街道本身和它所处的城市环境都是独特的，但一些常用的设计元素及组合方式却可以被提炼。新的导则中，通常按照街道设计元素所处的区域进行分类，大致有人行区、间隔区、车行区、中心区和交叉路口等5个部分（图8），并结合各部分的功能定位与设计目标对其构成元素的几何参数与空间配置提出设计建议与注意事项，为个案街道的设计提供依据与引导（表1）。

4.1   人行区

人行区位于沿街建筑底层界面与路缘石之间，主要承载步行通行与驻留活动，是街道中最具场所感与社会活力的区域。新的导则将之细分为建筑附属区、通行区和设施区（图10）。（1）建筑附属区是首层建筑物后退街道控制线的部分，适度紧凑的后退空间有利于行人近距离捕获建筑底部界面的丰富细部，也有利于发挥边界效应以营造积极而亲切的生活场景。因此，许多设计导则对附属区宽度都有明确规定，理想值通常在0.3~1.52m（1~5ft）之间[8]，最小值在0.3~0.91m（1~3ft）之间（如丘拉维斯塔市0.3m[26]，明尼阿波利斯市0.45~0.9m[27]，波特兰市0.75m[4]）。其中，0.3m满足市政管线布置要求，而从行人角度看，站在橱窗前近距离观赏商品需要0.6m的距离，0.75m的宽度可以摆下面对街道的咖啡座，1.8m则可以布置面对面的户外餐饮区，超过2.5m后，步行活动与街道底层界面的互动关系开始减弱。因此，有些城市对建筑底层的最大退界距离也做了相应规定。例如洛杉矶市中心区依据街道性质与底层建筑功能特点而制定相应标准，其中商业店面的最大退界距离限制在0.91~1.52m（3~5ft）以内（特殊街段3.05m以内），办公或公寓的底层门厅则后退不得超过1.52~4.57m（3~15ft）[18]。丹佛市则规定中心区主要街道上两侧70%以上建筑的底层退界距离不应超过3.05m（10ft）[28]（2）通行区主要为行人的通行活动服务，其中严禁布置任何街景设施，其宽度依据用地性质与人流密度的不同而产生变化，但净宽度一般在2m以上，以确保两辆残疾人轮椅车相

美国街道设计导则中描述的具体街道设计内容　　　　　　　　表1

设计内容		美国城市或地区街道设计导则																	
		1	2	3	4	5	6	7	8	9	10	11	12	13	14	15	16	17	18
		纽约	纽约	波士顿	芝加哥	洛杉矶	洛杉矶	洛杉矶	北卡罗来纳	费城	旧金山	西雅图	华盛顿	丹佛	达拉斯	纽黑文	罗诺克	凤凰城	萨克拉门托
人行区																			
1	建筑首层			■		■	■						■	■	■				
2	通行区			■		■	■	■		■	■	■	■	■	■		■	■	
3	街道材质		■			■				■	■	■	■		■				
4	绿化	■	■	■	■	■	■	■		■	■	■	■		■	■	■	■	
5	设施	■	■	■	■	■	■	■		■	■	■	■		■	■	■		
6	照明		■	■		■				■		■			■		■	■	
7	标识			■			■	■					■	■			■	■	
8	设备						■	■											
间隔区																			
9	出入口设计			■	■					■			■		■	■	■	■	
10	机动车停车			■	■			■		■	■		■		■	■			
11	非机动车停车			■				■			■				■	■	■		
12	自行车道		■	■	■			■		■			■		■	■	■		
车行区																			
13	机动车道	■		■		■				■		■	■		■				■
14	公交车道	■	■					■							■		■		
中心区																			
15	路中隔离带		■			■				■		■	■						
交叉路口																			
16	转弯半径	■		■											■				
17	视距	■				■		■							■				
18	行人安全岛	■	■	■	■	■	■	■		■					■			■	
19	过街设施	■	■	■			■	■							■	■			■
20	交叉路口	■		■		■				■			■		■	■	■		
21	路缘石处理	■	■	■		■		■	■		■		■		■		■	■	
22	节点广场	■	■	■				■			■			■					

（资料来源：整理自美国城市或地区街道设计导则。1-NACTO《城市街道设计指南》；2-纽约《街道设计手册》；3-波士顿《波士顿完整街道设计导则》；4-芝加哥《芝加哥完整街道设计导则》；5-洛杉矶《宜居街道模式设计手册》；6-洛杉矶《城中心设计导则》；7-洛杉矶《完整街道设计手册》；8-北卡罗来纳州《完整街道—规划及设计导则》；9-费城《费城完整街道设计手册》；10-旧金山《美好街道方案—步行空间政策与导则》；11-西雅图《西雅图设计导则》；12-华盛顿《公共领域手册》；13-丹佛《第九街与科罗拉多街城市设计标准与导则》；14-达拉斯《达拉斯完整街道设计手册》；15-纽黑文《完整街道设计手册》；16-罗诺克《街道设计导则》；17-凤凰城《街道规划及设计导则》；18-萨克拉门托《步行过街导则》）

向交错通行，并要求尽量减小沿街地块的车行出入口对行人的影响，如波士顿规定商业街上的地块车道开口不能大于7.32m（24ft），住区街道上则不能大于3.66m（12ft），并且车道在人行道区要采用平整的铺砌地面[12]。（3）设施区介于通行区与路缘石之间，宽度一般在1.52～3.05m（5～10ft）之间，主要布置林荫树、绿化景观、座椅、售货亭、标识广告、照明设备、垃圾箱和消防栓及自行车停车架等环境小品与设施，起到丰富街道活动与美化街景的功效。由于此区域涉及不同专业部门的管理，有的导则基于街道空间的整体性对街景设施进行统一管控，贯穿外观设计、位置摆放、施工建设到后期维护的全过程。

4.2　间隔区

也称为停车区或缓冲区，位于机动车道与人行区之间，可以是路侧停车带，也可以是自行车通道，与侧旁的设施区共同承担着人车之间的缓冲和隔离作用。为了倡导慢行交通，有的导则建议将路侧停车带的一个或多个停车位改造成人们休憩与交流的茶座区，提升街道活力；也有的将之转换成共享自行车的停车区域，并结合临近的自行车道统一设计（图9）。自行车道一般采用涂料颜色予以区分，既丰富街道的色彩环境，又可以通过视觉提示来保证骑行者的安全性。由于地区及路况的差异，自行车道的设置方式及做法也往往不同。例如，纽约将自行车道划分为自行车专道（在车多车速高的道路上与其他交通方式隔离）、自行车道（在车辆少车速低的道路上与车行道毗邻）和自行车通路（以自行车为主，占据道路主要空间）3种类型[29]。

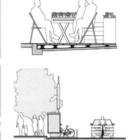

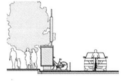

图10 街道人行区划分示意

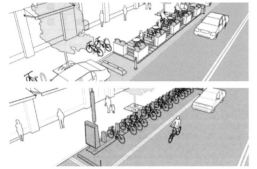

图9 路侧停车带的转化设计

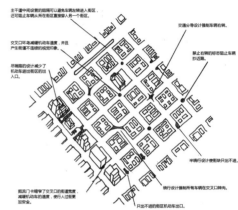

图11 交通稳静化街区的车行组织

4.3 车行区

车速和车道宽度是设计车行区的关键要素。很多研究表明，合理缩窄机动车道的宽度能够有效控制车速，从而降低事故发生率，同时也有利于缩小行人过街长度，还可以节约用地并降低雨水收集量[30]。新的导则主张通过车行区的减速设计，提高行人与骑行者的安全性，普遍将原有的3.35～3.96m（11～13ft）车道宽度缩窄至3.05m（10ft），最小值为2.74m（9ft）。考虑到公交车或大型货车交通时，放宽至3.35～3.66m（11～12ft），并布置在最外道以便公交车停靠，当与自行车混行时最宽可至3.96m（13ft）。在芝加哥市，任何超过3.35m（11ft）的机动车道宽度设计方案都需要得到执行委员会的通过[8]。另外，对公交站点的布局与设计在很多导则中也有专项规定，例如主张靠近交叉口设置站点以增加过街换乘的便利性与安全性[30]。此外，绝大多数的导则都针对交通稳静化展开了专题研究，并应用于居住区、商业区或混合区的车道设计中，有的还提出了针对整体街区的实施方案[25]（图11）。

4.4 中心区

中心区主要设置在车速较快的交通性街道中，可以将双向车流或同向不同级别交通模式的车流分离开来，有时还起到出入口控制、机动车转向空间及绿化景观的作用，并且有利于从视觉上优化街道的空间尺度。在过长距离的交叉路口处，还可以通过中心区行人安全岛的设计缩短行人的过街距离，确保过街安全。针对公园大街与大型林荫路的设计，有的导则提议将中心区拓宽成为行人通行与驻留的公共游园或绿道，也可以将自行车健身专道布置其中，承载更多元的公共活动[9]，还有的导则建议中心区应考虑与公交，有轨电车专用道结合，设置公共交通站点和行人过街设施，优先发展绿色交通[11]。

4.5 交叉路口

交叉路口是人车交通事故发生率最高的区域，传统的交叉口设计首先考虑的是如何提高机动车的通行能力，而新的导则更关注不同交通模式之间的平衡性与安全性。其中，交叉口的转弯半径设计是关键，直接影响到机动车的转弯速度和行人的过街长度。新的导则主张尽量缩小交叉口的转弯半径，形成安全紧凑的宜步行的交叉路口空间。如美国城市交通部门协会（NACTO）提出街道转弯半径宜为3.05～4.57m（10～15ft），一些特殊路段甚至可以缩小至0.61m（2ft）[30]；达拉斯的街道导则提出在人流量较大、大型车辆数量较少

图12 波士顿完整街道的交叉口改造示意

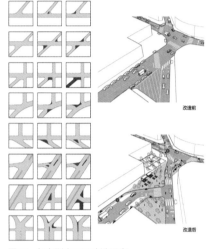

改造前

改造后

图13 复杂型交叉口改造示意

的路段，应尽量使用1.52~3.05m（5~10ft）的转弯半径[7]。另外，良好的过街设施也是体现交叉口人性化设计的重要方面，很多导则强调交叉口应首先考虑设置平面过街设施，即便在设置有人行天桥、地下通道的路口，也应尽量保留平面过街设施，避免上下绕路。同时，过街设施的位置应当顺应行人的习惯路线，避免平面上的绕路。另外，在城市中心区、居住区与公交枢纽等步行集中地区，可以通过路口过街横道的特殊铺装、立体抬起等方式降低车速、保护行人过街安全，也可以采用路缘石延伸的方法，缩短行人过街距离，提升步行的安全性与舒适性。关于自行车过街，有的导则提出将自行车停止线布置在机动车停止线之前，方便绿灯启动时

自行车优先进入交叉口完成过街[31]。

街道交叉口不仅连接了多个方向的交通通行功能，也是人们转换方向、碰面偶遇与休闲驻足的上佳场所。很多导则都强调街道交叉口作为城市的重要公共空间节点，应塑造富有魅力与活力的街角空间（图12），如增设商店入口、展示橱窗、户外杂货亭、餐饮休憩设施以及绿化小品等[32]。在洛杉矶中心区，针对街角建筑的形体布局与功能组织都有相关规定，如距离交叉路口45m的街道范围内，沿街建筑底层应设置零售与服务功能；当商业街道与其他街道相交时，底层零售店面应延伸至另一相交街道的拐角处[18]。另外，针对城市不规则路网而造成的复杂交叉口设计，新的导则也优先考虑步行活动，强化场所的标识性。例如有的导则建议通过小转弯半径的交叉口改造将各个机动车交汇口调整成90°的转角关系，然后将拓宽后的街角空间精心布置成提供市民休闲活动的宜人场所，这样既简化了车行的交通组织，缩窄步行过街距离，又提升了整体的街道空间品质，将由小汽车占领的交通空间恢复成传统城市中生机勃勃、富有特色的街头广场[30]（图13）。

5 结语

街道是城市用地中面积最大、最具潜力的公共空间，具有深刻的社会与人文内涵。美国作为一个老牌的交通方式以小汽车为中心的国家，技术主义的街道设计范式长期占据着主导地位。进入21世纪后，越来越多的美国城市通过街道或城市设计导则及相关配套政策促进街道环境的品质提升，表明其设计理念已经从单一的交通工程技术层面向社会层面与美学层面转化，从机动车导向转向宜步行与宜居性，这也是街道意义的回归。

对于中国城市而言，现实中行人在街道中的地位之卑微已是不争的事实，如何回归以人为本的街道设计，促进多种交通方式的协调整合，使街道作为重要的公共空间重新焕发活力是城市健康运行和可持续发展的重要议题。同时，街道建设本身涉及不同管理部门、专业技术团队与社会团体，不应只停留于简单意义上的环境设施改善与街景整治，而应跨越不同领域的管理范畴，构建整合规划、协同设计的多学科平台，特别是融合绿色交通与城市设计领域的专业知识，精细化设计街道空间，并对各相关部门与社会团体的利益和目标进行沟通与协商，充分调动公众参与，寻求共同发展路径。

本文源自：陈泳，张一功，袁琦. 基于人性化维度的街道设计导控 以美国为例[J]. 时代建筑，2017（06）：26-31.

（图片来源：图1来自参考文献[4]，图2来自《街道标准和郊区的形成》（*Street Standards and the Shaping of Suburbia*, APA Journal, 1995），图3来自参考文献[25]，图4来自参考文献[8]，图5、图8由作者自绘，图6、图7来自《洛杉矶市中心设计指南》（*Downtown Design Guide of City of Los Angele*, 2009），图9、图10、图13来自参考文献[30]，图11来自《华盛顿州设计工具箱》（*Washington State Design Toolkit*, 2009），图12来自参考文献[12]）

参考文献:

[1] Southworth Michael, Eran Ben-Joseph. Streets and the Shaping of Towns and Cities[M]. New York: McGraw-Hill, 1997.

[2] 罗巧灵，David Martineau. 美国交通政策"绿色"转型、实践及其启示[J]. 规划师，2010（9）：5-10.

[3] City of Portland. Portland Pedestrian Master Plan[R]. Portland, Oregon: Office of Transportation, 1998.

[4] City of Portland. Portland Pedestrian Design Guide[R]. Portland, Oregon: Office of Transportation, 1998.

[5] 陈挚，刘翠鹏. 从汽车导向到完整街道——美国完整街道概述[J]. 上海城市规划，2017（3）：140-144.

[6] 戚冬瑾，周剑云. 基于形态的条例——美国区划改革新趋势的启示[J]. 城市规划，2013（9）：67-75.

[7] City of Dallas. Complete Streets Design Manual [R]. Dallas: City of Dallas, 2013

[8] Chicago Department of Transportation. Complete Streets Chicago- Design Guidelines [R]. Chicago: Chicago Department of Transportation, 2013.

[9] San Francisco Board of Supervisors. San Francisco Better Streets Plan- Policies and Guidelines for the Pedestrian Realm [R]. San Francisco: San Francisco Board of Supervisors, 2010.

[10] North Carolina Department of Transportation. Complete Streets Planning and Design Guidelines [R]. North Carolina: North Carolina Department of Transportation, 2012.

[11] Mayor's Office of Transportation and Utilities. Philadelphia Complete Streets Design Handbook [R]. Philadelphia: Mayor's Office of Transportation and Utilities, 2012.

[12] City of Boston. Boston Complete Streets-Design Guidelines [R]. Boston: City of Boston, 2013.

[13] Nashville Metropolitan Planning Department. Implementing Complete Streets- Major and Collector Street Plan of Metropolitan Nashville [R]. Nashville: Nashville Metropolitan Planning Department, 2012.

[14] Jacobs A B. Great Streets[M]. Cambridge, MA: MIT Press; 1993.

[15] 芦原义信. 街道的美学[M]. 尹培桐译. 天津：百花文艺出版社，2006.

[16] 诺伯格·舒尔兹. 存在·空间·建筑[M]. 尹培桐译. 北京：中国建筑工业出版社，1990.

[17] 匡晓明，徐伟. 基于规划管理的城市街道界面控制方法探索[J]. 规划师，2012（6）：70-75.

[18] City of Los Angeles. Downtown Design Guide: Urban Design Standards and Guidelines [R]. Los Angeles: City of Los Angeles, 2009.

[19] 陈泳，赵杏花. 基于步行者视角的街道底层界面研究——以上海市淮海路为例[J]. 城市规划，2014（6）：24-31.

[20] Gehl J, Kaefer L J, Reigstad S. Close Encounters with Buildings [J]. Urban Design International, 2006（11）: 29-47.

[21] 约翰·彭特. 美国城市设计指南——西海岸五城市的设计政策与指导[M]. 庞玥译. 北京：中国建筑工业出版社，2006.

[22] City of Austin Design Commission. Urban Design Guidelines for Austin [R]. Austin: City of Austin Design Commission, 2009.

[23] Halpern K S. Downtown USA: Urban Design in Nine American Cities [M].London: the Architectural Press Ltd, 1978.

[24] Department of Planning and Zoning, City of Alexandria Virginia. North Potomac Yard Urban Design Standards: Implementing a Complete Sustainable Community[R]. City of Alexandria Virginia: City Council, 2010.

[25] Los Angeles County. Model Design Manual for Living Streets [R]. Los Angeles: Los Angeles County, 2011

[26] City of Chula Vista, Alta Planning and Design. Pedestrian Master Plan[R]. Chula Vista: City works, 2010.

[27] City of Minneapolis. Access Minneapolis: Design Guidelines for Streets & Sidewalks[R]. Minneapolis: Office of Transportation, 2009.

[28] City and County of Denver Community Development Department. Urban Design Standards & Guidelines for 9th & Colorado [R]. Denver: City and County of Denver Community Development Department, 2012.

[29] New York Department of Transportation. Street Design Manual [R]. New York: New York Department of Transportation, 2013.

[30] National Association of City Transportation Officials. Urban Street Design Guide [R]. New York: National Association of City Transportation Officials, Island press, 2013.

[31] City of Los Angeles Department of City Planning. Complete Streets Manual [R]. Los Angeles: City of Los Angeles Department of City Planning, 2014.

[32] City of Seattle Department of Planning and Development. Seattle Design Guidelines [R]. Seattle: City of Seattle Department of Planning and Development, 2010.

第二章　街景本质的认知探索

- 山地城市街道的包容性设计——针对老年人非正式使用的设计策略
- 计算机视觉技术在城市街道空间设计中的应用
- 街道绿化品质的人本视角测度框架——基于百度街景数据和机器学习的大规模分析
- 基于手机健身数据的城市街道健康服务功能研究

山地城市街道的包容性设计*
——针对老年人非正式使用的设计策略

卢峰　康凯

0　引言

人口老龄化在全球范围内日益严重，中国人口老龄化更有"来得早"、"来得快"等特征。研究表明，中国在大约2000年已经进入老年型社会。2010年，中国65岁及以上人口的比例达到8.9%，0~14岁人口比例仅为16.6%，年龄中位数已经达到约34.6岁，老少比达到53.4%，中国人口老龄化问题已经相当严峻[1]。然而一方面，中国近年在城市快速发展过程中对老龄化问题考虑欠缺，城市建成环境与老年人日常生活产生了巨大冲突，与此相关的社会问题频频出现。另一方面，社会生活节奏的加快让中、青年人都进入了繁忙的工作、学习、交流之中，大部分老人留守家中，他们的出行和社交需求被严重忽视。因此，在城市设计中积极地、包容性地应对老龄化问题尤为迫切。

我国人口老龄化地区差异较为明显，以重庆为例，根据第六次全国人口普查数据，2010年中国老龄化最严重的城市是重庆，65岁以上人口比例已经达到11.72%（表1），超过全中国平均水平2.8个百分点。重庆是典型的山地城市，其日常生活方式就更加特殊，很难通过自上而下的设计模式解决老龄化在城市发展中的问题，而对城市非正式使用的研究就是一种很好的自下而上的问题导向性策略。

1　老年人非正式使用与包容性设计

1.1　老年人非正式使用

老年人口的增多令老年社会对于居住环境、设计服务和配套设施有越来越大的呼声和越来越多的要求。其实老人们并不愿意搬到敬老院中去，他们愿意留在原来的住处[2]。如今的老人希望自己拥有积极的、独立的生活，因为老年人需要的并不是敬老院中舒适的住房和护理条件，他们更需要能够参与和享受的户外环境。当城市外部环境无法满足他们的生活需求时，这一需求就会通过非正式的方式体现出来。他们会自己在离家近的某块空地或城市的某处角落见缝插针地开辟出他们的公共活动场所。

非正式性（Informality）的宗旨在于维护"大城市的多样性"，重点在于从弱势群体的衣食住行与人际交往出发，是解析城市日常生活的微观城市论。普通市民的日常生活和经验恰恰构成城市认知、空间分析和理论思考的原点。日常生活和公共活动是将城市空间与地域特征铆固起来的一个主要途径，只有以日常生活为出发点的城市设计才能在城市更新过程中保持并延续城市地域文化传统，为其未来发展注入新的活力[3]。发现他们使用空间的条件，设计师无疑可以设计出相应的条件或者提供相应的微型基础设施，使人们对场地自发的非正规使用变为可能[4]。

1.2　包容性设计

包容在辞海里被解释为宽容大度之意，作为城市客厅的城市公共空间

中国不同省区年龄结构及老龄化程度排名（前十名）　　表1

省份	0~14岁人口比例/（%）	15~64岁人口比例/（%）	65岁以上人口比例/（%）	2010年老龄化程度排名	2000年老龄化程度排名
全国	16.61	74.47	8.92		
重庆	17	71.28	11.72	1	7
四川	16.97	72.08	10.95	2	10
江苏	13.01	76.11	10.88	3	3
辽宁	11.42	78.27	1.31	4	8
安徽	17.77	72	10.23	5	9
上海	8.61	81.26	10.13	6	1
山东	15.74	74.42	9.84	7	6
湖南	17.62	72.61	9.77	8	11
浙江	13.21	77.45	9.34	9	2
广西	21.71	69.05	9.24	10	12

需紧跟时代潮流能宽容大度地接受多类型的人事物，因此包容性城市公共空间建设具有较大的社会意义[5]。以前的设计都是人去适应环境，城市都是为年轻男性设计。并不包容的环境设施和设计产品限制了老人的自由，老年人经常被歧视，老龄群体经常被边缘化。因为贫困和弱势群体的利益最容易在城市发展的过程中被忽视，因而包容性增长应使低收入群体从经济增长中分享收益，最好是使其多受益，使他们过上有尊严的生活。包容性增长作为一种发展战略，它是益贫式增长的扩展，这种发展有利于发展中国家中的大多数人，而且在经济与政治上更具有持续性[5]。

2　老年人街道空间非正式使用分析

本文选取重庆沙坪坝区沙北街及邻街作为调研目标，以扬·盖尔在《交往与空间》一书中提出的公共空间中的室外活动三种类型：必要性活动、自发性活动、社会性活动[6]为活动划分，分析三类活动中的非正式使用行为。

2.1　调查概要

沙北街位于重庆市沙坪坝区（图1），周边有重庆大学、重庆七中、育英小学等教育机构、大量的居住区及服务于居民生活的菜市场，区域内多种功能混合，街道人气旺盛，老年人活动频繁。

2.2　活动分布

调研选取下午3点至晚7点老年人室外活动较集中的时间段，并对活动类型和比例进行统计。这一街区的

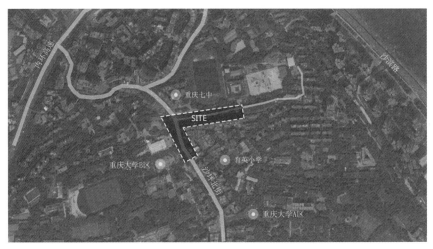

图1　沙北街及邻街区位

图2　15:00～17:00街道活动

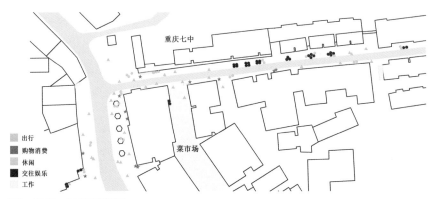

图3　17:00～19:00街道活动

业态主要以学校、饭馆和住宅区为主，所以户外活动类型在上班时段和下班时段明显不同。调研发现，街道活动类型及人数在17点前后两个时间段差别较大（图2、图3）。在下午三点至五点的上班时段，街道人流较少且商业活动比例较低，主要街道活动人群为老人和饭馆打工人员，他们在饭馆门口临时撑起桌子以麻将等棋牌活动消遣时间。图4和图5为两个时间段每一小时一次活动记录的总和。五点学生放学及单位下班后，街道活动开始增加。这一时间段由于介入人群的多样性，活动类型也更加丰富，街区活动主要以商业活动为主。自发性活动的增加激发了更多社会性

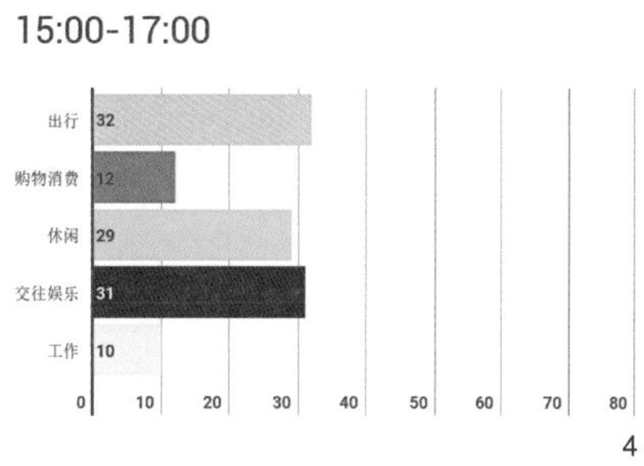

15:00-17:00

17:00-19:00

4

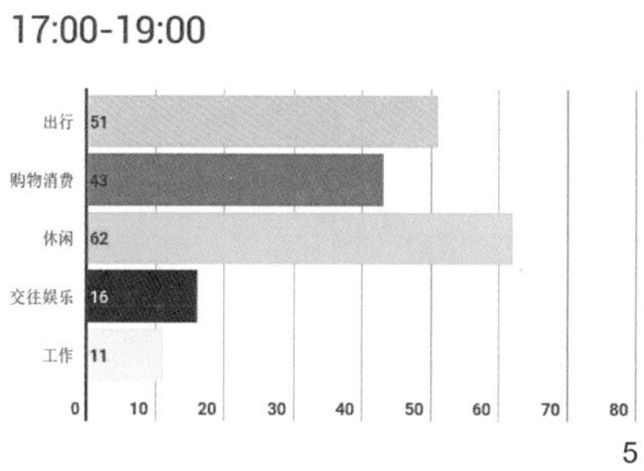

5

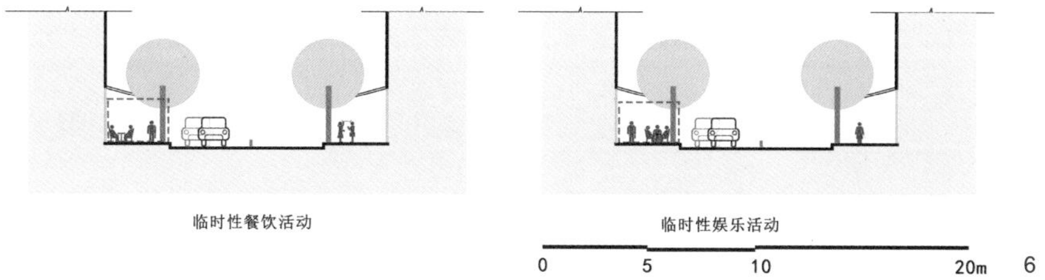

临时性餐饮活动

临时性娱乐活动

0　　5　　10　　　　20m　6

图4　15:00~17:00活动记录总和
图5　17:00~19:00活动记录总和
图6　不同时间段街道功能对比

活动，很多老人坐在绿化边的休息座椅上交谈与观望。学生与接送小孩放学的老人，他们的活动也给了其他老年人一个坐在休息座椅上观望交谈的理由。街道整个下午都保持着活力，不同的时间段都有多样性的活动发生，其中很多活动都是以临时的、非正式的形式发生。具有代表性的就是七中旁内街人行道上，不同功能在一天中的转换。在非饭点时段，街道承载了餐馆的工作人员与周围住区的老人打麻将的活动，而在6点前后的吃饭时间，街道又临时具有室外就餐的功能（图6）。

2.3　活动类型

对沙坪坝北街两条街道老年人活动类型进行汇总（表2、表3），许多必要性活动都是以非正式的方式发生，如街头为老人剃头、老人的报摊、卖菜的摊点，这些老人参与的非正式性活动又间接激发了更多的自发性活动与社会性活动，老人们流连于这些多样性的非正式活动，从在延长了在街道停留的时间。

沙坪坝北街老年人活动场地大小及特征　　　　表2

活动类型	人均场地	场地特征 场地因素	活动状况	活动类型	人均场地	场地特征 场地因素	活动状况
接送小孩	3m²	沿街小商铺及店铺前区空间		麻将	3m²	商铺前区行道树间不干扰通行的空间	
体检	4m²	人行道上干扰小的凹空间		观望聊天	3m²	街道活动丰富，交流距离适宜的空间	
报摊	5m²	路口位置较明显的空间		下棋	3m²	干扰较小，方便周边围观人群的空间	
剃头	3m²	有适当遮挡，并方便椅子等设施摆放		临时摊点	6m²	梯坎下空间，满足交流距离及摊点设施	

沙坪坝北街老年人活动类型   表3

	活动类型	活动需求	非正式性质
必要性活动	接送小孩	出行	无
	体检	护理	直接
	理发	护理	直接
	摆摊	工作	直接
	拜访朋友	出行	无
	购物	购物	间接
	卖菜	工作	直接
自发性活动	散步	休闲	间接
	观望	休闲	间接
	晒太阳	休闲	间接
	看报	休闲	间接
	带小孩玩耍	休闲	间接
社会性活动	交谈	交往娱乐	间接
	麻将	交往娱乐	直接
	打牌	交往娱乐	直接
	跳舞	交往娱乐	直接

2.4   活动特点总结

2.4.1   群聚式、边界分布特点

调研表明，重庆老年人的非正式活动具有群聚式特点并普遍发生在边界空间。在街道中最受欢迎的停留区域是空间边界，在边界区域中，人们会选择柱子、树木、街灯之类可依靠物体的地方驻足，因为它们可以在尺度上限定个人场所[7]。老人打麻将、树下休息聊天这些活动激发了驻足观看交流等更多社会性活动的产生，引起其他老年人的兴趣并聚集在一起形成群聚效应。相比清静，老年人更渴望交流，因为他们非常容易产生孤独感和失落感，老年人聚集在一起晒太阳、散步、打牌就可以满足他们走到室外和其他老人交流的愿望。

2.4.2   天气因素对活动方式影响较大

在不同时段老年人的活动分布和类型不同的一个重要因素就是受到天气的影响。在下午3点至5点阳光较

强的时间段，老年人的活动主要集中在树下及廊下等能遮挡阳光直射的空间，而18点之后，由于阳光照射强度的减弱，在沙北街，老年人也逐渐出现在没有树荫处的休息座椅上聊天和观察过往的行人。由于老年人的体质相对较弱，所以他们的户外活动更易受到夏季的阳光直射、雨季路面湿滑等不利天气因素的影响。

2.4.3   平台及廊下空间的利用

山地城市的地形及气候特点决定了廊道、平台在城市中出现的高频率。这一组织方式的可减少土地的挖填方、顺应地形。在这一模式下，围绕街道，往往形成了各类充满活力的商业及活动空间以满足人流与货物的集散，而垂直于街道的梯道由于商业氛围减弱，成为居民日常活动的场所（表2）。这一空间组织形式往往被认为是重庆城市空间的主体[8]。

2.4.4   免费开放的活动空间

调研过程中经交流与统计，老年人比较偏爱社区广场、人行道空地、周边公园等免费的活动场所。这类公共空间相对管理宽松包容性强，可以容纳包括棋牌、摆摊、广场舞等非正式活动。而周边的健身房、网球场等付费活动场地由于价格因素和限制的单一活动形式则很少见到老年人的身影。

2.4.5   活动空间近居住区

由于重庆建筑密度高，大型的公园绿地数量较少，导致老年人去公园活动往往需要很长的步行距离，再加上重庆作为山地城市步行过程中要经过许多坡道和梯坎，所以老年人更愿意选择社区中的小广场或步行街道作为日常活动空间。此次调研场地周边老旧居住区较多，老年人居住比例较

高，这也导致了沙北街及邻街老年人活动十分频繁。

3   针对非正式使用的包容性策略

3.1   提高街道功能的多样性

不同体制不同背景的国家需要有自己的发展模式，不同的城市应该有不同的样子，大城市应该有其包容性，促进多样性的产生。在社区公共空间应当考虑临时性的活动布置，如社区街道在规划中考虑麻将、下棋等老年人的活动空间需求，否则打麻将的老人和围观人群往往会造成交通的拥堵。目前，大部分的城市街道功能过于单一，而包容性的街道空间应满足城市的多样性。雅各布斯认为"多样性是城市的天性"[9]。多样性的街道空间对不同收入和阶层的市民均能带来吸引力，其公共空间也更具活力。在这种情况下，老年人也能独立自在的出行与活动，融入生活化的街道中。这就需要街区多样化功能满足全天候的使用。如沙北街周边其居住、工作、购物、上学和社交活动都共存在非常近的范围内，这为街道提供了整天的活力，这些自发性活动之间相互促进激发了更多社会性活动。

3.2   增加檐下廊道及平台空间

重庆属于典型的夏热冬冷地区，夏季有自然风和冬季能照射到阳光的空间应充分利用作为户外活动空间。下棋、打麻将这两类活动主要在上午和下午进行，持续时间长，对阴影的要求高，有随着阴影的变化而移动的特征[10]。在许多情况下，以一种固定的模式同时满足夏季降温除湿和冬季采暖除湿两种需求是困难的。而廊

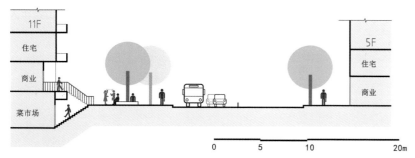

图7　沙北街街道断面

道、檐下等公共空间就是一种适合重庆的空间形态，在炎热的夏天和阴冷的雨天也创造了舒适的活动场所。山地城市地形高差变化还在不同标高形成了许多平台空间。这些"阳台"空间将居住者从封闭阴暗的室内带向视野开阔、阳光充足的室外，促使人们更多地接触大自然[11]。

3.3　分布散多层次的公共空间

对重庆而言，地处山地，建筑密度较高、户外开敞空间匮乏，增加公园绿地等户外开敞空间是重庆老年人的急切需求，对重庆而言，首先应完善公园绿地的层次性配置[12]。开敞空间应充分结合街道、平台、廊道设置在不同层次的标高上形成多样化的户外活动场所。在区位的布置上应注意每个开敞空间节点的距离及服务半径，方便不同活动能力的老年人需求。同时，旧住宅区公共活动空间更新应该充分满足老年人对公共交往的要求，保留原有积极的公共交往空间，并且为老年人提供更多的可供活动与交往的空间[13]。

3.4　保持较低的活动成本

由于重庆老年人大多收入有限，相对消费能力较弱，同时消费观念较为保守。经调查，免费及开放式的空间，如三峡广场的每周故事会及近年来流行的坝坝舞场所受到重庆老年人的欢迎，所以在空间环境方面重庆有不同于上海等发达地区的特点。在公共空间的建设上需考虑其经济性，尽量降低投入与使用成本，使其融入老年人的日常生活当中。

3.5　提高街道的步行性

调研表明，步行出行仍是老年人的主要出行方式，社区内公共服务设施应尽量满足步行可达。步行性高的城市建成环境强调尊重行人的空间尺度，考虑步行环境、步行目的地类型及布局、步行距离以及社会文化等多方面的因素[14]。我们知道老年人随着年龄的增加对于汽车的依赖性逐渐降低，但是另一方面他们走路没有年轻人快走得太远。断头路和大型封闭小区，还有很多距离过远和高差变化过大的公共服务设施都降低了其可达性。创造具有可达性的生活街道应该提倡土地的混合功用，在住宅周边500m以内设置基本的公共服务设施，如零售商店、医护室、卫生间、公共交通设施等。当无法避免存在高差时，应尽量采用合理坡度的坡道解决。

3.6　注重街区小尺度空间的打造

正如空间尺度对于户外活动的重要性，非正式活动的发生也受空间尺度的影响——格外偏爱小尺度的空间。从两条街道的横断面图可以看出（图7），包括非正式活动在内的户外活动大都发生在小尺度的空间范围。临街商业的雨棚、行道树下和围墙旁都是非正式活动常发生的区域，其形成了日常生活的空间。从对最基本的城市空间元素"人行道"的日常使用的观察，到与居民日常生活相关的最基本却又至关重要的安全感、邻里交往、小孩的照管等活动的分析；从城市街区的多样性和活力形成的必要因素的剖析，到街区衰败、再生的实际原因[15]。这些都反映了大尺度的城市空间为何走向失落，而小尺度的城市空间如何承载着充满活力与包容的日常生活。

4　结语

大城市中的多样性是其魅力所在，而日常生活中各种非正式的、临时的社会活动也为我们的城市带来源源不断的活力。反观当今城市建设中尺度失调的广场、功能单一的街道都沦为城市失落的空间，重新审视城市中那些真正反映老年人生活需求的非正式活动也许能为这些城市发展的问题带来答案。分析自下而上的老年人非正式活动，再进行自上而下的设计与资源整合，达到保持原有街道空间活力的基础上，让各种活动协调有序的展开，提升城市街道的活力。包容性的设计正是希望在面对当今日益严峻的老龄化问题时，为改善老年人的日常活动空间提出设计策略，同时发掘大街小巷中那些受欢迎的活动空间的形成因素并尽量保留。21世纪的城市特点更多的是这种规划与未规划的城市活动共存，这样一个包容性的前提保证了人们日常生活多样化选择，才能营造出老年人能够参与和享受的户外环境。

本文源自：卢峰，康凯. 山地城市街道的包容性设计——针对老年人非正式使用的设计策略[J]. 西部人居环境学刊，2017，32（06）：25-30.

（图表来源：图1~图7：作者绘制，表1：作者根据第六次全国人口普查数据和第五次人口普查数据计算得出，表2、表3：作者绘制）

参考文献:

[1] 郑伟，林山君，陈凯. 中国人口老龄化的特征趋势及对经济增长的潜在影响[J]. 数量经济技术经济研究，2014（08）：6-10.

[2] 伊丽莎白·伯顿，琳内·米切尔. 包容性的城市设计——生活街道[M]. 费腾，付本臣译. 北京：中国建筑工业出版社，2009:13.

[3] 卢峰. 地域性城市设计研究[J]. 新建筑，2013（03）：20-21.

[4] 何志森. 见微知著[J]. 新建筑，2015（04）：32-37.

[5] 范风华. 容性城市公共空间的形成机制与规划对策研究[C]//2012中国城市规划年会论文，昆明：云南科技出版，2012：2.

[6] 扬·盖尔. 交往与空间[M]. 何人可译. 北京：中国建筑工业出版社，2002：13.

[7] 谭少华，李英侠. 城市广场的活力构建研究——以重庆市三峡广场之中心下沉式广场为例[J].西部人居环境学刊，2015，30（02）：93-98.

[8] 卢峰.重庆地区建筑创作的地域性研究[D]. 重庆：重庆大学，2004：116.

[9] 简·雅各布斯. 美国大城市的死与生[M]. 金衡山译. 北京：译林出版社，2005：143.

[10] 林文洁，于喆，杨绪波. 居住区老年人户外活动及其空间特征研究——夏季户外活动实态调查[J]. 建筑学报，2011（02）：73-77.

[11] 曾旭东. 重庆小街片区人居环境适应性改造设计策略初探[J]. 西部人居环境学刊，2015，30（02）：71-75.

[12] 吴岩. 重庆城市社区适老公共空间环境研究[D].重庆：重庆大学，2015：216.

[13] 谷鲁奇. 面向老年人的旧住宅区公共活动空间更新方法研究[D]. 重庆：重庆大学，2010：36.

[14] 黄建中，胡刚钰.城市建成环境的步行性测度方法比较与思考[J]. 西部人居环境学刊，2016，31（01）：67-74.

[15] 张杰. 从大尺度城市设计到"日常生活空间"[J]. 城市规划，2003（09）：40-44.

计算机视觉技术在城市街道空间设计中的应用

胡一可　丁梦月　王志强　张可

计算机视觉技术是用机器代替人眼对目标进行识别、跟踪和测量，并进一步完成图形处理和分析的技术，目前在工程工业和日常生活中已经得到广泛应用，如交通导航、现场勘测、自动化生产、虚拟现实等许多领域。当前该技术在城市中的应用主要分为两大方向：低视角场景——主要应用在城市安防监控、行车记录仪拍摄等方面；高视角场景——无人机航拍、卫星影像图等。为了满足应用的需要，计算机视觉技术在提高视觉精度、扩大测量范围、简化操作过程和视觉识别智能化等方面不断探索且发展迅速，能够根据应用的需要及时进行针对性的调整和改进。然而，计算机视觉技术尚未应用于城市公共空间设计领域。

1　研究现状

基于行为—空间的城市公共空间研究正逐渐向定量化和精确化方向发展，目前，空间句法、手持GPS、图像采集等技术方法已经处于应用阶段。

基于空间句法的城市公共空间研究：对街道网络建模方法进行分析并测试该原则的适用性（戴晓玲，2010）；利用空间句法理论的凸边形分析方法分析公园的空间组织特征（翟宇佳，2016）；通过行为注记法获得运动类型和空间分配情况等数据，形成 GIS 行为地图，应用空间句法量化城市公园内部活动空间组织特征（侯韫婧，赵晓龙，张波，

2017）。空间句法在城市公共空间中的应用多集中于中观尺度，对空间特征进行分析、提出建议，研究没有精准到人的空间行为。

基于GPS的城市公共空间研究：利用GPS对物质空间与行为之间的关联性进行了定性和定量的研究（叶鹏 等，2012）；分析了基于GPS技术的行为规律研究的进展，并预测GPS未来的发展潜力（刘嘉伟，2015）；利用GPS跟踪设备获得游客的空间分布数据，结合GIS网络分析确定服务设施的最优配置（李渊等，2017）。在进行GPS应用实践的过程中，GPS装置的携带会对试验参与者的心理产生一定干扰，进而左右其空间行为，在一定程度上影响试验的客观性。与此同时，GPS应用实践受天气影响较大。

图像采集：通过实地拍照的方法对游人数量及行为进行统计（谭少华等，2015）；利用图像采集法对上海24个社区公园的儿童活动区进行特征研究（孙晓莉等，2016）；利用鱼眼相机对人群进行运动估测（胡学敏等，2017）。图像采集数据受拍摄者的主观因素影响较大，较难囊括全面的人群行为类型。

计算机视觉技术在城市公共空间研究中的尝试：瞿涛（2016）从大量的视频数据中学习不同行为的时空特征，以符合人眼的视觉特征；朱梦哲等（2017）利用计算机技术中的三维模型检测、判断行人是否有徘徊行为。

计算机技术的发展使处理海量视频监控数据成为可能，并且避免了传统人工处理可能出现的遗漏、误差等情况。近年来，为了维护社会治安，城市中的大街小巷遍布摄像头，形成几乎覆盖城市所有区域的"天眼"系统，但数据无法供研究工作使用。因此，该项技术在城市公共空间设计领域的应用需要相应设备支持并合理选择场地进行摄录。

2　城市街道空间

2.1　城市街道空间的内涵

城市环境被城市建筑外墙划分为建筑空间及外部空间。在建筑外部空间中，除山林河湖、自然保护区、农林用地等城市自然空间，人们对其他外部空间进行一系列规划、设计和修建以供城市居民公共使用，其中城市街道所占比重最大，在很多城市中超过80%[1]，承载了大部分城市公共活动。

城市街道空间是城市居民日常生活的重要载体，承载了历史与当下的各类活动，如政治事件、大众狂欢、生活情景、社交活动、观光购物等。随着城市的不断发展，人们的物质精神生活愈发丰富，这就对城市街道空间提出了更高的要求。使用性质和功能单调的城市街道逐渐难以满足城市居民的使用需求，功能复合式的城市街道开始成为发展趋势。城市街道不再是传统意义上仅供交通工具通行的

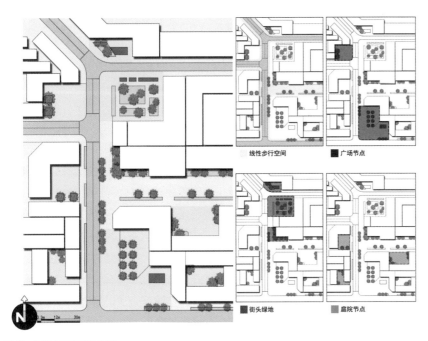

线性步行空间   ■广场节点

■街头绿地   ■庭院节点

图1②   街道空间类型示意图

街道物质构成要素图表③   表1

分类			内容
顶界面	说明		建筑的屋顶及街道地面上空遮蔽物的水平限定
	构成要素		灯笼、灯具、彩旗、横幅、遮光网、树冠、电线等
底界面	说明		构成街道基本景观的路面等水平限定
	构成要素	街道绿化	植物	乔木、灌木、藤本、草本、地被等
			植物种植设施	微地形、草坪、灌丛、种植池、树池、花架（包括悬挂的花钵）等
		街道设施与小品	基础设施	地面铺装、座椅、路灯、垃圾箱、桌子、饮水台等
			交通设施	路面提示、指路牌、信号灯、地铁换乘站、公交车站、停车点、门牌、行人安全岛护柱、自行车架等
			安保设施	警务岗亭、监控摄像头、栏杆、围墙、灭火器等
			文娱设施	儿童游乐设施、体育设施、邮筒、报刊亭、报纸架、水池（水景）、景墙、雕塑小品、牌坊等
		其他	市政管网	地上杆线、井盖、路缘边沟、雨水口、截水沟、灯杆、灯具、交通信号机、视频监视器、交通信息诱导装置、交通信息检测器等
			残疾人设施	盲道、盲人触摸式指示牌等
侧界面①	说明		由沿街建筑、构筑物的沿街立面构成的竖向限定
	构成要素	第一轮廓线	绿化	垂直绿化等
			建筑界面	门、窗、柱、柱廊、雨棚（雨搭）、橱窗、围栏等
		第二轮廓线	街道标识	指路牌、公告栏（宣传栏）等
			街道广告	门面匾额、商店招牌、霓虹灯、灯箱或灯笼、电子显示牌（屏）、实物造型等独立或附属式广告等

二维线性平面，而开始被视作承载社交与生活功能的三维立体空间。

城市街道囊括了丰富的物质要素，被视作"家"的延伸，城市居民绝大部分公共生活的空间体验均在城市街道中发生。与此同时，人们对城市街道空间的体验是一个动态的过程[2]，不同宽高比（D/H）的街道拥有不同的空间感受。因此，在城市街道的规划和设计过程中需要兼顾使用者的实际使用需求与心理感受。

城市街道空间能给人带来丰富的体验和感受，是由大量通行性、停留性、体验性、功能性及生态性的空间形态组合而成，城市街道空间的开合收放、起伏转折之中蕴含了独特的城市印记，也承载着城市形成与发展的历史。现今城市活力难以提升，根源在于城市街道空间缺乏活力。科学地采集活动行为数据、对人们的空间使用习惯和心理进行分析、有针对性地指导城市街道空间的规划和设计可有效激活城市活力，在这方面，计算机视觉技术的引入意义重大。

2.2 城市街道空间的类型

为了便于结合计算机视觉技术研究人群行为与空间的关系，城市街道空间可以分解为线性步行空间、庭院节点、街头绿地、广场节点4种类型（图1）。许多闲逛和玩耍活动是在凹陷处进行的[3]，"平面上凹凸的微小变化……在三维空间中却产生了很大的影响"[3]。这些"凹陷处"、"凹凸的微小变化"在街道中即为作为空间节点的广场、街头绿地和与街道直接或间接发生关系的庭院（没有围墙或有镂空围墙、可参与的庭院或可观赏的庭院），还包括由于临街建筑错落布局而形成的空间，这些都是街道体验序列中的组成元素，都应纳入城市街道体系当中。

2.3 城市街道空间的构成要素

城市公共空间的构成要素①对行为活动有很大影响，可分为物质和非物质2部分。其中，物质部分主要指街道上的各类设施（表1）[4]。经过设计的设施、标识等要素有时也可以成为小品。

当然，城市中的移动元素，尤其是人及其活动，与静止的物质元素是同等重要的[5]。人是城市空间的主体，没有人及其活动，城市公共空间就没有任何意义。因此，除了物质层面的要素以外，城市公共空间中人和某些类型的活动也应当成为空间要素（图2）。

3　计算机视觉技术应用于行为—空间的研究

3.1　操作步骤

根据实践经验，应用计算机视觉技术分析人群行为轨迹的操作步骤如图3。

3.1.1　选取场地

根据调研目的合理选择场地，在充分预调研基础上，安排摄录的时间段、摄像头架设点，并对天气变化等突发情况做出预案。

3.1.2　选取适当地点进行视频摄录

确定人群活动发生的具体位置和所覆盖的范围，判定影响因素。影响行为发生的要素分为两大方面：实体空间和物理环境（风、光、热等）。人的行为习惯和其他相关影响因素也应纳入考虑范围。基于计算机视觉技术中的视频处理技术，划定需要观测的范围，结合实际情况确定摄像头架设的位置、间距等。

3.1.3　视频预处理

对摄录成段的视频进行预览，对没有完全覆盖场地的视频应重新摄录；对于摄录过程中因机身抖动或天气原因等导致未能固定视点的视频也需重新摄录（视点固定可以排除植物、建筑、水体等外部因素对视频分析的干扰）。用After Effects对截取的视频进行处理，根据分析需要添加模糊、裁边等效果，以降低噪点。

3.1.4　视频处理，得到行为轨迹

首先提取视频帧，根据需要提取10Hz、25Hz或30Hz速率（这几种速率较常用）的视频帧。然后抽取一定数量的视频帧，对这组视频帧进行全局分析（图4）。做视频偏移的帧间预测，分析相邻两帧或几帧的差异，定量分析视频中运动物体的运动方向和速率，以得到一组具有累积性的运动轨迹图像。需要指出的是，全局分析视频时域时并不对单个人的行为做分析，也不对单个人进行检测和跟踪。

如果分析单个人或一组人（多个人）的行为对场景的依赖，那么需要对单个人或者对一组人分别进行检测。对单个人的检测和跟踪首先要框选或通过视频分析框出所要研究的对象，在相邻两帧之间通过滑动窗口或者提取关键框的方式，提取框选内容的特征，根据特征最接近的原则，

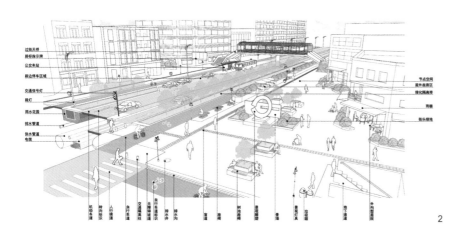

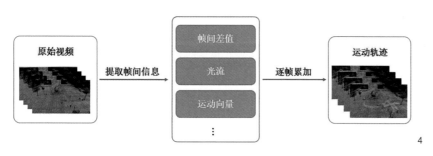

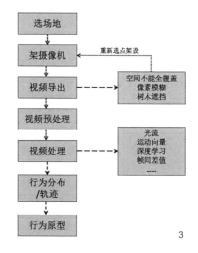

图2　城市街道空间构成要素示意图
图3　行为原型生成技术路线图
图4　视频处理流程图

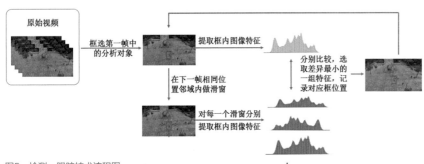

图5 检测、跟踪技术流程图

匹配出后一帧中对应前一帧的框，以此类推。一组人与单个人类似，只需要特定区分出每个人的特征即可。具体操作步骤为：框选—特征提取—特征匹配—确定下一帧的框的坐标。其中，特征提取的方法有传统算法、SIFT、HOG等；也可以运用深度学习（处理图像、文本、音频等信息的一项技术）的预训练模型和对应的网络提取。候选框的选取方法为滑动窗口遍历整个视频帧，特征差异最小的图像即为匹配视频帧（图5）。

3.2 人群行为轨迹生成原理

每一段视频都可以截取出无数视频帧。对视频的处理实际上就是对按一定顺序排列的视频帧序列进行处理。分解视频后按分析需要，有规律地抽取一定数量、一定序列的视频帧。

接下来，子程序就会对运动目标进行检测和跟踪。最基本的操作方法就是利用帧间差值进行识别和跟踪，也就是利用计算机来识别和跟踪各个帧之间能感知到的明显的视觉运动。针对不同的视频设置不同的帧间隔进行差值，该方法的原理是：空间运动的物体（即视频中的人）在成像平面的每一帧中都有相应的瞬时速度，利用视频帧序列中框选区域的物体在时间域上的变化以及相邻帧之间的关联来发现当前帧与上一帧（或作为参照的第一帧）之间的对应关系，从而

计算出相邻帧之间框选物体的运动数据。同时，程序还会在原始图片中具体标记出检测的具体位置，以便进行比对。程序还支持对检测目标进行不同的标记，比如用点、用轮廓或者用矩形框标记，并连续显示出来。

4 行为与空间的联系实践

4.1 实践说明

本次实践旨在对计算机视觉技术在街道空间设计中的运用进行探索性实践。在信息采集过程中，架设机器进行视频采集时应当注意：首先，保证视频影像覆盖全部预选公共空间，确保场地内全部信息的收集，避免人为数据采集时可能产生的主观影响导致数据误差；其次，实验设备的使用可能引起行人的注意，而造成其行为的改变，因此在拍摄时应当尽量减小设备的噪声，避免数据误差。

如今城市内的天眼监控系统、航拍影像、卫星监控系统等均可以有效进行数据信息的采集，但以上城市监测系统尚未应用于城市公共空间设计领域，现阶段无法对该部分信息进行共享使用。因此在实践之前，应当在满足数据采集基本要求的情况下合理地进行场地的选择和机器的架设，尽可能削减误差，从而保证试验数据的实时性、准确性和合理性。

本次实践选取天津大学校内3处

典型街道空间进行信息采集，所选场地具备人进行各种行为活动的可能性。与此同时，所选场地四周有高层建筑物，满足了机器架设的基本条件，可随时对采集的数据进行收集、处理和反馈，以减少试验误差。

4.2 场地预调研

数据采集之前首先对所选场地内的人群行为活动现状进行分析，广场和庭院空间四周为低层楼房围合，给人们的心理感觉更私密、安全，使用群体主要为在校师生、教师家属等。主要发生的行为活动有：步行通过、散步、休息、看书看报、与他人交谈、小团体有组织的文娱活动等。使用群体、年龄、时间安排等都相差不大。调研在一天中分多个时段拍摄，尤其是上下课高峰期、下午4:00至晚上8:00、中午和清晨。

4.3 实践1——固定相同视点及视角

前期准备：佳能M6相机、DV、三脚架。

场地：天津大学内一处"广场节点"式公共空间（图6）。

录像及拍摄地点：高层楼房3层以上高度，固定机位，俯拍。

时间：2017年4月，不同时段拍摄了9段视频，每段10分钟。

天气状况：晴朗。

行为的空间动态轨迹分析：图7。

轨迹分析初步结论：根据分析图所示，确定视点后用三脚架固定机位，在3层楼高的10m处斜俯视，基本能把调研范围全部收入镜头中。利用前述方法和步骤进行人群行为分析，红色拖尾流线代表行人运动轨迹，在靠近楼房和花坛夹缝处均有行

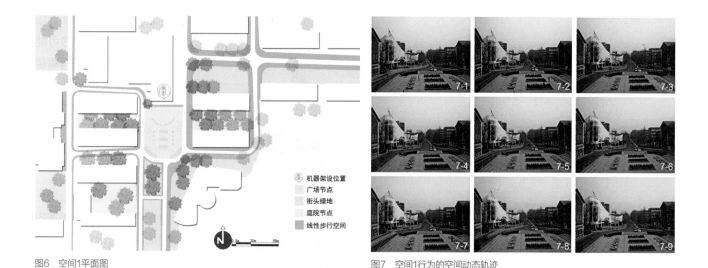

图6　空间1平面图

机器架设位置
广场节点
街头绿地
庭院节点
线性步行空间

图7　空间1行为的空间动态轨迹

人行走通过，没有停留行为。

实践优化设想：同一视点、固定视角的拍摄只能得到模糊的运动数据，斜俯视分析较难得出准确的坐标定位，设想在下一个实践中，在保证调研范围被镜头全部收入的条件下改变视点的高度，以探寻新的结果。

4.4　实践2——改变视点高度

前期准备：佳能M6相机、DV、三脚架。

场地：天津大学内一处"庭院节点"式公共空间（图8）。

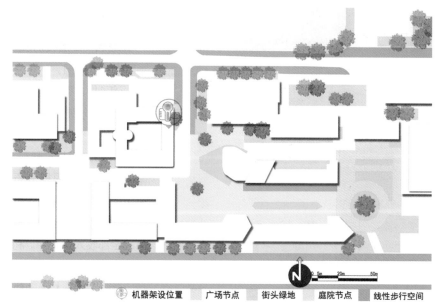

机器架设位置　广场节点　街头绿地　庭院节点　线性步行空间

图8　空间2平面图

录像及拍摄地点：高层楼房3层以上高度，固定机位，俯拍。

时间：2017年4月，不同时段拍摄了9段视频，每段10分钟。

天气状况：晴朗。

行为的空间动态轨迹分析：图9。

轨迹分析初步结论：根据分析图所示，拍摄过程中变换了2次视点位置，雪松种植坛的大小和位置有些变化，但基本能把调研范围全部收入镜头中。利用前述方法和步骤进行人群行为分析，红色拖尾流线代表行人运动轨迹（可以在分析过程中调换成其他颜色，但红色显示效果更清晰，

因此选用红色流线代表行人运动轨迹），在种植坛周围任何方向、路线都有行人经过，细线轨迹代表行人距离镜头较远，宽度较大的轨迹可能表示该轨迹同时运动的行人数量较多。右下角的停车棚对视线有遮挡。

实践优化设想：有斜角的俯视会造成行人由于远近而大小不一的情况，对分析结果有一定程度的干扰，并且同一方向的视角出现遮挡时，会漏掉行为轨迹的有用信息。因此设想在下一个实践中，能否进行一次90°垂直地面的俯视拍摄分析；另外，从不同高度、不同方向全方位拍摄场地，以探寻新的结果。

4.5　实践3——改变视点位置、改变视角

前期准备：佳能M6相机、大疆精灵3 standard（dji phantom 3 standard）。

场地：天津大学内一处"广场节点"式公共空间（图10）。

录像及拍摄地点：广场上空20m、25m、30m高度，固定机位，90°俯拍、斜30°、45°俯拍。

时间：2017年7月，不同时段拍摄了4段视频，每段20分钟。

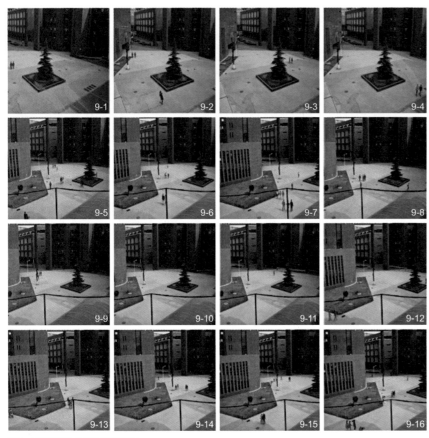

图9　空间2行为的空间动态轨迹

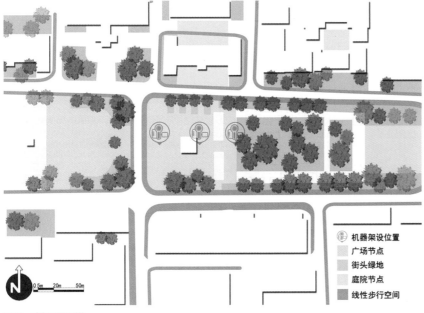

图10　空间3平面图

群行为轨迹在时间轴上的变化。红色拖尾流线代表行人运动轨迹，可以清晰看出广场上人的活动呈两极分化状态——一类是有明显的通过性目的，运动轨迹清晰肯定；一类是毫无目的在广场闲逛（这里一些行人为步行通行，一些为骑自行车通行，分析图中没有对是否使用交通工具加以区分，但后期如果分析需要细化，通过编程和技术改进是可以实现的），运动轨迹呈现杂乱无章的状态。

4.6　实践总结

在3组实践中，我们对视点的高度、位置以及视角都做了调整性的实验，实验工具涉及单反、DV、无人机，视频分析主要使用计算机视觉技术中视频时域关系分析的方法，包括帧间差值、光流、运动向量等。在保证调研范围全部覆盖且无遮挡的情况下，高视点（在本组实验中指20m以上高度的视点）得到的分析数据相比低视点（在本组实验中指10m高处的视点）更直观；越接近垂直90°角度的俯拍，人群行为运动轨迹越清晰肯定，并可以结合实际测量得出一系列衍生数据，如各时间点运动坐标、运动速度、活动时长等；对调研场地进行多角度同时拍摄能够得到比单一角度固定视点更全面、有效的分析数据。

5　结语

城市公共空间是计算机视觉技术应用于城市设计的最佳切入点。在探索过程中，应当将街道视作具有体验性和领域感的三维空间，把握城市公共空间在实际使用层面和心理调节层面上的多重意义。分析和了解人的使用需求和使用心理，始终从城市公共空间使用者的角度出发考虑问题。

天气状况：晴朗。

行为的空间动态轨迹分析：图11。

轨迹分析初步结论：根据分析图所示，第一组为20m高度30°斜角俯拍图，第二、三组为30m高度90°垂直俯拍，第四组为25m高度45°斜角俯拍。利用前述方法和步骤进行人群行为分析，这次我们加入了时间维度的效果，可以从一组分析图中看出人

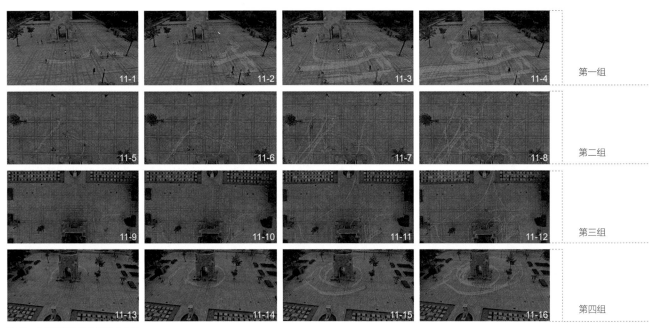

图11　空间3行为的空间动态轨迹

在现阶段的实践中需要考虑各类影响因素，如架设点的选取最好在10m高度左右或以上，要能清晰拍摄单个人的行为；又如预处理的工作量增大，由于街道上树木遮挡等原因，可能导致行为拍摄不连续，需要调整架设点重新拍摄等。视频监控介入城市公共空间、辅助实现高精度运动检测的方法弥补了相机拍摄图片不连续的缺憾，对公共空间的活动几乎没有干扰，也不会对被试者造成心理负担而出现不可控的误差。

计算机视觉技术在城市公共空间中的实际应用仍然处于探索阶段，现有的城市监测系统尚未与城市公共空间设计领域进行有效的学科交叉和信息数据共享，因此在数据获取方面还需研究课题组设法解决，对于实验预期结果以及验证工作，需要与计算机视觉技术相关技术人员合作，共同进行有针对性的测试、研发。计算机视觉技术在城市公共空间中的应用具有很大潜力，有助于街道空间的优化提升，为精准化的城市街道设计和研究提供参考。

本文源自：胡一可，丁梦月，王志强，张可. 计算机视觉技术在城市街道空间设计中的应用[J]. 风景园林，2017（10）：50-57.

注释：
① 垂直界面构成要素分为第一轮廓线和第二轮廓线两类，分类方法参考芦原义信《街道的美学》。
② 图1～6、8、10为作者自绘；图7、9、11为宋晓林绘制。
③ 表1为作者自绘。

参考文献：
[1] National Association of City Transportation Officials. Transit Streets Design Guide[M]. Washington, DC：Island Press, 2016.
[2] 邱书杰. 作为城市公共空间的城市街道空间规划策略[J]. 建筑学报，2007，（3）：9-14.
[3]（加）简·雅各布斯. 美国大城市的死与生[M]. 金衡山译. 南京：译林出版社，2005：77；32；43.
[4] 胡一可，丁梦月. 解读《街道的美学》[M]. 南京：江苏凤凰科学技术出版社，2016.
[5]（英）克利夫·芒福汀. 街道与广场[M]. 张永刚，陆卫东译. 北京：中国建筑工业出版社，2004：114.

街道绿化品质的人本视角测度框架
——基于百度街景数据和机器学习的大规模分析

叶宇　张灵珠　颜文涛　曾伟

1　引言

1.1　街道绿化：重要性及实践导控难点

在近年来宏观政策强调以人为本的背景下，城市设计实践与导控逐步从"增长优先"向"品质提升"转型，市民日益提升的空间品质需求催生了对于人本视角的街道绿化品质的研究。国际实证研究显示，具有高可见度的街道绿化能直接改善市民对于所在社区的空间品质感受和可步行性，更易接触的城市绿化还能有效增进场所感、舒缓压力和促进户外活动与交往[1]。在中国，中央城市工作会议和国家新型城镇化规划所推动的"以人为本"的转型也正是这一需求的映射。在宏观政策有相应要求的同时，当前中国城镇化也正走入对于空间品质需要日益提升的阶段，人本视角的街道空间品质，包括街道绿化，正成为关注重点之一[2]。

尽管如此，当前国内外的规划导控仍以依赖卫星遥感影像的绿化率作为绿化程度高低的核心标准，但这种自上而下的鸟瞰视角测度不一定与市民的实际感受相一致[3]。从人本视角出发的街道绿化测度整合了人眼视角的绿化可见度与可达性的结果，在理论上能更好地反映市民实际感受到的绿化程度和街道空间品质，但在规划导控实践中往往难以操作。

以往人本视角的街道绿化研究大多是基于手工拍摄的街道图片来开展，不满足规划实践所需的规模性和时效性；也有学者通过图像处理软件来逐一提取街道图片中的绿色像素点比例，从而实现更为细致的测度[3-4]。这类基于手工的分析能准确地开展小规模的研究，但由于技术所限在数据搜集和处理方面较为繁琐，难以满足规划实践需求，进而导致实践中推广运用困难。

1.2　新技术下的新可能性

随着以计算机技术和多源城市数据为代表的新技术和新数据的迅猛发展，新城市科学（New Urban Science），即依托深入量化分析与数据计算途径来研究城市的学科模式，在过去的10年中正逐渐兴起。近年来以百度街景、谷歌街景等为代表的街景数据的普及为高精度街景数据的迅速获取提供了新的可能[5-6]。这一新数据已被运用在街道安全程度[7]，街道绿化率测度[3,8-9]，以及城区片区中的街道空间品质高低[10-11]等研究上。

与此同时，机器学习技术的迅猛发展为准确、自动化地提取街景图片中的绿色特征提供了新的可能。以SegNet等为代表的机器学习算法运用深度卷积神经网络构架能准确实现街景图片信息的深度处理，能有效识别图片中的天空、人行道、车道、建筑、绿化等多种要素[12]。而以支持向量机等为代表的机器学习算法则能根据图片特征对于街景数据进行高

效清洗和特征识别。这类技术能够实现对于多类、多色绿化要素（如灰色的树干、红色花朵等）的整体提取和测度，不再局限于以往类似研究中所使用的色彩区间提取法易被干扰的问题，提升了绿化品质感受测量的准确度。

此外街道绿化的可接触程度也有了更为合适的分析技术来协助测度。以往研究常常将绿化的可接触度简化成为服务半径分析，而忽视了对于市民日常生活中散步、通勤等典型行为的考量。换而言之，市民通行于城市街道中的每一刻都在感受绿化的影响，这是相对于到访公园更为高频度的感受体验。空间网络分析，作为对于街道空间结构特征抽象和可达性测度的工具，可以有效测度由街道空间组构所决定的可达性高低[13]。

在一系列新技术的推动下，对于人本视角的街道绿化开展高效、大规模的测度，进而协助精细化的规划导控实践已成为可能。

2　研究方法与实验设计

2.1　研究案例与分析框架

本文的研究范围为上海市中环线以内区域，总面积约400km²。在1998～2015年期间，市区绿化覆盖率从19%增加至38%，人均公共绿地面积也增加了4倍。尽管如此，中心城区特别是内环以内的绿化建设仍处于还历史旧账阶段。上海市中心城

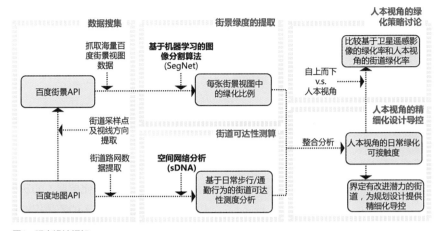

图1　研究设计框架

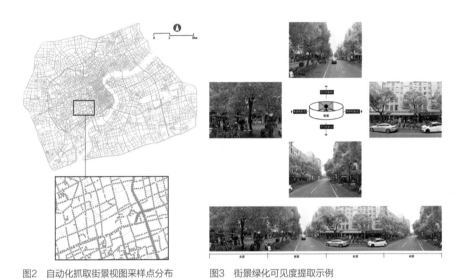

图2　自动化抓取街景视图采样点分布　　图3　街景绿化可见度提取示例

区人口密度高、开发强度大，在该区域展开研究，能为城市高密度地区空间品质提升提供指导意义。

研究分5个步骤进行（图1）。首先通过百度地图API提取街道路网数据，基于此确定各个街景数据采样点的地理坐标数据以及各个采样点的视线方向，最终通过HTTP URL形式调用百度街景API来实现海量的街景数据获取。随后采用基于机器学习相关算法进行数据清洗和图像分割，对街景数据进行处理，剔除容易影响绿化率判读的季节因素，进而提取每一个采样点的绿化可见度。随后采用空间网络分析工具对街道的日常行为[①]

与通勤行为可达性进行量化测算。随后将街景绿化可见度与可达性进行整合分析，根据街道可达性与街景绿化可见度的匹配程度，得到街道的"日常绿化可接触度"指标，从而识别具备进一步发展潜力的街道。最后，从人本视角出发的、基于街景数据的街道绿化可见度评价也会与传统上普遍使用的、基于卫星遥感影像的片区绿化率测度开展比较。

2.2　基于百度街景的大规模街景数据获取与清洗

研究基于百度地图数据来获取上

海中心城区（中环以内）道路网络数据，并基于此在百度街景API协助下等间距抓取了近7万个采样点。中心城区范围内共有13672条街道段，总长2611079m，平均采样间距约为40m。图2为分布在道路网络上的所有取样点，放大区域可清楚看到每一个样本点的具体位置（图2）。

街景视图获取是通过HTTP URL来调用百度街景的API查询获得。通过输入视线水平和垂直方向的角度以及视点位置数据，可以抓取每一个样本点的街景视图，每张图片包含了位置点唯一标示符、经纬度、视线的水平角度和垂直角度等信息。为了获取贴近人本视角的绿化可见度，每一个样本点的视线垂直角度统一设置为0°，即平视[②]。在视线水平角度方面，先根据每一个采样点位置及街道路网形态计算平行和垂直于道路方向的视角，然后根据计算所得的特定视角分别抓取平行于道路（前、后）和垂直于道路方向（左、右）共4张街景视图，每个视线方向的视角为90°。这样的采集形式正好可以对视点周围的建成环境形成全面囊括（图3）。每张图片大小为480×360像素。

本研究所中街景数据的抓取在2017年春季开展。在百度地图API所提供的时间戳（Timestamp）的协助下对于冬季照片做筛除或替换[③]。通过这一操作，季节变化对于街景绿化产生的影响可以被较好地控制，提升了街景数据对于实际情况的代表性。

2.3　基于机器学习的街景绿化可见度分析

对街景视图绿化可见度的解析采用基于机器学习算法的卷积神经网络

采用SegNet机器学习算法提取街景图片信息

绿化

图4　街景绿化可见度提取示例

工具（SegNet）提取图像特征（图4）。其将图片中的像素点识别为天空、人行道、车道、建筑、绿化等要素类型，在此基础上可计算每张图片中绿化要素所占的比例。本研究直接沿用了SegNet提出机构（剑桥大学）的识别模型和训练图片库。考虑到现有的探索性研究在中国城市中直接运用这一工具的识别效果良好[5]，故未基于中国图片数据开展进一步的图像标定和再训练。

2.4　基于空间网络分析的街道可达性分析

在图论基础上衍生出的城市空间网络表示方法为交通网络的全局可达性考量提供了多种可能。本研究采用基于ArcGIS平台的空间设计网络分析软件（sDNA）[14]分析路网的可达性，其采用GIS平台建立道路中心线模型，与目前能获取的大多数地图兼容性较好。

sDNA对最"短"路径的考量可基于拓扑、角度或米制距离的变化，由于基于角度距离的可达性值已被证实与观测到的人车行为分布具有很好的相关性，因此本研究采用基于角度距离的中间性（Angular Betweenness）作为道路网络可达性的度量值。

在空间网络分析中，不同分析半径下的可达性结果对应着相应距离出行行为对道路的选择度。如果在小尺度的半径限制下计算，则计算只考虑该半径范围内的街道段，这意味着系统只能识别街道段之间的局部关系。反之，大尺度的半径将更大的区域纳入分析，可以突出通勤可达性高的主要道路。在上海，500m常被认为是步行舒适距离[13]；根据最新的城市出行半径大数据报告，截至2016年12月，上海市平均工作日出行半径的中位数是6.2km[15]；因此这2个距离被选择作为日常步行与通勤行为的分析半径。

3　分析与结果

3.1　人本视角的街景绿化测度：绿化可见度与可接触度的整合

图5为中心城区各采样点的绿化可见度，以及整合了样本点数据的每

条街道的绿化可见度值。通过将各个采样点的数值赋给其最邻近的各个街道段，以平均值计算可得到各街道段的绿化可见度值。中心城区所有街段的平均绿化可见度为20.8%，其中，绿化可见度值最大的为63.1%（表1）。内环以内区域的街道长度占总街道长度的45.9%，绿化可见度比例占总数的55.8%，内环与中环之间街段的绿化可见度相对较差（街道长度占54.1%，绿化可见度比例为45.2%）（图5）。

图6为基于日常步行和通勤2种分析半径测算的上海中心城区道路网络可达性。可以看到，当分析半径为500m时，可达性较高的道路大多集中在核心城区街道较短、交叉点较多的区域；当分析半径为6000m时，可达性较高的道路在整个范围内分布较为均匀，主要为贯穿各区的城市主干道与次干道。两种分析半径结果可大致反映不同出行距离时的道路流量潜力分布：短距离出行往往选择生活性街区，以日常步行行为为主；远距离出行往往选择主要道路，以通勤行为为主（图6）。

根据街景绿化可见度以及可达性的不同可将街道分别等分为高中低3类，对街景绿化度最优或最劣的1/3街道与步行/通勤可达性最高或最低的1/3街道进行叠合分析，可以得到"步行绿化可接触度"及"通勤绿化可接触度"等概念的直观展现，例如步行可达性高且街景绿化度高、步行可达性高但街景绿化度低、通勤可达

上海中心城区街景绿化可见度　　　　表1

范围	街段总长度/m	街段总长度占总数的比例/%	绿化可见度占总数的比例/%	绿化可见度平均值/%	绿化可见度最大值/%
中心城区（内环+中环）	2 159 128	100	100	20.8	63.1
内环以内	991 613	45.9	55.8	21.03	63.1
内环与中环之间	1 167 515	54.1	45.2	20.2	61.08

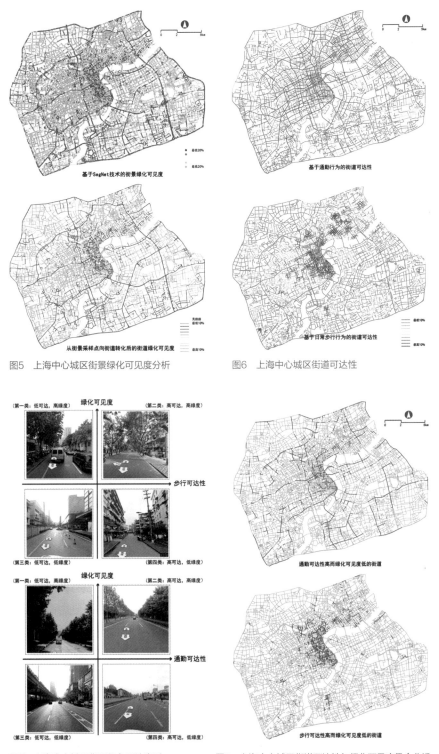

图5　上海中心城区街景绿化可见度分析　　图6　上海中心城区街道可达性

图7　上海中心城区街景绿色可达类型　　图8　上海中心城区街道可达性与绿化可见度叠合分析

性高且街景绿化度高、通勤可达性高但街景绿化度低等系列类型（图7）。其中比较值得注意的是两类情况。一类是将绿化可见度最低与可达性最高的街道进行叠合从而得到具有高选择度但缺乏绿化可见度的街道，这是绿化规划亟待改善的重点区域。反之将绿化可见度最高与可达性最低的街道进行叠合则代表了具有高选择度且有较好绿化可见度的街道。基于此，图8的红色线段代表了具备进一步发展潜力的街道，这些街道具备较高的步行或通勤可达性，但同时缺乏绿化可见度。

3.2　人本视角V.S.自上而下：基于街景图像的绿化品质测度与基于卫星遥感影像的片区绿化率

本研究利用卫星遥感影像数据测定研究区域内96个街道办的绿化覆盖率指标，并与相应街道办的街景绿化可见度指标进行比较。对于基于卫星遥感影像的绿化覆盖率指标（NDVI）与基于人本视角的街景绿化可见度的相关性进行分析显示（表2），基于卫星遥感影像的绿化率与街景绿化可见度之间的相关关系较弱（r=0.492，n=96）。计算各片区内"通勤绿化可接触度"和"步行绿化可接触度"高的街道数量或长度与区域内街道总数量或总长度的比值，将其和片区的绿化覆盖率进行相关性分析，发现它们之间并不存在相关关系。这意味着以往传统上单纯依赖卫星影像绿化率作为核心考核指标的做法存在一定不足，不论对于日常步行还是通勤行为，基于卫星遥感影像的绿化率提升，不一定会带来绿化可接触度高的街道数量增加。城市绿地系统规划时，增加绿化覆盖率主要是以面块的形式，缺乏对街道绿化的考虑。然而，人眼可见的绿化才是与居民生活品质直接相关的因素，纳入街景视角的街道绿色可见度，可提供人本视角的绿化评价指标。

图9中对于上海中心城区绿化覆盖率与绿化可见度的进一步分析显示，大块的城市公园能有效提升基于卫星遥感影像的片区绿化率，但对于市民在日常生活中的绿色可接触度则未必有帮助，如图9中的类型A区域。而具有相对细密路网和道路绿化的类型B区域则与之相反，人本视角

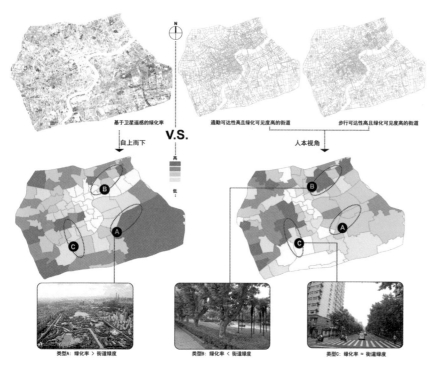

图9 上海中心城区绿化覆盖率与绿化可见度叠合分析

上海中心城区片区绿化率与街道绿化品质的相关性（以街道办为单位）　　表2

		街景绿化可见度（平均）	通勤绿化可接触度高（数量比值）	日常步行绿化可接触度高（数量比值）	通勤绿化可接触度高（长度比值）	日常步行绿化可接触度高（长度比值）
	Pearson相关性	0.492*	0.144	0.038	0.141	−0.012
NDVI	显著性（双侧）	0.000	0.162	0.712	0.169	0.906
	N	96	96	96	96	96

注：*在0.05水平上显著相关。

的街道绿化可见度水平则可能高于自上而下视角的片区绿化率（图9）。

4　讨论与展望

4.1　上海市中心城区的街景绿化评价

　　分析显示，尽管核心城区（内环以内）的平均街景绿化可见度（21.03%）要略高于非核心城区（20.22%），但从绿化可接触度的分布情况来看：步行行为中具有高可接触度而低绿化可见度的街道有82%分布在核心城区，仅有18%分布在

非核心城区；相比较而言，通勤行为中具有高可接触度而低绿化可见度的街道有68%位于核心城区，32%位于非核心城区。可见上海中心城区的街景绿化分布在人本视角下并不均衡，其中核心城区由于高密度开发对绿化种植面积的限制，使得其绿化可接触度的提升显得尤为迫切。

　　鉴于此，在空间资源有限的城市区域，应考虑积极采用其他形式在潜力街道上提升街景绿化可见度。可考虑在街道微更新中着力推动若干重点街道段上的垂直绿化建设，也可考虑在控规中通过容积率转移条件来鼓励街头绿地的进一步建设。分析结果表

明，分析区域的街景绿化品质在通勤尺度和步行尺度上都有很大的提升空间，通过量化测度识别街景绿化可见度与可接触度之间的差异，有望进一步鉴别可提升绿化潜力的空间，协助规划导控。

4.2　迈向人本视角的街景绿化测度与导控

　　上述分析可见，将街景绿化可见度分析与空间网络分析结合是有效度量市民绿化体验较为快速和直接的方法，使得在短时间内开展大规模且高精度的精细化街景绿化测度与导控成为可能，让街景绿化不再仅局限于小规模研究层面，而能够迅速向大规模的实际导控迈进。考虑到街景数据源的普遍性，这一分析框架有望运用于有百度或腾讯街景覆盖的多个大中城市。

　　此外，街景绿化测度的另一优点在于其优先考虑人眼视角的绿化可见度。当前广泛使用的，基于卫星遥感影像的绿化覆盖率指标与街景绿化可见度之间的相关度较为一般，这一结果指出了当前城市规划中容易被忽视的一个问题，即如何同步提升城市绿化覆盖率与人眼视角所能感受到的街景绿化可见度？若是一味地以基于卫星遥感影像的绿化率作为核心指标，在政策导向上很可能会促使规划实施偏向可以轻易拔高片区绿化率的大型公园，而相对忽视对于市民来说更常见、更易接触的街道绿化。虽然市中心的大型公园一直是市民很受欢迎的休闲徒步空间，但出于用地现状考虑，目前国内大中城市基本不太可能在市中心新设大型公园，片面对于城市绿化率的强调和争创各类园林城市的需求可能会在一定程度上推动远郊大型公园的过度发展。这样固然可以

迅速提高城市总体绿化率，但市民在日常生活中能频繁接触的绿色未必能有效增加。

由此可见，增加人本视角的绿化测度指标可以为全面的城市绿化评估提供决策支持，可成为现有规划导控的必要补充，进而助推"以人为本"的规划导控的落实。具体来说，在总体规划和绿地系统规划层面上应完善指标配比，将人本视角的绿化测度指标与基于卫星影像的绿化率相结合。在控制性规划和城市设计导则的层面进一步鼓励和推动街角绿地的建设，提升人本视角的绿化品质。社区更新背景下的社区花园建设亦可成为一个有效途径[16]。

4.3　研究局限、未来改进与实践导控拓展

本文的研究及方法仍有一定的局限性。首先，街景图像数据是通过街景采集车为基础获得。部分适宜居民步行的空间不适宜机动车辆通行，因而导致这部分空间缺乏街景图片数据而不能纳入整体分析，可能会在一定程度上影响分析结果。后续计划将通过手工和无人机采集的方式进行补充。其次，本研究中街景图片数据的采集点视高为车载街景采集系统的高度，相较于大部分人的视线高度略高。在未来的研究中考虑尝试投影变换的方法对原生街景数据做修正。再次，目前研究在绿化可见度的高、低划分上缺乏系统的实证分析支撑。由于实际规划管理中"个体视觉感知"标准差异较大，因此目前的高、低标准需要进一步细化。后续计划采用大规模网络问卷与小样本专家打分的形式综合确定各类绿化可见的归属区间。

未来的进一步研究将考虑扩大分析的时间范围及内容，如获取历史街景视图数据，以监测绿色可接触度随时间的变化；或在调查城市绿化对居民健康和幸福感的影响时，将街道绿化可见度值纳入分析要素。现有文献对不均衡的城市绿化分布与居民健康之间的关系已经有所研究[8]，精细化尺度的街景绿化度评估有望为这方面研究带来全新的视角。

总的来说，新城市科学所衍生的数据获取和分析技术等方面的协同进步，极大程度上深化了我们对于城市空间特征及其影响的评价精度与粒度，进而使"人本"设计不再只是口号性的呼吁，而是首次使基础数据采集、设计生成与使用评价等各方面均具备可操作性[17]。在这一趋势下，必将涌现越来越多新的数据环境和新方法，将应用于规划设计实践中，为以人为本的高品质场所营造提供新的途径。

本文源自：叶宇，张灵珠，颜文涛，曾伟. 街道绿化品质的人本视角测度框架——基于百度街景数据和机器学习的大规模分析[J]. 风景园林，2018，25（08）：24-29.

注释：

① 这里"日常行为"指的是居民的各种日常活动，如上班、回家、购物等习惯性行为，偶发性活动不在本文的考虑之列。

② 尽管将拍摄角度设为0°在少部分有高大树冠的场景中会缺失部分绿化信息，但鉴于本文的研究重点是人们对绿化环境的体验度而非对树冠绿量精细测量，该视线角度可基本满足研究的需要。

③ 文中图表均由作者自绘。

参考文献：

[1] 陈筝，董楠楠，刘颂，等. 上海城市公园使用对健康影响研究[J]. 风景园林，2017（9）：99-105.

[2] 龙瀛，叶宇. 人本尺度城市形态：测度，效应评估及规划设计响应[J]. 南方建筑，2016（5）：41-47.

[3] JIANG B, DEAL B, PAN H Z, et al. Remotely- sensed Imagery V.S. Eye-level Photography: Evaluating Associations among Measurements of Tree Cover Density[J]. Landscape and Urban Planning, 2017, 157: 270-281.

[4] YANG J, ZHAO L, MCBRIDE J, et al. Can You See Green? Assessing the Visibility of Urban Forests In Cities[J]. Landscape and Urban Planning, 2009, 91（2）: 97-104.

[5] LONG Y, LIU L. How Green are the Streets? An Analysis for Central Areas of Chinese Cities Using Tencent Street View[J]. PlOS One, 2017, 12（2）: e0171110.

[6] 叶宇，戴晓玲. 新技术与新数据条件下的空间感知与设计运用可能[J]. 时代建筑，2017（5）：6-13.

[7] NAIK N, PHILIPOOM J, RASKAR R, et al. Streetscore- Predicting the Perceived Safety of One Million Streetscapes[C]// Proceedings of the IEEE Conference on Computer Vision and Pattern Recognition Workshops. 2014: 779-785.

[8] LI X, ZHANG C, Li W, et al. Assessing Street-level Urban Greenery Using Google Street View and a Modified Green View Index[J]. Urban Forestry & Urban Greening, 2015, 14(3): 675-685.

[9] 郝新华，龙瀛. 街道绿化：一个新的可步行性评价指标[J]. 上海城市规划，2017，（1）：32-49.

[10] SHEN Q, ZENG W, YE Y, et al. Street Vizor: Visual Exploration of Human-scale Urban Forms Based on Street Views[J]. IEEE Transactions on Visualization and Computer Graphics, 2017.

[11] 唐婧娴，龙瀛. 特大城市中心区街道空间品质的测度：以北京二三环和上海内环为例 [J]. 规划师，2017，33（2）：68-73.

[12] BADRINARAYANAN V, KENDALL A, CIPOLLA R. Segnet: A Deep Convolutional Encoder-decoder Architecture for Image Segmentation[J]. IEEE Transactions on Pattern Analysis and Machine Intelligence, 2017, 39(12): 2481-2495.

[13] HILLIER B, PENN A, BANISTER D, et al. Configurational Modelling of Urban Movement Network[J]. Environment and Planning B: Planning and Design, 1998, 25(1): 59-84.

[14] CHIARADIA A, CRISPIN C, WEBSTER C. sDNA a Software for Spatial Design Network Analysis[EB/OL]. (2014- 06-15) [2018-05-12]. www.cardiff.ac.uk/sdna/.

[15] 企鹅智酷. 北上广深哪里最拥挤？腾讯发布一线城市出行大数据报告（更新版）[EB/OL]. [2017-02-13] [2018-05-12]. http://tech.qq.com/a/20170213/006139.htm#p=1.

[16] 刘悦来，尹科娈，魏闽等. 高密度中心城区社区花园实践探索：以上海创智农园和百草园为例 [J]. 风景园林，2017（9）：16-22.

[17] YE Y, LI D, LIU X. How Block Density And Typology Affect Urban Vitality: An Exploratory Analysis in Shenzhen, China[J]. Urban Geography, 2018, 39(4): 631-652.

基于手机健身数据的城市街道健康服务功能研究

余洋　唐晓婷　刘俊环　陆诗亮

1　研究背景与目的

2016年国务院印发《全民健身计划（2016—2020年）》，将健身跑、健步走、骑行等活动纳入到大力发展的活动项目行列。作为城市空间的基本单元，街道俨然成了公共开放的体育活动场所之一，健走、跑步、骑行等健身活动广泛开展。作为城市研究和建设的热点，步行环境品质[1]、可达性等成为街道研究的核心问题。随着共享单车的普及，可骑行性也成为研究关注的重点。同时，街道生活是城市活力的表现[2]，体现街道活力的是以步行为基础的，从事各种街道活动的人[3]，也包括在街道上进行健身活动的人群。

在数据化和智能设备普及的背景下，健身行为通过手机APP等方式进行记录和社会交往。手机数据具有运动类型丰富、数据量大、活动时间精准、空间定位准确等特点，对个体行为可以进行精细化的时空信息管理。这种自发地理信息数据的开放性和普及性拓展了对健身行为的观察途径，可以更便捷地在大尺度上进行时间和空间的数据采集和分析，在城市尺度下的绿道、高校等户外体育活动的行为分析中有所应用[4-5]。相较于观察、调研和问卷等传统方法，手机数据可以和城市道路、建成环境要素等直接关联，为城市尺度的健身活动时空研究提供新的数据途径和分析方法。

本文旨在通过手机健身数据的采集，从线性体育活动的时空行为角度，分析什么样的街道尺度和形态适合进行线性体育活动①，街道的建成环境对活动有什么影响，人群聚集特征如何，对这些关键问题的研究都有助于阐明城市街道对线性体育活动的支持能力和对城市的健康服务功能，为"多渠道增加全民健身场所和设施"的规划和设计提供理论支撑，为健康城市的街道空间规划和设计提供参考。

2　研究方法和数据采集

本研究分为两个阶段，第一个阶段是基于个体行为的手机数据采集和预处理，第二个阶段是基于TSP模型（Time-Space-People，时间粒度—空间集聚—人群特征）的人群集聚时空行为分析。

根据街道健身活动和自发地理信息数据的特点，第一阶段的研究过程分为数据采集和数据预处理。自发地理信息数据采集依托咕咚运动软件数据平台②随机进行。每条运动路径数据的属性包括运动类型、距离、日期、起始时间、持续时间，以及使用者的年龄和性别等。研究区域为北京中心城六区。数据预处理包括矢量化地理信息数据和建立非地理信息数据库，通过ArcGIS10.2.2空间分析，建立包含地理信息的空间信息与非地理信息的时距信息的联系[6]。本次数据采集时间为2016年11月至2017年10月，共回收样本478份，有效样本413份，有效数据1185条。剔除活跃度低、个体属性信息和运动信息缺失、专业训练（如马拉松）等无效数据，筛选后得到1092条有效数据。数据人口结构与北京常住人口结构基本一致，可以对北京中心城人群健身行为进行解释。

第二阶段的研究主要是基于人群集聚的时距特征和空间特征进行分析。在时间分析层面，时间粒度分为日、周2种时间单元。以日作为时间单元，可分为早、中、晚；以周作为时间单元，分为工作日和节假日，节假日包含周末的双休日及研究时间范围内国务院办公厅发布的节假日；在空间分析层面，研究围绕空间集聚、建成环境和不同收入人群空间分布进行分析。空间集聚体现了运动者对城市空间的选择偏好，进而分析适宜的街道尺度与形态；建成环境体现了街道要素对活动的干扰和介入；不同收入人群空间分布可以解释阶级分层对空间使用的差异。

3　线性体育活动的时距特征

3.1　不同时间粒度下的时距特征

一日之内，运动数据呈现双波峰的趋势，运动数据主要集中在04:00～21:59，其中04:00前和21:00后运动人数锐减，06:00～06:59与19:00～19:59达到运动数据峰值，且明显高于其他时间段，而13:00～13:59运动人数最少。运动早高峰时段出现在06:00～08:59间，运动晚高峰时段出现在16:00～20:59间（图1）。一

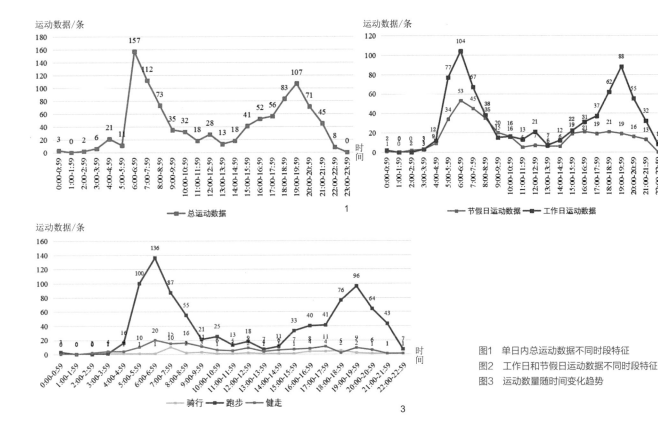

图1　单日内总运动数据不同时段特征
图2　工作日和节假日运动数据不同时段特征
图3　运动数量随时间变化趋势

周内运动时段呈现工作日集中分布，节假日相对分散分布的特点。工作日运动时段集中在上班前和晚饭后，午休时段运动者占比较小；节假日运动时段主要集中在06:00～07:59间，下午没有特定集中时段，午休时段运动者与工作日一样占比较小（图2）。

就平均运动时长而言，节假日明显长于工作日；就运动距离而言，节假日的日均运动距离明显长于工作日的日均运动距离；同时，节假日的运动时段明显晚于工作日。这表明工作日的运动时间受到工作时间的明显制约，可支配的非工作时间决定了线性体育活动的时间多少。当人们有足够的运动时间，或者与家人朋友共同运动时，运动时间会延长，户外体力活动在健康和社交2个层面发挥作用。

3.2　不同类型运动的时距特征

对总体运动数据频次进行分析，10km距离的运动占比最高，5km

次之。对运动类型进行分组分析，健走的众数为5km，跑步的众数为10km，骑行的众数为12km。在总体数据和分组数据中，5km和10km的频率均较为突出，可能与跑团、健走团等团体式活动以及咕咚运动组织的健身竞赛等有关，说明健身运动可以聚集众多参与者，具有集体社交功能。

在运动时段方面，3类运动者倾向于清早进行活动。跑步运动时间集中程度高，主要集中于05:00～07:59和18:00～20:59，同时还有超过3成以上的跑步运动发生在夜晚。健走和骑行时段较为均匀，健走在06:00～06:59稍多于其他时段，骑行在07:00～07:59稍多于其他时段，骑行时段与通勤早高峰时间较为靠近，样本中可能包含了较多的通勤活动（图3）。

在运动时长方面，健走的日均时长约为100min，跑步约为68min，骑行约为67min，这3类运动平均运

动时长均超过1h，均达到中等强度体育活动强度，且健走平均时长明显高于其他两类运动。运动距离方面，骑行的运动距离最长，跑步次之，健走的运动距离最短。这说明运动者并非简单地以运动距离作为判断标准，存在以时间作为衡量运动标准的可能性。

4　线性体育活动的空间特征

4.1　空间集聚特征

在空间分布上，3类运动的活动路线基本覆盖了从城市中心向外扩散的大部分中心城区域。以长安街及其延长线作为城市空间的南北分界线，则北部分布数量多于南部；以城市中轴线作为东西分界线，则西部分布数量多于东部，呈现出"北密南疏，西密东疏，内密外疏"的整体特征（图4）。

通过线密度进一步分析活动的空间集聚特征。首先用路径闭合描述

图4　总体运动空间分布
图5　总体活动线密度分析
图6　健走活动线密度分析
图7　跑步活动线密度分析

运动轨迹的形态属性，该属性可以通过路径起讫点之间的直线距离与运动距离的比值进行判断。采用自然间断点的方式将比值从小到大依次分为闭合路径、半开放路径和开放路径3个类型。在3种运动类型中，健走和跑步大多属于闭合路径，而骑行大多属于开放路径。其次，确定活动密度搜索距离③。分析数据显示，运动热点位于海淀区和朝阳区，在北五环奥林匹克森林公园最为集中，西三环附近的集中程度次之，在西北方向大学校园较为集中的区域呈现出较高密度的蔓延，东侧密度处于中等水平，南侧密度很低，二环内部分区域已低至2.2km/km²以下，部分地区的运动分布出现空心现象（图5）。

健走运动主要发生在北五环奥林匹克森林公园、西三环玉渊潭公园及其西侧、东南处的明城墙遗址公园3处（图6）；跑步运动的整体密度最高，在北五环最为集中，在玉渊潭公园和朝阳公园也呈现一定程度的集中分布，在海淀高校集聚区域呈一定

密度的蔓延分布（图7）；骑车数据由于多为长距离的开放路径，在对应的搜索距离下没有显示出鲜明的密度差异。

4.2　建成环境特征

虽然高可达性往往易于催生高城市活力[7]，但是街道可达性在城市活力演化中趋向于相对保持稳定[8]，对于北京中心城而言，城市空间形态和用地功能对线性体育活动有更直接的影响。参考龙瀛的研究[9]，选取公共绿地、街道网络、高校体育设施和公交车站作为建成环境要素进行分析。研究在北京市支路及以上级别的道路上建立空间句法线段模型④，对途经该路段的运动路径总数、健走运动路径数和跑步运动路径数进行统计，计算该路段周边2.5km缓冲区范围内的绿地比例以及至最近绿地的距离、路口密度和公交车站密度。

提取健走和跑步的线密度，将数值较高的区域作为活动热点⑤，发

现健走运动热点3个，跑步运动热点4个（图8），在热点区域统计缓冲区内的绿地面积、道路长度、路口数量和公交站数量进行分析。

健走和跑步运动热点区域的建成环境差异显著。位于奥林匹克森林公园的热点除了绿地比例外均不具优势，但其健走吸引力丝毫不弱于其他两个热点，说明了大规模城市公园对于引发健身运动的有力影响；而北京站周边的热点则正好相反，除绿地比例外均处于最高水平，说明小街区密路网也能够在绿地空间不足的情况下引发健走运动（图9）。在4个跑步运动的热点中，奥林匹克森林公园以及玉渊潭公园的热点与健走运动基本重合。除奥林匹克森林公园的热点之外，其余热点的公交站数量十分接近；朝阳公园的绿地比例较高，在一定程度上验证了跑步运动对于环境的要求；海淀高校区域的热点在建成环境方面的优势并不突出，其成为热点的原因一方面是高校人群使用APP的比例较高，数据样本量大，另一方

图8 健走和跑步运动热点缓冲区

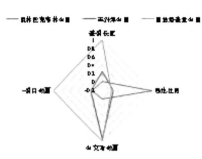

图9 健走和跑步热点建成环境雷达图

面是校园环境吸引了周边居民进入校园进行运动，形成热点（图9）。

总体而言，健走运动对公园的依赖性不强，对公园距离有一定程度上的依赖。跑步运动相对于健走运动而言，对绿地、水系等自然资源的依赖性更加明显，除了校园集中区域外，跑步运动多集中在公园和河流附近；考虑到骑车运动数据的数量以及前述的潜在偏差，本研究中暂不做进一步的讨论。

4.3 街道类型特征

街道类型多种多样，可从交通角度、规划设计角度[10]、步行适宜性角度[11]、POI数据角度[9]进行不同的分类。在《上海市街道设计导则》中，街道分为商业街道、生活服务街道、景观休闲街道、交通性街道、综合性街道5种类型[12]。依据本文的研究目标和数据类型，选择更适合中国的上海街道分类作为依据。

在热点区域内，城市次干道和支路承载了大量的线性体育活动，是活动发生的主要空间场所。提取运动数据≥3条的街道，通过百度地图街景进行街道类型识别，发现热点区域内的街道主要以综合性街道为主，数量占比超过总体的40%，其次是交通性街道、景观休闲街道、商业街道、交通性街道、生活服务街道。通过对热点区域与街道类型进行交叉分析，

发现位于奥林匹克公园和北京站的热点区以综合性街道为主，位于玉渊潭公园和海淀高校区的热点以交通性街道和综合性街道为主，朝阳公园热点区各街道类型数量占比差别不明显。同时发现5个热点区域内街道混合度较高，至少包含了4种街道类型，其中玉渊潭公园街道类型更为丰富，5种类型都包含其中（图10）。

4.4 不同收入人群的空间分布特征

健身数据本身无法体现路径与人群收入之间的关系，为了研究不同收入人群的线性体育活动，采用住房价格和房价收入比等数据，折算家庭收入水平。基本公式为：

家庭年收入=（住房每平方米价格×人均住房面积×家庭平均人口数）/房价收入比

通过公式计算⑥，发现中等收入阶层的运动路径主要分布在三环至五环之间，二环内几乎没有分布，运动路径在大型公园和文化广场的集中程度较高，如西侧的五棵松公园、文化体育广场、玉渊潭公园、莲花池公园，以及北侧的奥林匹克森林公园和东侧朝阳公园等，并且中等收入阶层的活动范围的房价大都在约5.5万元以下（图11）。高收入阶层的运动路径和中等收入阶层相比更加向中心靠拢，主要分布在城市北部，二环

图10 热点区域街道类型百分比

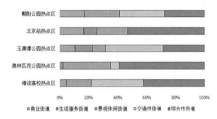

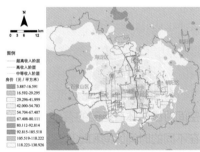

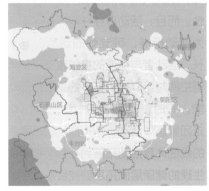

图11 不同收入阶层运动路径

至五环均有分布，对于公园广场等空间的使用，北至奥林匹克森林公园，西北至颐和园，西至玉渊潭公园，东至朝阳公园，运动路径在海淀区高校集中区域的分布也较为密集，这些区域的房价普遍在4.2万~8万元之间（图11）。超高收入阶层的活动范围进一步收窄，总体上也分布在城市北部二环至五环之间，但对于公园广场等空间的使用则明显减少，仅颐和园和玉渊潭公园有部分运动路径，而奥林匹克森林公园和朝阳公园等则几乎没有运动路径，除公园地区外，其活动范围的房价主要在约6.7万元以上（图11）。

5　结论与讨论

5.1　街道空间具有重要的健康服务功能

时空数据分析充分证明了街道空间对线性体育活动的有力承载，并在不同的时间区间和地理空间发挥着不同的作用。早晚运动高峰的变化趋势说明了通勤与健身共存的可能性，适宜步行或者骑行的街道空间更有助于促进两种行为的结合；街道夜跑的普遍存在需要更安全的街道满足健身公众的需求；节假日的时距特征呈现出明显的分散性，说明了节假日的弹性活动时间可以促进活动选择的多样性，以及人们与街道空间接触的广泛性。而且，活动者往往以运动时间作为活动标准，可支配的运动时间越长，活动者与街道的接触越紧密，街道空间越可以提供更多的健康服务功能。同时，手机APP中的跑团和健走团等集体活动，将街道运动从单纯的线性体育活动拓展到社会交往，从生理的健康层面拓展到社会交往的健康层面。

5.2　街道空间形态和类型是关键影响要素

街道空间形态对活动行为具有明显的影响。健走路径总数与路口密度关系密切，街区路网的渗透性越高，越容易诱发街道的健走体育活动；跑步运动对于街道路径的完整性和连续性要求较高；同时，高校体育设施对街道线性体育活动具有明显的促进作用，高校周边街道承载了活动者进入校园之前的运动行为。

绿地面积、道路长度、路口数量和公交站数量均有可能促进街道的健康活动。小街区密路网适合引发健走运动；运动场地增强了跑步活动；绿地、水系等自然资源对线性体育活动也有明显的支持作用，尤其是跑步活动更依赖于自然的空间。

热点区域内的街道类型呈现出明显的多元化与混合性。空间分析并未表现出特定类型街道对体育活动有明显的吸引力和空间依赖。可见，线性体育活动对街道类型并没有明显的偏好。但是，街道类型的丰富组合对促进线性体育活动有明显的影响，街道空间的多元变化提升了线性体育活动过程的体验感。

5.3　不同收入人群的空间分化明显

数据显示不同收入人群的健身空间分布具有明显的差异，基本呈现从城市中心向城市边缘扩散的圈层分布结构。一方面，城市房价对不同收入人群的居住空间分布具有约束性；另一方面，随着收入阶层的提高，使用者对于公园广场等公共空间的使用比例在逐步降低。这说明高收入阶层，特别是超高收入阶层对健身环境或许有特别的要求。这些群体对使用者成

分较为复杂的公共空间表现出排斥性，可能是出于安全或者人群密度的考虑。另外，各个收入阶层的活动范围很少跨越房价差距较大的区域，一方面可能与运动距离及闭合运动方式有关，另一方面则显示出各阶层对与其居住地近似运动环境的偏好。

5.4　城市街道空间规划设计建议

对微观形态的讨论是对街道作为日常生活空间的重视[13]。有助于步行、跑步和骑行的街道环境可以大力促进市民在日常生活中保持有活力的城市生活。

1）健康服务功能是街道更新改造的重要内容。健康出行与空间规划同步协调的内容应包括：关注街道绿地和场地的设计，为健身活动提供更多的可能性；降低影响健走、跑步和骑行速度的街道交通信号密度，在特殊时段限制运动集聚街区的机动车行驶速度，保障健身和出行活动的连续性和体验性；增强公交车站与周边公园、绿地的可达性，提升线性体育活动的便捷程度；通过混合设计的方式，在办公区域增设户外体育设施，提高工作闲暇时段锻炼和线性体育活动的可能性；应根据个体特征差异和运动社交功能，设置街道户外体育设施。

2）街道健康服务设施需要进行多元化设计。在城市次干道和支路的规划设计中，应关注并提供线性体育活动的支持条件，比如活动路线、指示标牌等；较长的街道可分段设计为多种街道类型的混合空间，提升街道运动的空间体验感；老旧街区更新时，可因地制宜地结合原有街道特色进行改造；在公园附近的街道，应根据街道的可达性特征，统筹沿街公园的出入口布局，改善开放空间和公园

绿地的可进入性，拓展街道步行的空间场所，降低街道机动车的速度[14]。

3）利用节假日促进街道的多功能使用。美国的"游玩街道"项目，通过限时进行街区道路封闭，为学生和社区其他成员提供游玩的空间[15]，街道封闭甚至促进了缺乏运动习惯的人开始散步、跑步、骑行和进行群体活动[16]。日本的秋叶原也在特殊时段将部分街道封闭，提供可进行特色城市活动的步行街道。回归非机动车使用的方式，重新关联了城市街道与身体活动，是健康城市设计的新途径。

街道的健康性研究拓展了街道价值的维度，也对街道设计提出了更精细的要求。例如，在公交换乘密集区周边建设步行友好的环境，推进街道与公园绿地的连通性；在街道设置健康信息标识，进行公众教育；城市街道峡谷等空间要素对大气颗粒物浓度具有影响[17]；将街道绿化作为新的街道可步行性评价指标[18]；政府应根据健康战略目标和专家建议制定促进线性体育活动的健康街道准则等。

5.5 研究局限

咕咚平台对19岁以下的未成年人群和55岁以上的老年人群的活动解释力度不强，本研究无法分析未成年人和老年人的运动状况。同时，数据清洗去掉了活动数据不稳定的人群，街道的健康服务功能会被低估。

6 结语

本研究基于TSP模型（时间—空间—人），从不同时间粒度与空间尺度探究了北京中心城街道线性体育活动的时空间行为特征。通过对VGI数据的街道线性体育活动行为的研究，讨论街道的健康服务功能，阐明街道健康性的重要作用。缺乏体力活动已经成为高收入国家引起非传染性疾病（NCDs）的主要原因，并且在中低收入的国家有上升的趋势。城市规划、交通系统、公园和道路所涉及的社会与物理环境也是导致体力活动缺乏的原因之一[19]。公园里的健身步道远远不能满足日常体育活动的需求，利用街道引导人们进行体育活动是廉价而便捷的城市建设途径。如何让街道充满更多的吸引力，如何让街道成为人们希望去的公共空间是我们应当牢记和遵循的设计之道。

本文源自：余洋，唐晓婷，刘俊环，陆诗亮. 基于手机健身数据的城市街道健康服务功能研究[J]. 风景园林，2018，25（08）：18-23.

注释:

① 线性体育活动是健走、跑步和骑行等活动的总称，它们的运动轨迹为线形，具有运动起始点、运动速度、运动时间、运动距离等运动属性。

② 咕咚软件（Codoon App）在线注册人数超过8000万，用户总量占运动类App首位，使用活跃度高。咕咚运动的GPS功能支持多种运动数据的运动者轨迹记录，基础数据真实可靠，可以提供大量而丰富的VGI数据。

③ 由于大部分的活动路径呈闭环，因此，线密度分析搜索距离除骑行数据取6km外，其余均取2.5km。

④ 空间句法线段模型以500m为间隔计算500~10000m和全局的穿行度（NACH）指标，以任意相邻路口之间的路段为统计单元。

⑤ 分别取80%~100%和20%~100%识别活动热点，以缓冲区2.5km作为研究范围，对全部统计数据采用Min-Max标准化进行处理。

⑥ 北京市2013年住房价格数据来自于北京城市实验室（BCL），原始数据源为赶集网。将闭合路径的起讫点位置与住房价格数据之间按邻近关系进行属性链接，共得到572条有效数据。采用自然间断点方式将其分为3类，依次为超高收入阶层（家庭年收入约为38万~60万元）、高收入阶层（家庭年收入约为27万~37万元）和中等收入阶层（家庭年收入约为11万~26万元）。

⑦ 文中图片均由作者团队绘制。

参考文献:

[1] 徐磊青，孟若希，陈筝. 迷人的街道：建筑界面与绿视率的影响[J]. 风景园林，2017（10）：27-33.

[2] MONTGOMERY J. Making a City: Urbanity, Vitality and Urban Design [J]. Journal of Urban Design, 1998, 3(1): 93-116.

[3] 陈喆，马水静. 关于城市街道活力的思考[J]. 建筑学报，2009（S2）：121-126.

[4] KUN Liu, KIN Wai, Michael Siub, et al. Where Do Networks Really Work? The Effects of the Shenzhen Greenway Network on Supporting Physical Activities[J]. Landscape and Urban Planning, 2016(152): 49-58.

[5] 余洋，唐晓婷，陆诗亮. 大学校园的健康服务功能及要素构成[J]. 风景园林，2018（3）：38-45.

[6] 孟昭晶. 北京中心城街道线性体育活动时空间行为特征研究[D]. 哈尔滨：哈尔滨工业大学，2017.

[7] KARIMI K. A Configurational Approach to Analytical Urban Design: "Space Syntax" Methodology[J]. Urban Design International, 2012, 17(4): 297-318.

[8] 叶宇，庄宇. 新区空间形态与活力的演化假说：基于街道可达性、建筑密度和形态以及功能混合度的整合分析[J]. 国际城市规划，2017，32（2）：43-49.

[9] 龙瀛，周垠. 街道活力的量化评价及影响因素分析：以成都为例[J]. 新建筑，2016（1）：52-57.

[10] Michael R. Gallagher. 追求精细化的街道设计：《伦敦街道设计导则》解读[J]. 王紫瑜，编译. 城市交通，2015（4）：56-64.

[11] 张久帅，尹晓婷. 基于设计工具箱的《纽约街道设计手册》[J]. 城市交通，2014，12（2）：26-35.

[12] 《上海市街道设计导则》[R]. 上海市规划和国土资源管理局，2016.

[13] 韩冬青，方榕. 西方城市街道微观形态研究评述 [J]. 国际城市规划，2013，28（1）：44-49.

[14] KACZYNSKI A T, KOOHSARI M J, STANIS S A, et al. Association of Street Connectivity and Road Traffic Speed with Park Usage and Park-based Physical Activity[J]. American Journal of Health Promotion, 2013, 28 (3): 197.

[15] LEE K K. Developing and Implementing the Active Design Guidelines in New York City[J]. Health & Place, 2012, 18(1): 5-7.

[16] WOLF S A, GRIMSHAW V E, SACKS R, et al. The Impact of a Temporary Recurrent Street Closure on Physical Activity in New York City[J]. Journal of Urban Health: Bulletin of the New York Academy of Medicine, 2015, 92(2): 230.

[17] 王兰，赵晓菁，蒋希冀等. 颗粒物分布视角下的健康城市规划研究：理论框架与实证方法 [J]. 城市规划，2016，40（9）：39-48.

[18] 郝新华，龙瀛. 街道绿化：一个新的可步行性评价指标[J]. 上海城市规划，2017（1）：32-36，49.

[19] BAUMAN A E, REIS R S, SALLIS J F, et al. Correlates of Physical Activity: Why are Some People Physically Active and Others Not?[J]. The Lancet, 2012, 380 (9838): 258-271.

街景规划设计
项目实践篇

Streetscape Planning and Design—Project Practice

前言

陈跃中

街道是一个城市政治、社会、文化和商业的动脉，而街景则是街道的一种特定的表述术语。街景（streetscape），狭义而言，指的是构成街道空间的物理性景观（physical landscape）。就其广义的功能而言，街景反映出城市和社区邻里的生活状态。因此，街景亦泛指容纳居民生活休闲的城市公共空间（public space）。街景设计的目标是营造以街景为重要组成部分的城市公共空间，提升城市生活的品质。因此街景设计也应该是当代都市内在发展要素的一体两面，这些任务既是政府相关部门的工作重点，也是规划师和风景园林师的专业着力点。

20世纪上半叶的城市规划以及街道规划主要受到科学理性和功能区划的影响，效率优先是首要的原则。这种城市和公共空间的理念解决了城市化的效率问题，也导致了一系列的弊端。街道空间的车行功能的最大化与步行休闲属性的极低化，直接或间接导致了街道空间不再首要服务于人们自身的基本活动需求。进一步而言，这些普遍危机具体表现为：街道的拥堵和流动性差，步行流线被车行道所阻隔，骑行线路缺失，基础服务设施和城市家具不完善，新型公共交通出行需求考虑不周，标识系统的凌乱等。

针对这些城市开放空间和街道的各种症候，国际同行逐步从概念、价值、行动和措施等方面做出改变。雅各布斯、芦原义信、扬·盖尔、科林·罗等人创造性的洞见和建议发挥着决定性的作用。他们认为城市居民在街道上如何行走，如何骑行，如何驾驶机动车，如何在开放空间驻足休闲，构成了街景重构的深层次意义和关键内容。在此转变下，开放空间和街景改造的侧重点正在发生改变：强化人行优先、优化共享街道、重组街道功能、重塑开放空间的活力。

首先，人行优先的原则逐步代替了车行优先。以纽约时代广场为例，其位于第七大道和百老汇街的交口处，起初，时代广场并未控制机动车的穿行，这使得人流与车流之间产生相互的冲突，从而导致时代广场被车流分解得支离破碎，行人安全系数极低，驻足空间被压缩得消失殆尽（图1）。2008年之后，纽约当局采取一系列措施解决时代广场场所营造的诸多弊端。与此同时，调整了时代广场周边的交通网络，增设了另外的车行道绕行；而且还试图开辟一块公共空间，不仅让步行者更加浸入广场内，同时解决了中城交通拥堵的问题（图2）。此外，纽约市政当局还针对整个百老汇大街做了限制车行、拓宽步行休闲空间的改造，受到了普遍欢迎。

其次，提倡共享街道的理念，旨在消解行人、自行车骑行者和机动车之间各自所占据的空间差别。位于新西兰奥克兰市中心商务区的福特大街，是一个创建商业共享街道的佳例。福特大街的改造将车辆与行人之间的路缘或护栏等分界线移除，扩大行人的街道活动区域；在街道的适当区域开辟和建造露天活动的延伸区域；将原有的路边停车位完全拆除，把街道完全释放出通行的容量；规定和限制商家的货物装卸时间（图3）。

最后，注重街道功能的重组，让街道变成一处集人行、骑行、休闲与购物为一体的多元功能性开放空间。以斯德哥尔摩的哥加达大街为例，主要通过如下几点设计实现了街景功能重组的目标。

图1　未改造之前的时代广场

图2　2009年改造后的禁止机动车辆入内的时代广场

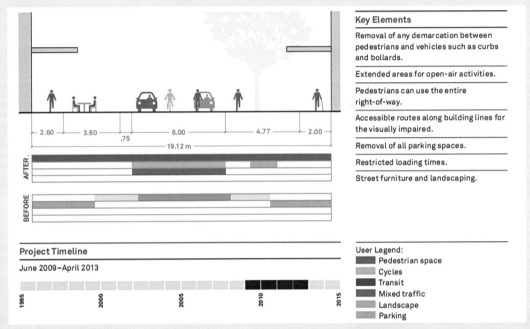

图3　福特大街改造示意图

将哥加达大街的人行道拓宽，设置临时街道设施区域和适当的休闲座椅；在之前的停车道上设置更宽的自行车道，使哥加达大街的骑行道与区域性自行车道实现连通；优先考虑空间使用率较高的公共交通。经过一系列的改造措施，自行车数量增加了90%，而且72%的自行车骑行者感到街道环境得到了显著地提升，且安全系数变得更高，整个街道空间的功能性得到很大程度上的提升。

通过以上案例可以看到，整个西方的学界、行业和管理部门基本上在街道和开放空间的价值判断上达成了两点共识：①适当限制私家车流，增加步行和休闲空间，鼓励公交和骑行；②营造"以人为本"的街道和开放空间，全面提升街道空间作为生活载体的功能和品质。与之相比，国内在街景规划设计方面仍然处于概念、理念、价值和实践的转变期，进行了一些初步的探索，认识上正在经历重视和提升的过程，有些地方做出了一些有益的探索和尝试。例如上海、北京和广州等一线城市分别编制完成符合自身城市境况的街道设计导则。在具体的项目实践中，可以归纳为以下四个方面：

①一些街道注重将沿路的线性空间作为改善城市生活及城市形象的重要界面进行提升改造。

街景，作为城市形象的重要界面，越来越受到各地政府的关注，投入大量财力物力，集中整治提升。有些街区，在改善铺装种植，增加街道家具的同时，结合沿街建筑的改建提升，增加特色、提升品质，形成了良好的街区形象。但也存在一些问题，例如将传统街区的标识打造得千篇一律、建筑立面改造丢失特色等，需要在理念和手法上进一步改善。

②拆除围墙、减少栏杆，结合业态将红线内外的空间统筹设计重构。

打破之前传统街道的边界概念。我们的街道总是囿于某个既定的窄小空间边界内进行规划和使用，线型生硬，空间单调。从景观的角度讲，街道应当打破一些围墙的分隔，打破红线的僵硬直线，增加空间的渗透。让街道自身变成一处充满弹性的、流动开敞的公共空间。除此之外，一些地方尝试将单一的街道纳入整块的城市片区综合考虑其功能需求，加强社区内外的联系和共享，见缝插针地构建微型口袋，实现街道空间的整体统筹。在北京海淀区上地联想科技园街景提升改造中，政府、相关企业达成了共识，打破围墙，统筹红线内外的空间设计，使城市街景空间更加开敞丰富，收到了良好的效果（图4）。

③街景设计越来越多地考虑生活功能和文化诉求。

将街道和开放空间营造成一处充满活力的、多元包容的生活场所。场所的营造需要考虑不同使用者的生活和情感需求，使街道成为市民日常生活的亲切场所，将街区的地域性特质融入街景设计，使之成为可以感知在地文化的公共空间。近期的一些街道和开放空间的规划设计更多地反映历史文化和在地文化，创造出人与空间之间强有力的联结纽带。不少同业者倡导在项目中发掘场所的文化传承与人文精神，运用当代的设计语言形成场地记忆。

图4 上地联想科技园打开围墙，提升街景空间的品质

图5　湖南常德老西门街道空间

常德老西门在改造项目设计中，将市民生活和旅游功能充分组织在街景空间中。原场地拆除的老条石等建筑材料运用于重构的街景中，使场地延续了原有的记忆（图5）。

④在新区规划时，景观先行介入梳理生态体系参与制定地块和道路红线和区域地块标高，更加主动地为街景优化创造条件。

多年以前笔者提出大景观设计理念，主张以生态景观的系统规划作为区域规划的先导。使景观廊道和生态斑块成为新区建设的有机组成。在区域范围内梳理地块标高建立雨洪管理体系。今天这一提倡正逐步成为业界的共识。沣西新城丝路科创谷理想公社项目即在规划阶段介入景观系统规划，协助确定片区道路和地块的标高及红线，使城市景观与城市功能有机融合。雨洪管理得以在更大的区域范围内实现（图6）。

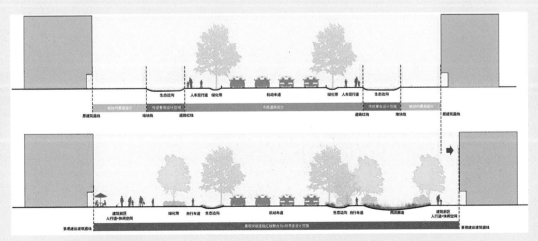

图6　沣西传统型道路和新型道路对比

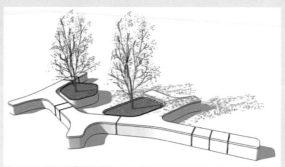

图7　城市街道组合家具

本书的实践项目部分针对以上各类项目，选择了一些有代表性的项目进行介绍，希望能够对目前国内街景类项目的探索进行有益的概括和介绍。此外，针对城市街道家具的研发和装置小品的专项研究设计也在行动中。这些关于街景家具小品的研究不仅要兼顾使用者的功能需求，还涉及都市空间的艺术品位和文化形象（图7）。这方面的工作纳入在实践部分进行介绍也很必要，希望以此引起主管部门和同行们的关注。

街景设计涉及方方面面，绝对不是单靠设计师就可以做到的事。以政府管理者、建设者的角度如何看待这件事，如何在现有体制内推动这项事业？本书选载了朱红女士关于"从政府委派的建设实施主体视角——浅析'城市更新'背景下'街景重构'项目实施落地路径"的文章。窄小的街边带看似简单，却牵一发而动全身。街道的管理和整治涉及多个政府管理单位、使用者以及承建者，过往的那种政府单位大包大揽的模式已经难以满足当下多元使用者的基本需求。在此，街道空间应以问题为导向，自下而上地反映问题，参与政策的制定，优化现有的公共资源的配置，实现政府、社会和市场共同分担、共同建设、共同治理的共享管理机制，完善项目的启动和审建流程。

第一章　国内外街景设计案例解析

Chapter One: Design Case Analysis of Domestic and Foreign Streetscapes

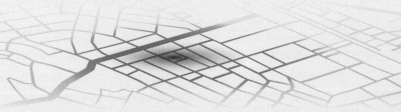

- 深南大道景观设计暨空间规划概念设计国际竞赛
- 济南中央商务区街道景观
- 沣西新城理想公社景观规划设计
- 深圳市罗湖城市改造
- 上地联想等地块街区综合提升改造
- 西单商业区城市设计及西单北大街、宣内大街景观设计
- 伊萨卡公共空间再设计
- 天地之间：崇雍大街街道景观提升设计
- 史密斯菲尔德街复兴改造
- 阜成门内大街
- 上海虹口区北外滩黄浦江沿岸滨江空间景观
- 巴黎大道
- 西安中南上悦城

深南大道景观设计暨空间规划概念设计国际竞赛
Landscape Design of Shennan Boulevard and International Competition for Conceptual Design of Space Planning, Shenzhen, China

大道公园，深圳生活
Shenzhen Life in Avenue Park

项目地点   广东省深圳市
用地规模   深南大道全段25.6km
项目年份   2018年
牵头单位   深圳市城市规划设计研究院有限公司
成员单位   SWA GROUP、深圳媚道风景园林与城市规划设计院有限公司、深圳市公共艺术中心、BroadwayMalyan宝麦蓝（亚洲）分公司
获得成绩   国际竞赛第1名、2019年度美国景观设计师协会（ASLA）北加州分会大奖——分析规划类荣誉奖

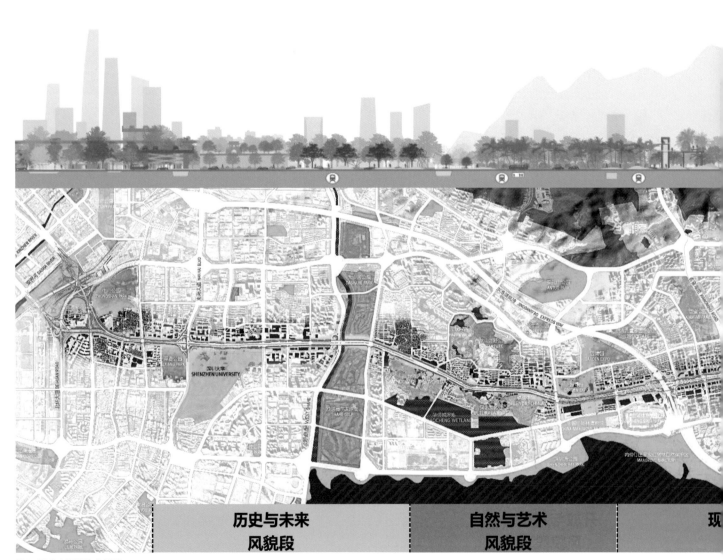

图1   深南大道风貌分析图

大道公园·深圳生活
LIFE ON LINE

深南大道是改革开放第一路、是绿色自然的大道、是深圳人民的大道（图1）。项目以"大道公园、深圳生活"为主题，以"微改造、再提升"为理念，聚焦于六大策略：开放共享让城市再发展、生态绿荫让城市更绿色、四季花卉让城市更美丽、让行人的慢行更品质舒适、让人的体验更人文有趣以及让人的活动更智慧便捷；未来的深南大道将成为助力深圳向全球城市迈进的中央轴线、成为体验世界级花园城市的超级公园带、成为服务深圳人美好生活的活力休闲轴。

我们从多样人群需求出发，针灸式地改造大道，提供更多可驻足的秀气空间，多杆合一打造智慧的服务设施，更舒适的慢行体验，公共艺术让体验更有趣。将大道上深圳生活打造成深圳品牌，传承深圳历史文化，展现新时代城市精神。

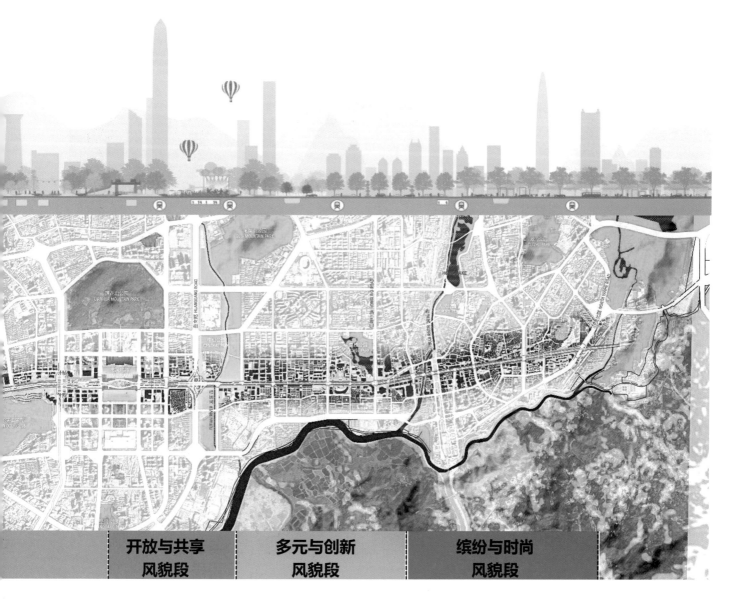

| 开放与共享风貌段 | 多元与创新风貌段 | 缤纷与时尚风貌段 |

理念：贯通1条慢行道-深蓝小径

一条5m宽的深蓝小径，综合了自行车专用道、城市漫步道、城市休闲空间。遵循多杆合一的原则，整合城市照明、标识系统、导向系统等城市设施。并对绿化带做地形、路缘石的小微改造、提升道路两侧的海绵城市功能。

深蓝小径贯通城市各个片区，在深南大道全段统一路幅模数、功能设施、色彩材质，保证通行和视觉的连贯。在不同的城市风貌段，借由主题不同的材料和肌理对周边城市环境的气质做艺术化的强调表达。大道上的深蓝小径，像触媒一样激活道路空间，带领人们体会荡气回肠的城市故事（图2~图6）。

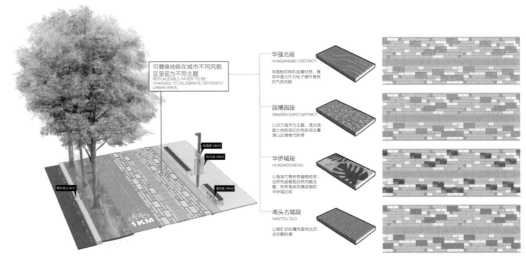

图2 设计理念示意图

图3 深蓝小径效果图

深南大道形象街道家具设计

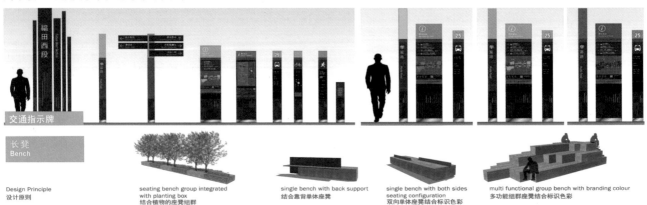

图4 深南大道标识系统及街道家具设计图

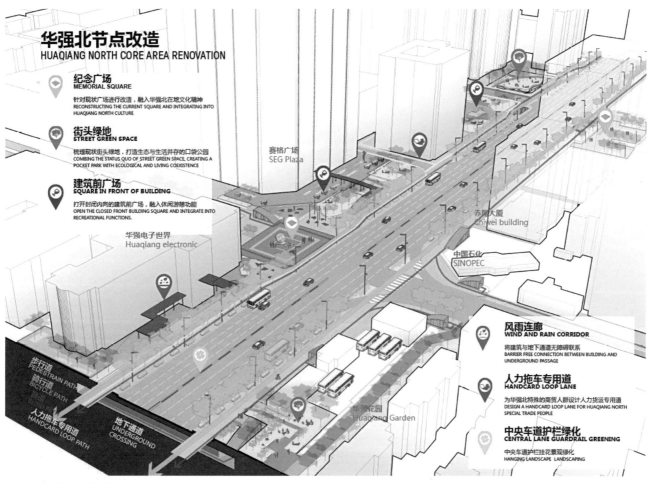

华强北节点改造
HUAQIANG NORTH CORE AREA RENOVATION

纪念广场
MEMORIAL SQUARE
针对现状广场进行改造，融入华强北在地文化精神
RECONSTRUCTING THE CURRENT SQUARE AND INTEGRATING INTO
HUAQIANG NORTH CULTURE

街头绿地
STREET GREEN SPACE
梳理现状街头绿地，打造生态与生活并存的口袋公园
COMBING THE STATUS QUO OF STREET GREEN SPACE, CREATING A
POCKET PARK WITH ECOLOGICAL AND LIVING COEXISTENCE

建筑前广场
SQUARE IN FRONT OF BUILDING
打开封闭内向的建筑前广场，融入休闲游憩功能
OPEN THE CLOSED FRONT BUILDING SQUARE AND INTEGRATE INTO
RECREATIONAL FUNCTIONS

赛格广场
SEG Plaza

华强电子世界
Huaqiang electronic

赤尾大厦
Chiwei building

中国石化
SINOPEC

步行道
PEDESTRAIN PATH

骑行道
BICYCLE PATH

人力拖车专用道
HANDCARD LOOP PATH

地下通道
UNDERGROUND
CROSSING

华强花园
Huaqiang Garden

风雨连廊
WIND AND RAIN CORRIDOR
将建筑与地下通道无障碍联系
BARRIER FREE CONNECTION BETWEEN BUILDING AND
UNDERGROUND PASSAGE

人力拖车专用道
HANDCARD LOOP LANE
为华强北特殊的商贸人群设计人力货运专用道
DESIGN A HANDCARD LOOP LANE FOR HUAQIANG NORTH
SPECIAL TRADE PEOPLE

中央车道护栏绿化
CENTRAL LANE GUARDRAIL GREENING
中央车道护栏挂花景观绿化
HANGING LANDSCAPE LANDSCAPING

图5　华强北节点改造模式图

图6　深南大道改造后鸟瞰图

图7　深南大道示范段效果图
图8~图15　深南大道示范段效果图

示范段详细设计有序开展，即将投入建设。示范段范围为人民大厦左侧至香梅路，长约680m，面积约2.6万m²。基于"微改造，再提升"的总体设计理念，以一条5m宽的深蓝小径贯通各个公共空间节点，最大限度保留现状乔木，梳理慢行系统、增设便民服务设施、打造大道公园。

建成后的大道公园将连接深圳大开大合的山海空间、多个大型公园、河流连接在一起，恢复城市生态格局。柔性的公园与大道结合，公园与城市相融，将大道打造成公园般的场所，大道公园将引领深圳迈向千园之城、世界花城、生态文明的公园城市（图7~图15）。

济南中央商务区街道景观
Jinan CBD Streetscape, Jinan, China

城市即森林；以绿意满盈的街道再现城市独有文化特色
Plant-intensive streets showcasing native ecological communities and local culture

项目地点　　中国济南
用地规模　　75hm²
业主单位　　济南市规划局及城市建设投资有限公司
设计单位　　Sasaki Associates
项目年份　　2016年11月完成

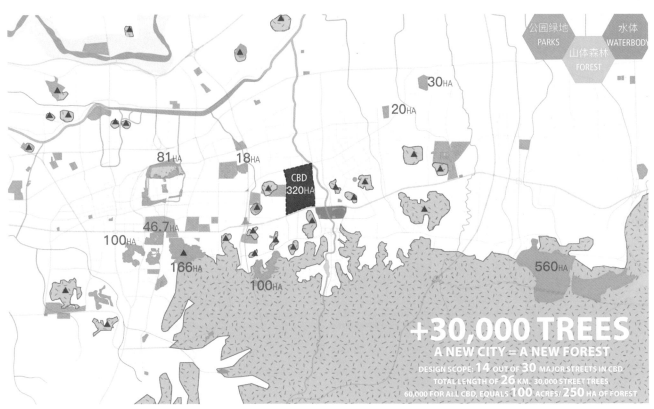

图1　济南市森林绿地分布图

　　Sasaki获邀为济南中央商务区设计街道景观。中央商务区一共有30条街道，Sasaki在本项目负责的是其中14条、总长约26km的街道。从大型的城市主干道和缓冲道，到小型的公园林荫步道和行人优先的休闲环路，这些大街小巷连接至区内的公园系统，每一街道类型在路面宽度、速度限制、车辆大小限制和周边功能配置等范畴上都各有差别。规划方案提出在这些街道种植三万棵行道树，如同在区内打造一个占地20hm²的森林（图1~图3）。

　　庞大的基地尺度促成系统化的街道景观设计策略，不仅为区域创造更高的生态价值，同时让当地的文化和地方特质展现无遗（图4）。

　　设计策略体现在三大层面：

　　一是街道两旁由原生树木组成的城市森林，二是用以缓和人类对水文循环造成的干预的海绵网络（雨水花园），三是突显基地及周边地方的环境和文化特质的设计元素。

图2　休闲环道种植意向

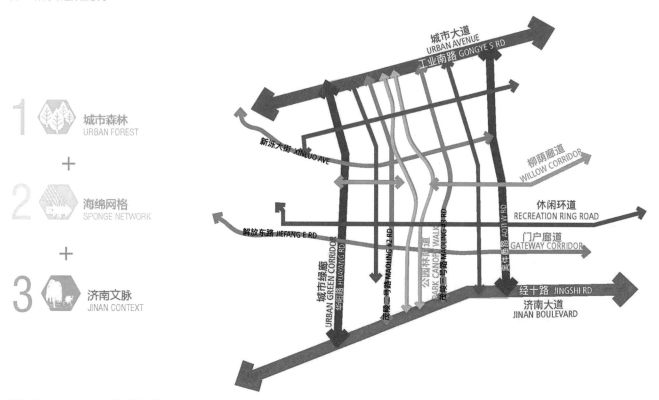

图3　济南中央商务区主要街道分级图

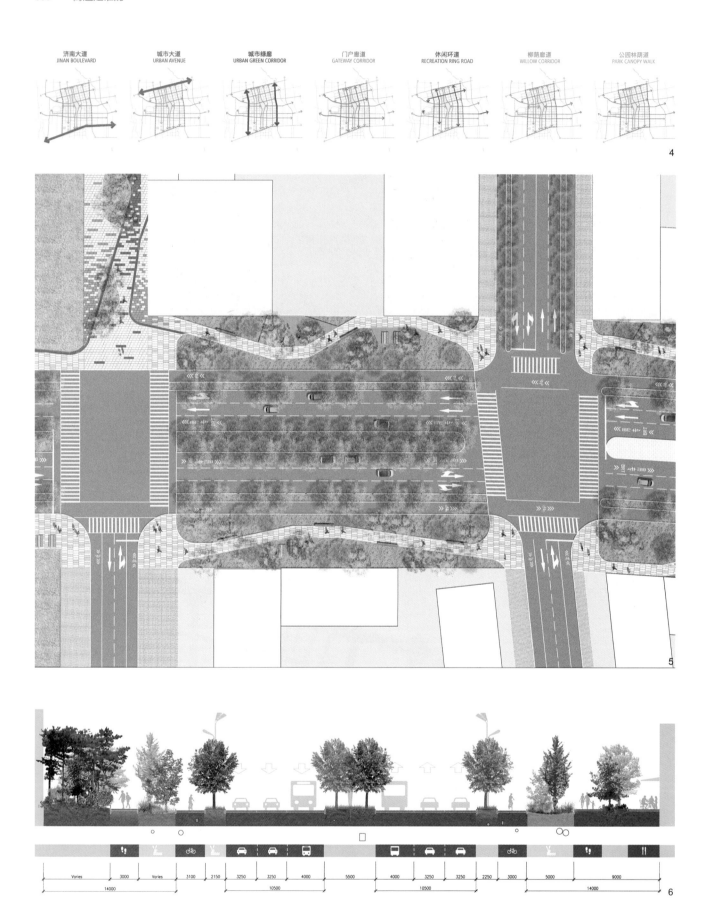

济南大道	城市大道	城市绿廊	门户廊道	休闲环道	柳荫廊道	公园林荫道
JINAN BOULEVARD	URBAN AVENUE	URBAN GREEN CORRIDOR	GATEWAY CORRIDOR	RECREATION RING ROAD	WILLOW CORRIDOR	PARK CANOPY WALK

大举种植三万棵树绝非纯粹出于美化街道之目的，事实上，在主要道路网络栽种济南的六大原生植物群落，可打造出一个"城市植物花园"，借此在街道之间建立连接。种植一些当地原生、但却不常见于城市景观的植物，更令人重拾几乎从城市生活消失的植物文化。位于中央商务区南侧、宽40～100m的绿色缓冲带成为集中展示各个植物群落的绝佳场地（图5～图7）。这种非常规的街道种植方案详见另文。

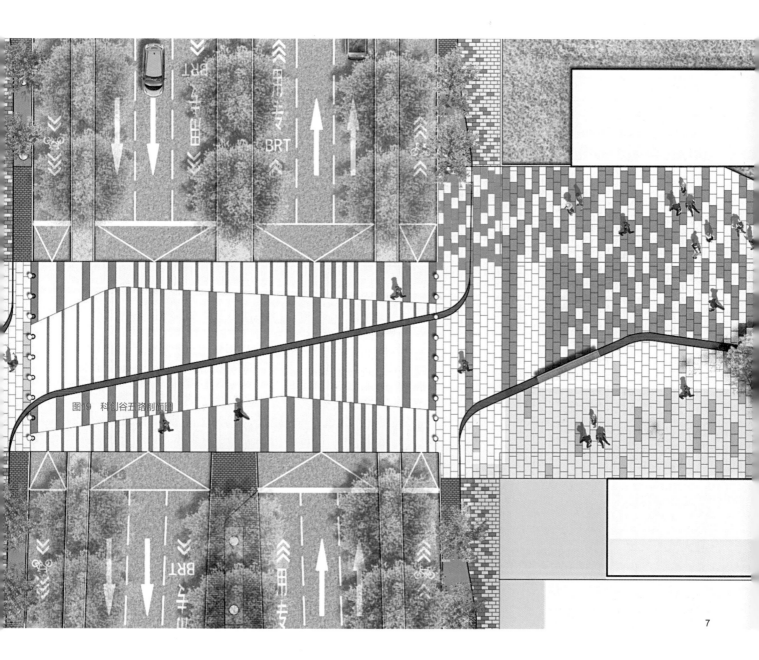

图19　科创谷五路剖面图

7

图4　济南中央商务区主要街道设计意向
图5　城市绿廊街景设计平面图
图6　城市绿廊典型断面图
图7　柳荫廊道步行街景设计平面图

每一种街道类型皆有相应的雨水管理策略，包括：透水铺装、雨水花园以及为狭小区域而设的生物滤池。街道海绵网络系统的设计，是仔细计算不透水表面的城市径流量的结果，这样是为了确保项目能符合"海绵城市"规划设计导则所规定的"年径流污染控制率"。

历史上植物元素就深入济南的城市意象，"四面荷花三面柳，一城山色半城湖""家家流水 户户垂杨"的城市空间深入人心。再次在济南中央商务区街道景观中大量引入原生植物，正是将此种文化内涵得以发扬。将自然中的植物群落抽象成"城市"方式作为行道树的表达，并与雨水花园等元素构成街道景观，每一条街道因此绽放独特魅力，合起来又能呈现当地植物的多姿美态，街道景观与城市、市民和回忆从此紧扣（图11）。

当地的园林特色不仅反映在种植得当的花草树木，也通过道路铺装、家具装置和其他实体设计元素表现出来。

项目的照明灯具、桌椅以及景观构筑物，均从济南原生植物的有机细胞结构，或叶子花果的形态抽象形态图案，增加趣味与特色（图8）。此外，广泛利用钢材制作基地上的家具，也是出于对当地昔日一家炼钢厂的致意。征，提出在绿化景观中落实海绵城市理念的措施，将海绵设施景观化，打造功能、美观、实用等多方位结合的城市开放空间（图9、图10）。

具体到街区内部的海绵系统，景观需要综合统筹地块与道路海绵设施，合理组织雨水汇流转输路径，通过建筑的绿色屋顶对雨水的滞留，以及社区内部雨水花园的构建，延缓雨水地表径流的峰值，溢流后汇入到道路的海绵设施，构建从水面径流削减、汇流路径滞留净化、超标雨水有效排放的海绵城市雨水排放体系，并结合场地的精细化竖向设计，构建道路的主次雨洪通廊。

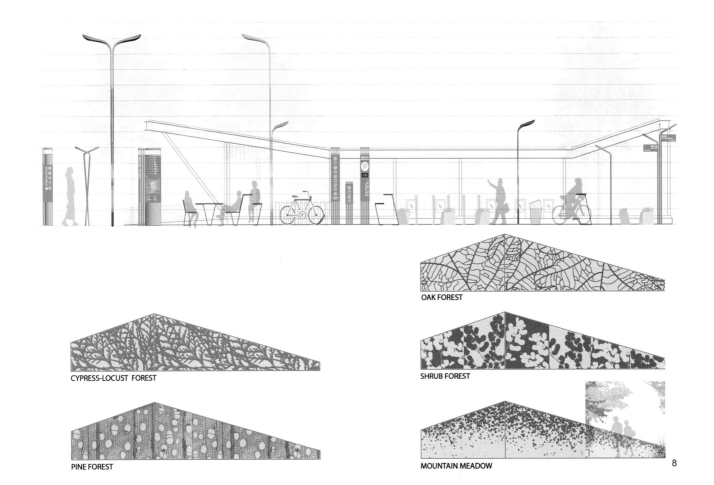

CYPRESS-LOCUST FOREST

PINE FOREST

OAK FOREST

SHRUB FOREST

MOUNTAIN MEADOW

8

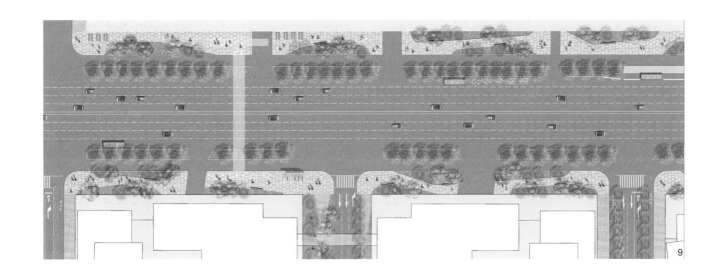

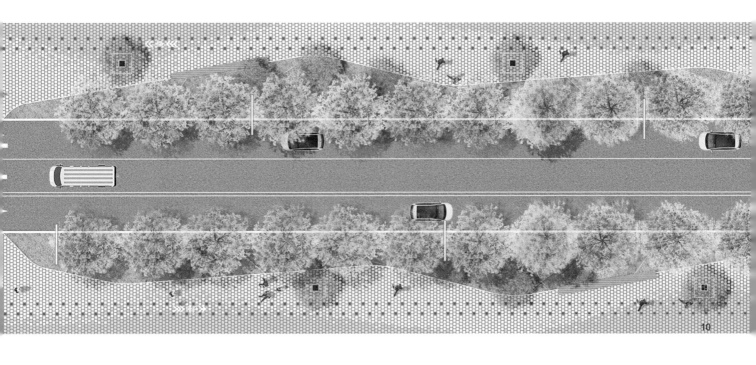

图8　街道家具设计图
图9　城市大道街景设计平面图
图10　休闲环道街景设计平面图
图11　城市绿廊绿化带植物群落设计

沣西新城理想公社景观规划设计
Landscape Planning of Ideal Commune in the Fengxi New Town, Xi'an, China

城市整体绿色开放空间系统

项目地点　　西安西咸新区
用地规模　　151.6hm²
设计单位　　易兰规划设计院
业主单位　　陕西省西咸新区沣西新城开发建设（集团）有限公司

　　项目位于西安市沣西新城丝路科创谷理想城西部，是理想城八大组团中先期启动区，承载着片区总部服务小镇的功能，以完善的配套成为对接西交大、西工大、西农科学城的最优地块。

　　沣西新城理想公社A版块的城市街景及公共开放空间设计是基于丝路科创谷提出的以生态城，文化城，创新城为建设目标，致力于建设小密路网开放式街区形态的实践，营造出创新城市发展模式与美好生活的理想城市街区典范。景观从规划阶段介入，承担规划中的街景和城市公共空间的统筹工作，通过场地竖向的梳理，道路海绵设施的确立，并从人的使用和城市生活空间的角度，突破以往道路红线的限制，与建筑设计、城市设计融合，统筹建筑退线、建筑高度，整体打造街道的U形界面。公园开放空间系统中以雨洪安全为前提，结合周边用地性质确定各个公园的定位，运用丰富的活动场地、再生材料、海绵设施、智能模数化小品等，与街景空间共同打造理想城A版块的城市生态、活力的开放空间系统（图1）。

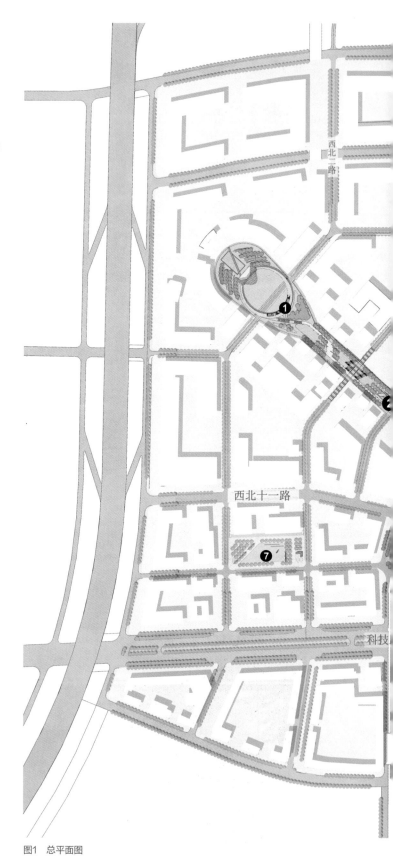

图1　总平面图

科技北路

科创谷五路

科创谷路

西北四路

西北二路

N

10　50
0　30　100m

❶ 时光环
❷ 轴心时光绿廊
❸ 下沉广场
❹ 悦丝园
❺ 雨丝园
❻ 畅丝园
❼ 创丝园
❽ 艺丝园
❾ 水景环岛

规划设计创新亮点：

1 大景观理念下的集群式设计模式

　　陈跃中先生早年间即提出的"大景观"的理念，强调景观规划设计已经在空间尺度和工作方法上有了跨越式的发展。这一理念是对空间环境的整体营建，是从宏观到微观尺度上的通盘考虑，是从社会理想到生态原则等诸多领域的实践，体现出综合性以及专业化的发展方向。在这样的发展背景下，景观规划设计领域的工作范畴涵盖了从区域规划—城市规划—场地设计等不同尺度的规划设计层面。大景观规划设计方法首先强调的是不同空间层次上景观规划设计工作的有机联系，在这些不同空间尺度的领域中，景观规划设计师的工作范围，担任着不同的职责。这正与沣西新城丝路科创谷的规划理念和要求契合，高品质的小密路网创新社区，在其融合空间创新技术的同时，必然需要规划、市政、交通海绵、建筑和景观多学科多视角协作创新和景观规划总设计师全流程把控。因此在此项目中由景观规划师担任街景和城市公共空间的统筹工作，确立总体布局、道路组织、场地竖向标高、雨洪管理设施，并划定建筑退线，建筑师和其他专业技术人员进行协同的设计模式。这样的整体性设计模式（即集群式设计）消融了以往规划师、建筑师、园林师清晰分割的工作界限，突破道路红线的限制，能够有效地促成"规划—建筑—园林"一体化考虑，有利于城市空间的整体营建和良好生活氛围的形成（图2）。

2 通过精细化的龟背式地形设计建立明沟排水海绵体系

　　在土方平衡的基础上，建立开发区域整体龟背式地形以保证雨水有序的自然排放（图3~图4）。以道路两侧的明沟作为城市雨水的排放的主要通道，采用地面浅表的排水方式收集雨水。因此首先需要确立道路竖向标高，并在其基础上计算地块内的标高，综合龟背式的场地竖向设计划定主次排水通廊，从而确定道路的主要生态通廊和次要生态通廊，实现"地块浅表排水源头削减、市政明沟排水滞留净化、区域绿廊调节行泄、新创湖调蓄排放"的完整四级海绵体系，将成为新型的海绵城市建设实践（图5~图9）。

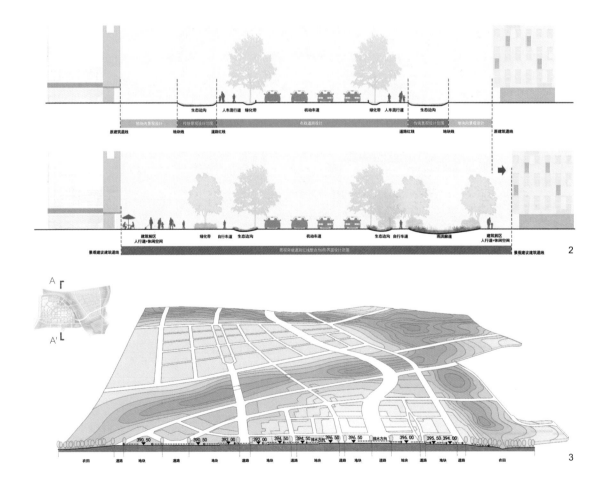

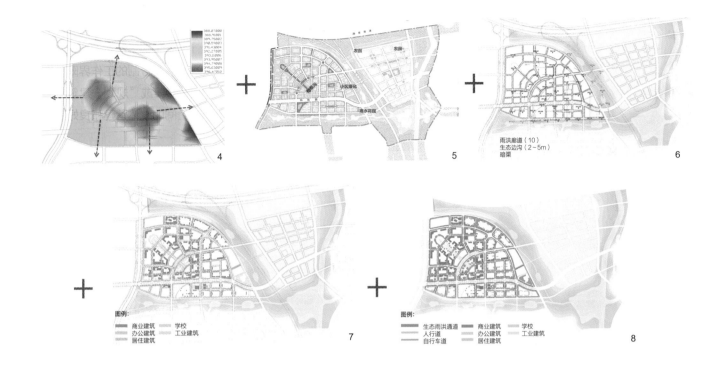

雨洪廊道（10）
生态边沟（2~5m）
暗渠

图例
　商业建筑　　学校
　办公建筑　　工业建筑
　居住建筑

图例
　生态雨洪通道　　商业建筑　　学校
　人行道　　　　　办公建筑　　工业建筑
　自行车道　　　　居住建筑

图2　传统型道路和新型道路对比　　　　图6　明沟系统设计
图3　A-A'剖面图　　　　　　　　　　　图7　建筑首层业态设计
图4　龟背式地形设计　　　　　　　　　图8　慢行系统版块设计
图5　海绵网络设计　　　　　　　　　　图9　龟背式设计建立明沟排水海绵体系建立

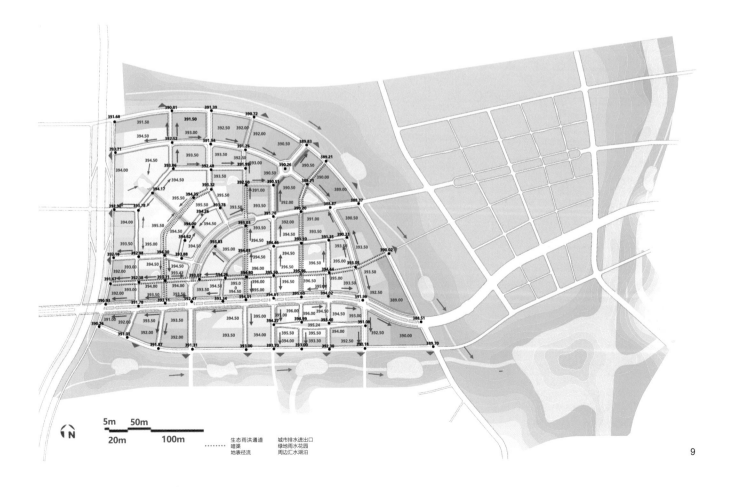

5m　50m
20m　100m
　　生态雨洪通道　　　城市排水进出口
　　暗渠　　　　　　　绿地雨水花园
　　地表径流　　　　　周边汇水湖泊

3 实现街道空间模式的创新

在"小街区、密路网"前提下，总结国内外以行人为主体的街道空间设计策略与方法。将街道设计范围拓展至"红线+绿线+建筑退线（建筑前区）"，实现从"道路红线管控"向"街道空间管控"的转变思路。研究"窄路密网"下人本街道的规划模式，包括通过缩小交叉口转弯半径、控制街道宽度、倡导分时利用以及道路稳静化处理等措施的应用，降低街道路段和交叉口车速，改善街道步行出行环境。

创新性地实现"完整街道空间"的一体化设计模式，统筹协调海绵生态排水沟、市政管线、智慧设施、绿化景观、消防、沿街建筑及退线、地下空间等要素，探索全要素统筹视角下完整街道空间的营造。研究制定精细化的街道设计导则，优化街道断面空间分配，指引道路设施的建设和街道公共空间环境的营造（图2）。

4 景观设计师规划划定街道设计红线

基于街道空间创新方式的运用，以全新的视角审视城市街景开放空间系统，在大景观的理念指导下，由景观规划设计师全面统筹城市的街道及开放空间，在精细化场地竖向设计，实现龟背式地形，以及道路明沟排水系统的建立后，根据创新的街道空间设计手法，从不同人群的使用需求出发，结合建筑首层功能，整体统筹道路的慢行板块，划定建筑退线，从而最终由景观规划设计师确定街道设计红线，实现街景空间的U型界面整体打造（图10~图16）。

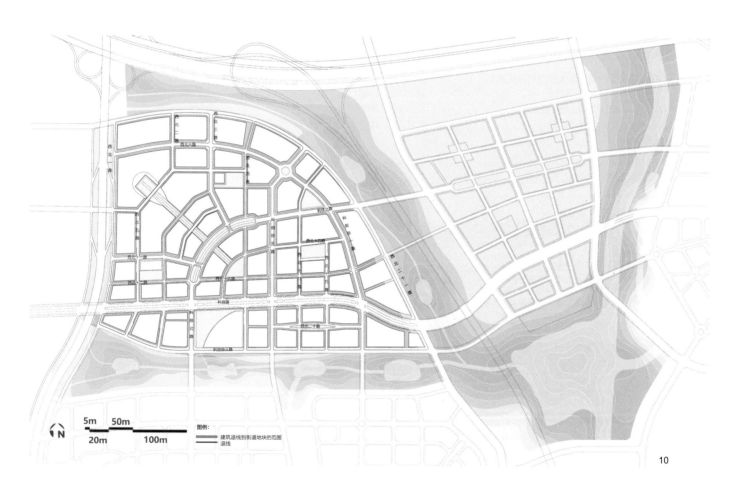

5m   50m

20m   100m

图例：

建筑退线到街道地块的范围
退线

N

10

图10　景观规划确定道路设计红线
图11　科技谷五路龟背式地形分析
图12　科技谷五路明沟排水系统分析
图13　科技谷五路建筑首层业态分析
图14　科技谷五路慢行系统版块分析
图15　科技谷五路城市海绵系统分析
图16　科技谷五路景观规划建筑退线

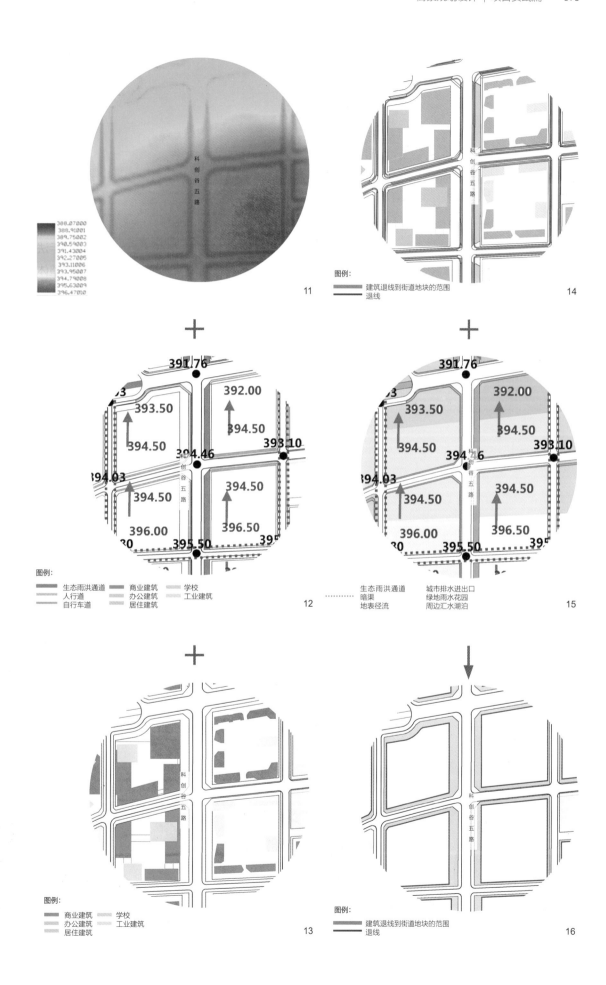

388.07000
388.91001
389.75002
390.59003
391.43004
392.27005
393.11006
393.95007
394.79008
395.63009
396.47010

11

图例:
建筑退线到街道地块的范围
退线

14

图例:
生态雨洪通道　商业建筑　学校
人行道　办公建筑　工业建筑
自行车道　居住建筑

12

图例:
生态雨洪通道　城市排水进出口
暗渠　绿地雨水花园
地表径流　周边汇水湖泊

15

图例:
商业建筑　学校
办公建筑　工业建筑
居住建筑

13

图例:
建筑退线到街道地块的范围
退线

16

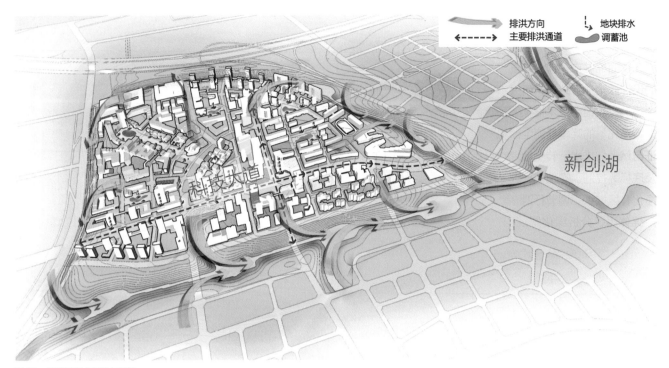

图17　全域海绵城市排水系统

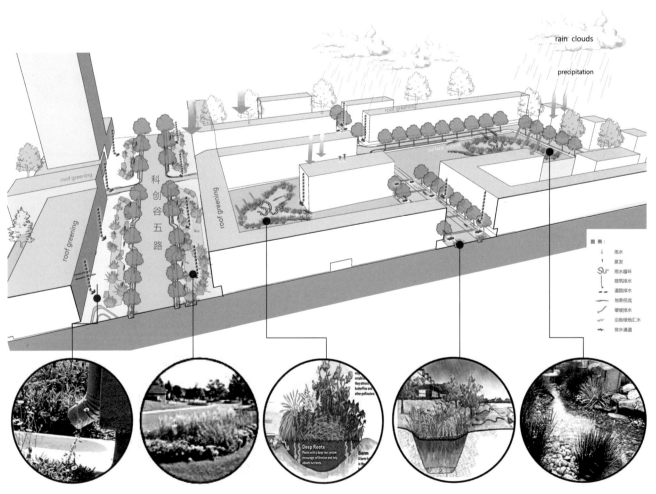

图18　科创谷五路街区海绵系统分析

5　海绵空间创新

从海绵城市的理念出发，对海绵城市中市政排水系统的设计原则进行分析，研究全流程海绵体系建立方法，搭建区域径流组织技术框架，探索"源头减排—过程滞蓄—末端净化"的降雨径流全流程管控手段。应用竖向设计保证自然顺坡排水，转变地块排水方式，开展地块排水总量及底标高控制。实现"地块浅表排水、市政明沟排水滞留净化、区域绿廊调节行泄、新创湖调蓄排放"的完整四级海绵体系，分析绿化景观与海绵城市建设之间的关联特征，提出在绿化景观中落实海绵城市理念的措施，将海绵设施景观化，打造功能、美观、实用等多方位结合的城市开放空间（图17）。

具体到街区内部的海绵系统，景观需要综合统筹地块与道路海绵设施，合理组织雨水汇流转输路径，通过建筑的绿色屋顶对雨水的滞留，以及社区内部雨水花园的构建，延缓雨水地表径流的峰值，溢流后汇入道路的海绵设施，构建从水面径流削减、汇流路径滞留净化、超标雨水有效排放的海绵城市雨水排放体系，并结合场地的精细化竖向设计，构建道路的主次雨洪通廊（图18~图20）。

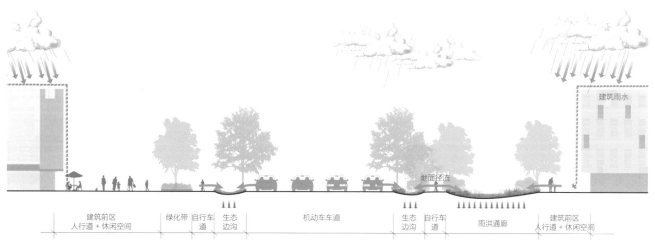

图19　科创谷五路剖面图

图20　科创谷五路效果图

6 小密路网社区下的街区空间的创新

2016年2月6日，中共中央、国务院发布《关于进一步加强城市规划建设管理工作的若干意见》（下文简称《意见》），标志着未来城市空间主导模式从原有"大街坊、宽马路"向"小密路网和开放式街区"转变。未来创新空间营造与空间创新应用都将在小密路网的基本格局下开展工作。"小密路网"和"创新社区"的街道空间首先应以"促进创新交往、激发创新活力"为出发点，结合地形及场地特征、地域文化特质、场所人群特点、设施需求等因素，同步协调工程设计、建筑设计、技术规范，打造具有场所精神的、以人的体验为基础的街道。小密网更注重行人在街道空间的需求，街道成为人们交流交往的公共空间体系的一部分，在以汽车为道路空间主要载体的今天，小密路网让道于人，更加关注人

的行为活动，在街区中注入一些活动设施、商业设施，以及临时表演，通过设计引导和策划一些商业行为，比如社区内部街区设置跳蚤市场、菜市场等，这都将使街道重新焕发活力，成为人们社交的重要场所。

景观规划设计师在地块与道路海绵空间、建筑退线、建筑高度、消防等设计要素之间进行综合协调的同时，从人的尺度出发，创新性地运用植物、街道家具对街道空间进行二次划分，突破原有道路的单一的线性空间，从人的行为和心理感受出发，通过对道路空间节奏的确定，设计有开有合富有节奏感、舒适的城市开放空间体系（图21～图23）。同时街道中采用模数化的城市家具，既构成丝路科创谷整体片区的街道小品风格，又根据每个街道的特点重新组合，打造街道的不同特色。模数化的家具易于加工便于组合多变，同时与种植绿化结合，设计自然生态的模数化家具，并将装置艺术植入

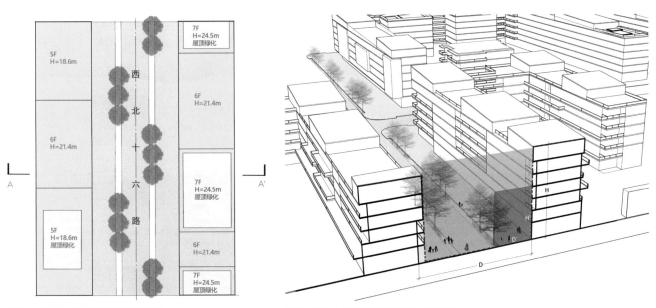

图21　西北十六路景观划分街道平面图

图22　西北十六路景观划分街道AA'剖面图

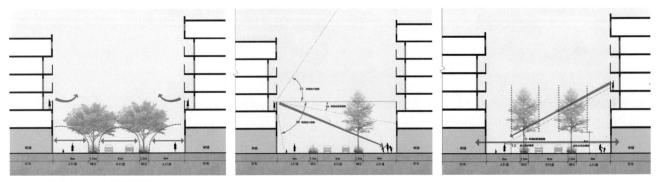

图23　西北十六路景观划分街道空间

标准化模块

图24　模块化分析

图25　居住活力街区

其中，增加街道空间的趣味化，打造有温度的城市公共空间。街道中地面材料和街道家具材料均采用再生环保材料，地面采用建筑垃圾再生集料透水砖，道路也采用建筑垃圾再生路面基层，城市家具小品的材料采用可回收材料，构建生态自然的街区空间。

社区中的公园设计中与整体街区空间融于一体，在满足海绵体系的蓄和排的要求基础上，以自然生态设计为原则，结合周边全龄人群需求，与特色街道功能协调，设置不同的活动空间场所，与街景空间共同打造自然生态的绿色开放空间系统（图24、图25）。

深圳市罗湖城市改造

Streetscape Reconstruction in Luohu , Shenzhen, China

运用公共开放空间和交通枢纽催化城市转型

Using public open spaces and a transportation hub as the catalyst for urban transformation

项目地点   中国深圳
用地规模   100hm²
业主单位   华润（深圳）有限公司
设计单位   Sasaki Associates
项目年份   2018年
获奖情况   获得竞赛一等奖

图1　罗湖区未来愿景鸟瞰图

　　Sasaki在深圳市罗湖"三横四纵"道路沿线视觉一体化、罗湖火车站及广深铁路沿线（罗湖段）城市设计国际竞赛中获得第一名。罗湖区作为深圳市最早开发的城区，是连接深港的门户。多年来，受交通量增长和人为因素、自然因素等影响，罗湖区早年建设的交通系统通行能力、经济性变差，部分街道空间面貌陈旧、设施老化，个别区域也因城市规划和人口扩大而发生了功能变化。本项目旨在系统性地改善城市风貌，以匹配未来城市更新的方向与罗湖区的发展定位，提升公共空间品质与使用体验，并彰显深圳作为首个经济特区的个性（图1、图3）。

Sasaki的设计方案立意于从罗湖桥到深港绿脉：运用公共开放空间和交通枢纽催化罗湖区发展转型（图2）；转化城市工业用地为与城市生活密切相关的功能用地，加强城市内部连接；更新改造城市重要片区以优化城市总体结构；统整现有街道以凸显公共街道的特色并整体性地提升慢行体验；推进增建项目以系统性地改善城市形象。

设计远景中，深港铁路与布吉河形成的南北向线性廊道将转化成为城区中央的"深港绿脉"，连接了罗湖口岸及新规划的笋岗片区等城市核心区，催化周边地区的城市更新与产业升级，以成为罗湖面对香港乃至世界的崭新门户。

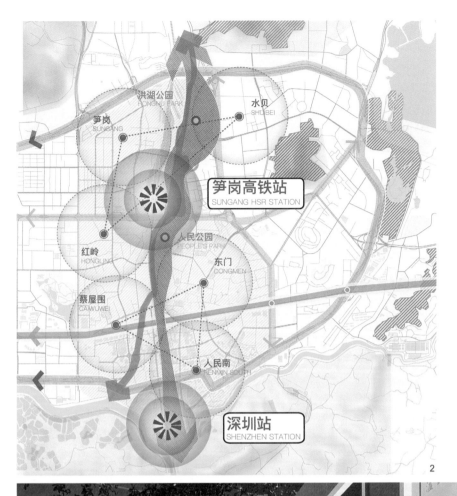

图2　深港绿脉概念结构
图3　整合的沿街商业立面

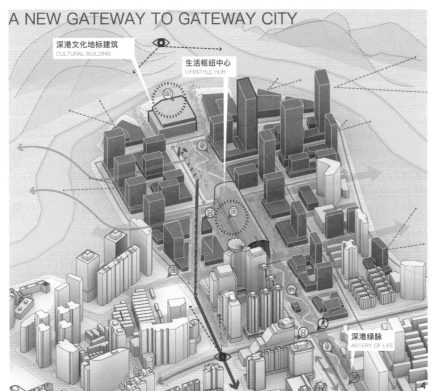

A NEW GATEWAY TO GATEWAY CITY

深港文化地标建筑
CULTURAL BUILDING

生活枢纽中心
LIFESTYLE HUB

深港绿脉
ARTERY OF LIFE

街道的设计整合了七个方面的设计考量：道路交通、活动空间、建筑立面、雨洪管理、植物种植、街道陈设以及标识系统。通过一体化设计整体提升了街道服务能力和空间品质。

方案重新定义了各街道的特色，建立了连通便捷、路权独立的自行车道系统以及安全、特色的步行环境，整体提升了街道慢行体验。针对不同街道，设计采用多样化的空间组织方式，以承载不同的公共活动，满足罗湖区商业、办公、居民、政府机关等多种人群对街道公共空间的不同需求。通过系统性的组织与更新，焕然一新的街道网络将成为深圳市民多彩生活的空间载体（图4、图5）。

作为连接慢行系统的重要元素，现状门户步行桥也在本轮设计中得到了改造提升（图6、图7）。新增加的无障碍通道为所有人提供了平等便利的过街机会；竹材与新型张拉膜结合的棚架呼应了当地气候特点，为行人遮阴避雨。

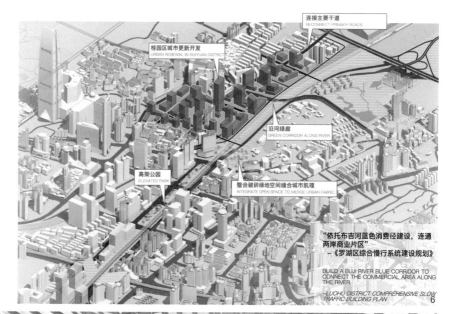

图4 罗湖门户城市更新体量示意
图5 人行天桥改造
图6 人民公园段城市更新示意
图7 人行天桥改造示意

火车站的立面改造设计根据热力对流促进室内通风的原理，用新颖节能的建筑表皮为乘客提供更舒适的候乘空间，同时注入更多的服务功能，将其由功能单一的交通节点转换为富有活力的生活中心（图8）。火车站前广场的设计强调了其作为火车站这个城市客厅的户外延伸并扩大了它的使用人群。广场与车站的地下部分一体化开发，广场的地面景观创造了有绿荫庇护的休息与交流空间，不仅服务于来往的旅客，也为这个高密度开发的区域打开了一处宝贵的公共开放空间（图9～图12）。

在赢得竞赛后，Sasaki对竞赛成果进行了梳理和统整，提出了每一条相关道路的设计原则，并制定了《罗湖"三横四纵"道路沿线视觉一体化街道改造设计导则》，用以指导后续相关深化设计。

图8 改善建筑沿街立面与人行道的连接

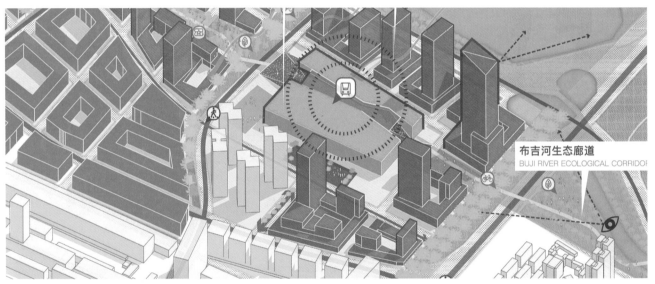

图9 罗湖口岸火车站建筑立面与广场改造

图10 罗湖口岸火车站建筑立面与广场改造

图11　多功能的都心绿地

图12　站前广场

上地联想等地块街区综合提升改造
Reclamation of the Lenovo Office Park in Shangdi, Haidian District, Beijing, China

以原联想总部为例践行街景重构
Take the former lenovo headquarters as an example to practice street scene reconstruction

项目地点	北京市海淀区
用地规模	10000m²
项目年份	2019年
设计单位	易兰规划设计院
业主单位	北京实创集团
获奖情况	2019年园冶杯"市政园林金奖"

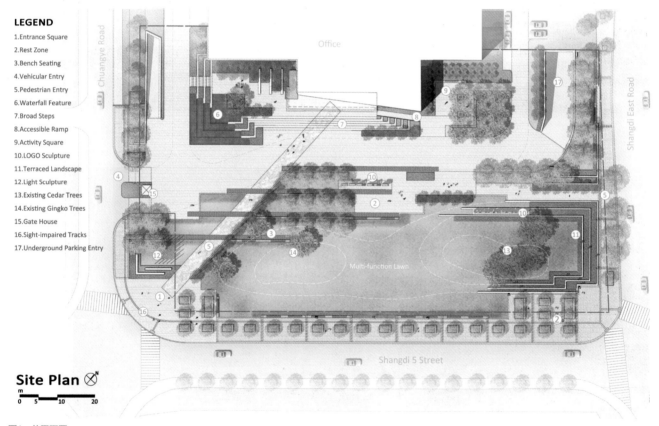

LEGEND
1. Entrance Square
2. Rest Zone
3. Bench Seating
4. Vehicular Entry
5. Pedestrian Entry
6. Waterfall Feature
7. Broad Steps
8. Accessible Ramp
9. Activity Square
10. LOGO Sculpture
11. Terraced Landscape
12. Light Sculpture
13. Existing Cedar Trees
14. Existing Gingko Trees
15. Gate House
16. Sight-impaired Tracks
17. Underground Parking Entry

Site Plan

图1 总平面图

　　原联想总部位于北京市海淀区上地五街，是原联想集团全球行政中心，为封闭式园区。在新型城市更新采取的边思考、边实践的建设策略指导下，以街景重构理念打开围墙与城市实现资源、空间共享为目标进行改造。改造面积为建筑南部的1万m²（图1）。

图2　入口广场空间

图3　入口广场空间灯光效果

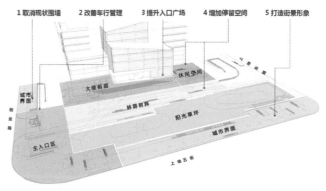

图4　五大设计策略

设计依据现状制定了五大设计策略（图4）：

1. 取消现状围墙。绿色空间开放的首要是打破围墙的限制，实现园区内部与外部城市界面的空间共享。将人员管理功能设置在建筑物入口（图2）。

2. 改善车行流线管理。原有门卫位于入口南侧，考虑到现今进园车辆多为拍照模式，将门卫设置在出园驾驶员一侧，便于日后车辆管理。

3. 提升入口广场。原建筑入口不明显，设计在地块西南角设置了形象入口，并设置了LOGO景墙为后期新

企业入驻做准备。修改建筑入口广场形式，利用高差设计跌水水景与宽阔舒适的台阶共同构成建筑基底（图9）。一条笔直路径将西南角广场与建筑入口连通，形成空间上的呼应。道路选择有花纹的浪淘沙石材，并且布置了100×100的嵌入式地灯，与周边场地空间材料进行区分。同时为加强进入的仪式感，在入口景墙后方与路径右侧布置了圆形灯柱，灯柱安装了互动感应装置，夜晚有人通过时将由白光变为黄光，展示上地科技形象的同时为进园者留下温暖的身影（图3）。

4. 打造街景形象。为迎接清河站交通枢纽的建设和日后增加的人流，将现有人行路进行拓宽，并打开两处路口空间形成小型街角广场。拓宽的人行路保留了原有的行道树，并在东西两处街角广场补植同品种栾树形成树阵空间和休息区。在项目还未完全竣工时就开始有行人在树阵下方休息，充分证明了此类空间的必要性。改造施工过程中发现，现有行道树树根标高高于人行路路面，原设计的树池篦子无法实行，于是根据现状树木情况及街道空间进行修改，设计了高15cm的树池，来充分保证原有植物的成活（图11）。

5. 增加休息停留空间。原有空间无任何停留区，本次设计设置了两处停留区域，座椅设计充分考虑了人体舒

适，并选择彩色PVC作为凳面材料，更加耐久的同时即使是炎热的夏日，坐下的体感也非常舒适。休息空间都布置在林荫树阵的下方，充分考虑到遮阳及交谈休息等因素，为未来使用者提供更多户外休闲空间（图5、图13、图14）。

此外植物设计层面，原场地南部为大草坪区域，现状苗木仅为三棵雪松，三棵银杏及市政行道树栾树。设计在停留空间基础上增加白蜡、银杏秋色叶树阵，形成林荫休息区。建筑基底及西南、东侧入口区增加樱花春季形象。地被选用绿篱与观赏草结合的形式强调空间层次。控制植物品种，形成干净完整的植物氛围（图6、图7）。

图5　户外特色景观座椅
图6　户外休闲广场空间
图7　建筑前广场灯光效果
图8　LOGO夜景灯光效果
图9　广场特色水景
图10　LOGO效果
图11　临街界面夜景效果

图12　大厦前部夜景

　　此次改造，作为上地区域的一处试点，为未来信息产业基地的升级开了个好头。总结从设计到施工的过程，建议同类项目关注两个方面：1. 场地条件方面：进行改造现场的精准测绘、注意与周边界面的衔接、梳理场地交通流线、合理设置停留空间、严把细节质量关。2. 政策协调方面：关注施工范围各地块权属问题、明确后期管理部门、确定资金来源与绿地指标的补偿。希望通过此类项目的探索可以让街景重构理论在城市中得以广泛应用，创造更多美好舒适的城市公共空间（图8、图10、图12）。

图13　户外围合座椅交流空间

图14　人行路与丰富的植物空间层次

西单商业区城市设计及西单北大街、宣内大街景观设计
Xidan Commercial Zone, Beijing, China

"3C"共融的商业街道空间
"3C"Syncretic Commercial Street Space

项目地点   北京市西城区
用地规模   80hm²
项目年份   2006～2008年
设计单位   中国建筑设计研究院有限公司景观生态环境建设研究院
摄　　影   李存东

图1　建成后效果图

　　西单商业区是北京商业经营的黄金地段，更是首都经济繁荣的象征，在北京市商业格局中具有举足轻重的地位（图1）。规划地段南起宣武门、北至新街口北大街、东临横二条东侧，西达华远路西侧，覆盖西单十字路口，灵境胡同以南西单商业区南北长约1600m，东西宽约500m，区域面积约80hm²（图2）。

图2　景观平面图

项目认知

提起西单商业区，生活在北京或是来过北京的人都再熟悉不过了。然而这个一直作为北京商业形象代表的地区，确实存在了太多环境问题。因为2008年奥运会的原因，提前两年开始了一次较大规模的环境提升工程。

交通问题：和王府井大街不同，西单的街道是城市主干道，无法改成步行商业街。现状人车混行、机非混行，存车设施短缺，交通隐患严重；

街区功能问题：市政设施老化，挤占人行空间，城市家具缺乏，道路凹凸不平；

开放空间问题：公共空间缺乏，休闲设施不足，文化意味缺失；

形象问题：建筑广告杂乱无章，门店牌匾各行其是，照明设施陈旧落后，标志标识不成体系，植物绿化差强人意（图3、图4）。

图3　改造前现状图（一）

图4　改造前现状图（二）

概念创意

在经过深入的分析和系统的城市设计后，设计师发现西单商业区不可能单靠完成某一个单项设计就能实现整体品质的提升，它是一个系统问题，要用系统的方法去解决。于是提出了"3C共融"的理念，即通过文化（Culture）、人本（Customer）、商业（Commerce）的融合来解决西单商业区所面临的各种问题，其中"商业"是基础，"文化"是动力，"顾客"是根本（图5）。

（1）商业（Commerce）："南联北拓"，从"商业街"建立"大西单商业区"，调整业态，聚拢人气，强化商业竞争力；明确街道的功能定位，提升街区商业竞争力和"人气"；开发周边历史建筑及文化资源，强化已有行业经营特色，培育与空间定位相结合的特色商业街。

（2）文化（Culture）：曾经串联起西四、新街口商区形成较早的现代商脉，如今更是以现代、时尚作为发展趋势，在提供丰富商业体验的同时，显现出商业文化与历史文化的双重魅力。

（3）人本（Customer）：以人为本的设计原则，重视步行环境，从"人车混行"到建立舒适的"步行环境"和完善的"步行系统"。

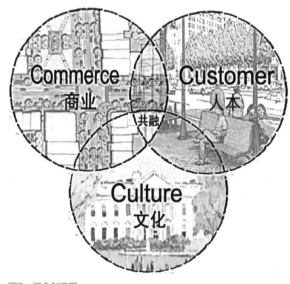

图5　概念创意图

规划设计

通过优化交通环境、完善市政设施、整治重要节点、美化街区景观四个方面的系统设计，不断将设计理念转化为可操作的设计方案（图6）。

（一）优化交通环境。此项工作是环境整治的重点，我们提出改造已有的过街天桥、增设新的天桥、增加室外自动扶梯等以人为本的措施完善了二层过街步行系统。进而在西单北大街增设中心隔离，彻底实现了人车分流，解决了多年人车混行的局面，为其他系统的设计提供了有效支撑。

（二）完善市政设施。在实现人车分流的前提下，我们又提出通过西单商业区主街变电箱的迁移，尽可能增加行人的通行空间；并通过管线入地等基础设施的改造与完善，为街区的进一步设计创造了必要的条件。

（三）整治重要节点。街道空间是线性的，线性空间中的节点就成了商业区活力的源泉。为此我们提出整治节点空间是提升街区品质的关键，并规划了四处节点空间：一是结合对国家级文物的保护和修缮，改造民族大世界；二是改造西单文化广场，进一步提升环境品质；三是新建南堂教堂外围广场，展现其独特的景观风格；四是拆除老四团小楼、电话局南侧小楼，增加街区开放空间。

（四）美化街区景观。在完成上述基础工作的前提下，我们从三个方面对街道空间展开了具体的设计：一是重新整治沿街建筑立面并规范广告牌匾的设计；二是通过铺装、绿化、城市家具、标识、雕塑等的系统设计使商业区形成富有文化内涵的独特个性；三是通过地面、橱窗、连廊、楼体四个层次的立体照明系统，提升街区夜间的商业活力（图7～图9）。

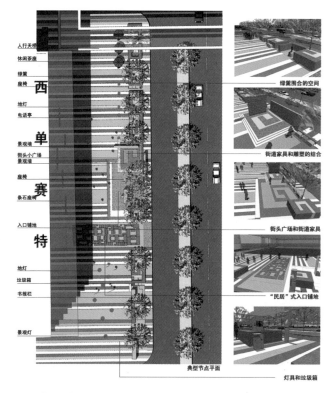

图6　典型节点平面图

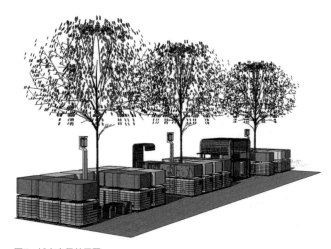

图7　城市家具效果图

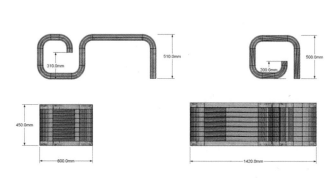

图8　城市家具平面图

图9　城市家具效果图

图10   改造后的西单文化广场节点
图11   改造后的南堂教堂水景
图12   改造后的南堂教堂广场

实施效果

　　经过两年半的设计深化、修改以及无数次的汇报、交流、评审、现场施工配合，终于在奥运前完成了西单商业区环境整治的大部分工作，实现了人车分流和人性化的步行体系，开放了西单文化广场、南堂教堂等公共空间节点，街区景观面貌彻底改观（图10～图12）。

　　如今的西单已经摆脱了昔日脏乱差拥挤的形象，我们欣喜地看到：人行天桥的增加和室外自动扶梯的设置，人车终于互不干扰；步行空间中，购物步行区域、休闲绿化区域、无障碍通道、快速步行带等依次排布，井然有序；尤其是休闲绿化区域，将绿化、灯具、休闲座椅、垃圾箱、报刊亭、电话亭等街道设施巧妙地融为一体，结合西单LOGO特殊设计的座椅和树箱，展现出独特的时尚和文化；西单文化广场再现风采，南堂教堂外小广场上的镜面水池倒映出古老的穹顶，草坡和树阵下，人们享受其中；夜色降临，商业区楼体的广告标识与街面灯光交相辉映、绚丽多彩，我们的西单魅力非常（图13～图15）……

11

12

图13　西单文化广场商业街

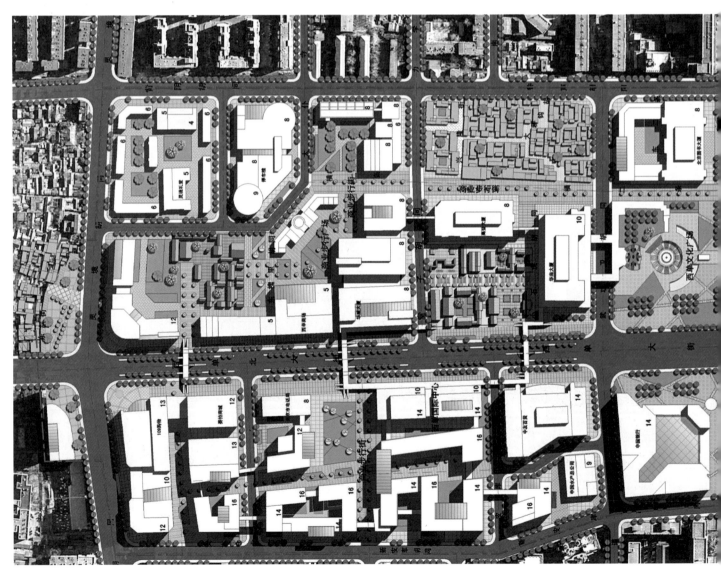

图15　规划总平面图

图14　西单文化广场夜景细节

伊萨卡公共空间再设计
Public Space Redesign in Ithaca, New York, USA

城市中朝气满溢的商业步行街
Create a vibrant pedestrian mall in the city

项目位置	美国纽约州伊萨卡市
业主单位	伊萨卡市政府
项目年份	2016年
用地规模	7000m²
建筑设计	HOLT建筑设计事务所
景观设计	Sasaki Associates
设计范围	平面设计、规划及城市设计、景观、土木工程
摄影师	©Christian Phillips

　　跨越两个街区的伊萨卡公共空间是一条朝气满溢的商业步行街，也是城中的社区和经济中心。Sasaki在过去数年与当地市政府和市民紧密合作，为该区重新筹划设计概念，务求通过各种措施升级改造区内的公用设施和形象。项目以伊萨卡壮观的峡谷景观为灵感，将优美的山景引入城市肌理，建立一个充满生机与活力的中心地区。别树一帜的铺装图案反映了该区的历史文脉，与一片丘谷景致完美融合（图1、图2、图4）。

　　茂密的花草树木为街头添上无穷生命力，缔造绿意盎然的行人休闲区（图3）。

图1～图4　商业步行街景

改造后的项目是一个融合商业零售与社区休闲的公共空间。主要商业街州街（State Street）的中央走道不仅提供宽敞的步行空间，也能为街道两旁的商店之间开拓清晰的视野，有需要时更能开放予公共服务车辆使用（图5、图6、图8、图12、图13）。

行人休闲区两侧尽是动感十足的设计元素，有多姿多彩的花草植物、固定座席、可移动桌椅、公用设施以及极具趣味的游戏空间等（图7、图10）。

与州街垂直的班克巷（Bank Alley）为各种即兴表演和休闲聚会提供场地。新设在其北端的特色亭阁以伯尼·米尔顿命名，以纪念他对社区的贡献。

那里不但成为整个公共空间的全新门户，还可以充当独一无二的表演舞台。水景设计以当地起伏跌宕、群山万壑的风景为灵感，带来有趣的视觉和听觉效果的同时，更与四季气氛相互辉映（图9）。

图5　中央走道效果图
图6　商业步行街夜景
图7　以行人为导向的崭新空间融合景
　　　观设计和导视系统设计，利用有
　　　机材料营造一致的场地氛围
图8　商业步行街平面图
图9　水景设计示意图
图10　别树一帜的铺装图案反映了该区
　　　的历史文脉

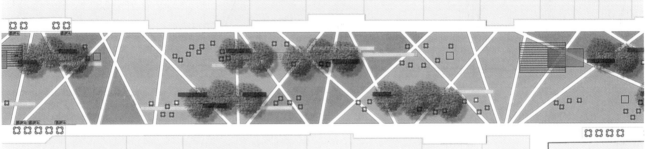

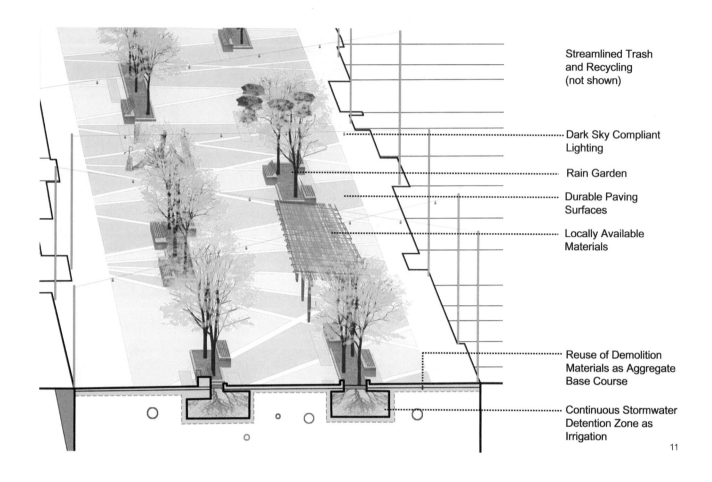

Streamlined Trash
and Recycling
(not shown)

Dark Sky Compliant
Lighting

Rain Garden

Durable Paving
Surfaces

Locally Available
Materials

Reuse of Demolition
Materials as Aggregate
Base Course

Continuous Stormwater
Detention Zone as
Irrigation

11

图11　方案强调永续设计
图12、图13　热闹的商店街

　　在项目过程中，设计团队不时与市民会面，聆听他们对设计方案的意见。公众的参与对项目的可持续发展极其重要。本方案利用结构性土壤材料，使树木和原生植被能在泥土量充足的场地上蓬勃生长；高效能的LED挂灯在整个区域营造出优雅独特的光影效果；给排水系统和铺面的设计则以耐久性为宗旨，以求尽量减低维护需求（图11）。

天地之间：崇雍大街街道景观提升设计
SPACE between Heaven and Earth: Urban Streetscape Renovation of Beijing Chong-Yong Avenue

项目地点　中国北京
项目年份　2019年
业主单位　北京市东城区城市管理委员会
设计单位　中国城市规划设计研究院风景园林和景观研究分院

图1　雍和宫大街改造后街景

　　崇雍大街位于北京东城区中部，南起崇文门，北至雍和宫桥，是东城区唯一一条南北贯通的城市要道。在经过历年多次的建筑立面及街道空间改造之后，崇雍大街在2018年首次开展系统性综合的街区环境整治提升工作。同年8月北京市委书记蔡奇和副市长隋振江在对老城街区更新进行调研时也指出"要以崇雍大街和什刹海地区为样本推进街区更新"。作为北京旧城街区更新的示范性项目，崇雍大街街道景观的提升改造与城市设计、院落更新、交通优化、业态提升等工作统筹开展（图1），试图探索适应北京旧城特色的街道景观设计方法与实践。

1　项目情况

1.1　重要性与特殊性

崇雍大街南接天坛，北抵地坛，可谓"天地之街"是除北京中轴线以外，现存最完整的老城轴向空间。自元代起崇雍大街便是都城"九经九纬"中的一经，时至今日仍是旧城东部重要的南北向交通动脉。大街的商业街特色也源于元代，几经时代变迁仍影响着大街的主要业态。大街两侧分布着雍和宫、国子监、东四牌楼等重要城市地标，体现着城市格局变迁的历史信息；沿线还保存有7片历史文化街区，保留着传统老北京特色的生活氛围。可见，崇雍大街是北京老城内独一无二的一条街道，且同时承担着交通、商业、文化等多重功能需求。

1.2　复杂性与矛盾性

崇雍大街作为传统城市空间格局的延续，在面临现代日常生活及城市发展的需求时，衍生出了各种问题，涉及多专业的内容：包括建筑风貌混乱、立面-层皮与院落格局脱离；混行情况严重、慢行环境品质较差；街道设施混乱繁多、缺少统一的布局；缺少优质、舒适的公共活动空间，文化彰显不足等。在对街道空间的提升过程中，也必须考虑各种需求之间的相互制约：例如机动车和慢行之间的空间分配；通行空间与生活空间的交互关系；对外文化彰显与本地生活习惯的融合等，在各方间寻求平衡。

2　策略研究

汉字"间"既是方位词，可以表达位置关系，也是名词，指某一范围的空间。"天地之间"既指连接天坛与地坛的崇雍大街，广义上也包含了大街两侧城市中的所有室外空间。北京旧城规划是中国传统城市规划设计的精华之作，由街道、胡同、四合院共同组成的外部空间，构成了多尺度、多功能、多层次的舒适宜人的人居环境（图2）。北京作家老舍先生曾在《想北平》中称赞"北平在人为之中显现自然，几乎什么地方既不挤得慌，又不太僻静"，"它处处有空儿，可以使人自由地喘气"。在现代的城市更新工作过程中，项目组也试图构建符合当今需求的宜居、活力、特色的旧城外部空间体系。

2.1　市坊间（完整体系）

如今的旧城空间从街市到住宅，仍延续着传统的"街道-胡同-院落"格局，但由于现代生活的功能需求，街巷的尺度、胡同的功能、合院的形态等都自发地产生了更多变体。项目组结合对现状需求的观察及未来发展的预测，针对体系内各种空间类型提出优化策略。

街道是最具公共性的空间，也是人群交往最多的空间。通行空间应保证优先路权并连续不断，提供安全舒适的步道；建筑前过渡空间应有较为明确的界定，并适当营造灰空间及外摆活动空间（图3a）；节点场地应适当腾退基础设施占据的硬质铺装，增加开放式绿地空间（图3b）；对个别重要的城市地标，应重塑视线廊道和空间意向。

胡同作为次一级的道路，提供半公共半私密的空间，既需要满足社区交往的需求，也应允许一定程度的商业渗透，以丰富城市空间的功能及形态。对旧城停车空间的疏减以及违法建设的拆除都有助于梳理胡同空间，腾退出的小空间可作为绿地或休憩空间，为居民提供日常的交往空间。商业的开发则可分为从沿街向内部的渗透模式和散布的点状模式，复合的功能也将给胡同带来更多活力（图3c）。胡同口作为街道和胡同的过渡空间，也应通过景观元素或空间变化起到提示性的作用。

图2　《日月合璧五星连珠图》（局部）（清 徐扬）中展示的北京城市外部空间

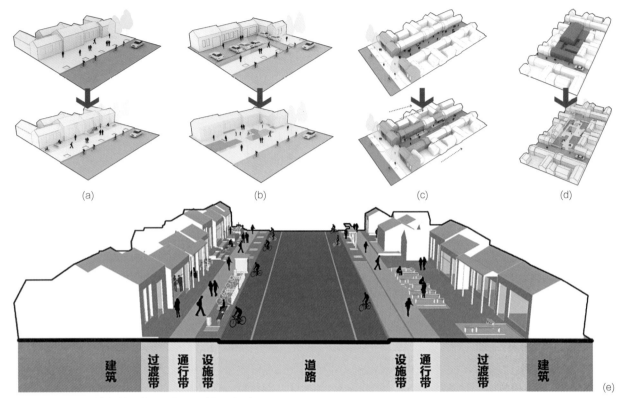

图3　城市外部空间策略（部分）及街道U形面空间划分示意图

院落则是私密的空间，应结合统规自建的院落更新模式，引导民众拆除私搭乱建，恢复建筑和院落的格局关系。可以学习传统的"天棚鱼缸石榴树"，在院落内打造舒适的户外空间，院内的绿色空间也会是城市整体绿化景观的一部分。寺观院落作为特殊的类型，也承担了一部分公共园林的职能，能够结合违建腾退、留白增绿等政策，在旧城中增建这样的绿地也是传统格局的传承（图3d）。

2.2　街巷间（街道空间策略与导则）

针对满足通行功能的街道空间主要提出以下三方面策略（图3e）。

优化步道空间：通过腾退违建、设施三化及压缩部分道路空间等方式消除通行瓶颈，保证足够的通行宽度；通过不同形式及规格的铺装将街道划分为设施带、通行带、过渡带等功能空间，进一步明确空间功能；在小路口处采用与人行道相近的铺装，优化行人路权，提示机动车减速。

提升植物景观：在条件允许的情况下，在行道树不连续的段落进行补植，形成连续的绿化基底；适当联通树池或扩大种植池面积，改善现状树的生长环境；配合节点设计，增加具有北京特色的植物品种，丰富观赏层次和季相变化。

完善街道设施：结合电箱三化工程，对基础设施进行

小型化、隐形化、美观化改造，减少对街道空间及风貌的影响；对有功能需求的家具小品，应进行补充和完善；包括座椅、栏杆、花钵、标识等在内的街道家具应采用统一的设计元素，保证整体风格、材质的统一。

2.3　邻里间（节点空间策略与导则）

由于旧城建设密度较大，需要尽可能挖掘空间，营造满足休闲功能的景观节点。根据空间尺度主要划分出三个类型。大型节点（2000m²以上）主要包括路口转角及大尺度建筑前的整块空间，应适合结合街区历史文化，打造满足日常活动的社区公园。中型节点（300~2000m²）包括步道较宽敞段、地铁出口及部分重要胡同口，应结合功能需求，利用有限空间设置供居民交往、游客休憩的街边小广场。微型节点（300m²以下）多为依靠建筑立面或墙体的小空间，利用小品设施或景观装置打造点景的街道微空间。

三种尺度的节点共同构成节点体系，形成有节奏的街道公共空间序列。在此基础上，还需应考虑周边地块的人群构成，力求满足不同人群、不同年龄段在各时间段的活动需求。节点主题则应挖掘所属街区丰富的历史信息，通过景观元素进行展示和表达，增加街道的辨识度。

3　实施落地——雍和宫大街示范段

雍和宫大街位于崇雍大街的北段，长度约为全段的1/5，于2019年10月竣工。作为崇雍大街街道改造提升的先行示范段，既落实了整体规划设计理念及策略，也为后期工作延续提供了宝贵经验。项目组主要关注道路空间和节点空间两部分。

道路空间需要满足通行、休憩及自行车停车等需求，面向雍和宫、国子监的外来人群和日常活动的本地人群是主要的空间使用者，大量的居住类建筑面向大街开门使两类人群的活动交汇于人行道之上。首先结合建筑拆违与路幅调整，保证了全段基本的街道宽度。其次通过不同铺装样式对街道空间进行划分：通行带位于中间，保证一定的宽度承担主要的交通功能，采用透水材料避免积水打滑产生的安全隐患（图4）；过渡带位于建筑前，提供居民活动或行人驻足的空间；设施带位于路侧行道树沿线，采用旧材料利用的方式，集中布置联通树池、自行车停车区、果皮箱、花钵、灯杆等街道设施（图5）。

在通行空间以外，利用街道两侧地块扩展出街道公共空间，沿街规划了"雍和八景"作为体现街道特色文化的景观节点（图6），由于用地及其他问题本期只实施其中三景。"儒道禅韵"节点将原有被停车占据的空间改造为曲径通幽、绿树成荫的小微绿地，增设廊架和座椅，提供乘凉休憩的活动场地（图7）；地铁出口处增设以陈仓石鼓为

图4　雍和宫大街步道街景

图5　雍和宫大街树池连通

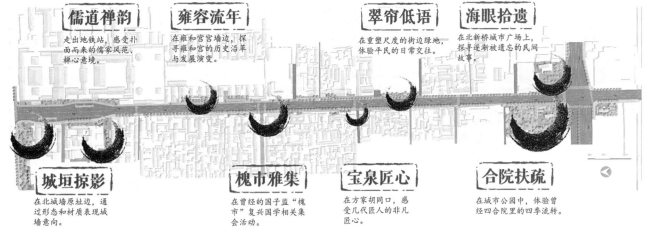

图6　雍和宫大街总平面及景观节点布局

图7 儒道禅韵节点的夜间活动

图8 宝泉匠心节点地面特色铺装

图9 儒道禅韵节点文化墙及遮阴廊架

题的文化景墙，展示街区文化特色；曲线路径对着雍和宫正殿山墙，两侧竹影相衬形成良好的观赏视廊（图9）。"翠帘低语"节点将原停车场腾退为公共空间；局部放置电力设施，其余部分增加绿化作为街区小公园；几组廊架采用传统四合院建筑立面的天际线，延续街道界面的传统空间尺度（图10、图12）；保留现状大树和紫藤，种植元宝枫、紫丁香、黄杨等增加季相变化。"宝泉匠心"位于方家胡同口，以拐角处建筑山墙为衬，种植玉兰、萱草作为局部视觉焦点；设计金属铺装条展示方家胡同主要的历

史变迁，试图激发公众对城市变迁的兴趣（图8、图11）。

雍和宫大街的改造提升作为崇雍大街的起步段，取得了较好的效果，对整体的风貌和人居环境都有很大程度的改善，而实践中遇到的一些问题也将成为后期工作的宝贵经验，例如：老城区复杂无序的基地现状使得项目组不得不多次根据实际情况调整方案；民众对于自身利益的各种需求和想法也与项目组产生碰撞，使得方案进一步贴近民众实际需求；民众对于空间使用的习惯也需要配合管理方进行循序渐进的引导等。

图10　翠帘低语节点沿路界面

图11　宝泉匠心节点街景

图12　翠帘低语节点廊架下活动空间

4　结语

　　北京旧城的城市更新是一个漫长而持续的过程，需要政府部门、规划单位设计单位、管理机构、民众等多方

的关注和共同努力。崇雍大街街道空间的提升改造也只是其中的一小步，需要在更长远的实践过程中，发挥专业优势、统筹各方需求、汲取经验教训，营造北京特色的城市街道空间，实现北京旧城的城市外部空间体系复兴。

参考文献：

[1]（加）简·雅各布斯. 美国大城市的死与生[M]. 2版. 金衡山译. 南京：译林出版社，2006.

[2]（日）芦原义信. 街道的美学[M]. 尹培桐译. 南京：江苏凤凰文艺出版社，2017.

[3]（日）芦原义信. 外部空间设计[M]. 尹培桐译. 南京：江苏凤凰文艺出版社，2017.

[4] 贾珺. 北京四合院[M]. 北京：清华大学出版社，2009.

史密斯菲尔德街复兴改造
Smithfield Street Revitalisation

项目地点　澳大利亚昆士兰州金皮
景观设计　普利斯设计集团
获奖情况　2018年澳大利亚（昆士兰州）景观建筑师学会景观设计奖——城市设计

　　史密斯菲尔德街位于澳大利亚昆士兰州金皮镇中心位置，普利斯设计集团为其复兴改造提供了整合性的服务，包括：概念设计、咨询、扩初设计、施工图及建设阶段的现场服务（图1、图2）。街道设计以金皮镇的掘金史为主题，用街景来诠释该地区的过去、现在和未来。例如，金属栏杆上的艺术作品"金河"（River of Gold）（图3、图6）以及两件以炼金术为主题的雕塑作品（图4、图5）。设计师从当地社区和使用者的真实需求出发，将"打造一条行人友好型的露天美食街"作为该项目的设计方案。全新的街道家具、行人等候点、壮观的行道树以及景观、街灯、公共艺术品和拓宽的人行道极大地提升了街道景观效果，也起到了吸引人们更多地到户外用餐的作用。改造后的街道引入了17颗大树以及1200多种原生灌木和地被植物，营造了凉爽宜人的气候，为商户提供遮阳，保障了客人的露天用餐体验。

　　史密斯菲尔德街的复兴改造使其成为一个充满活力与魅力的城镇中心，各种有趣的活动在这里日夜上演，为金皮地区带来了良好的社会及经济效益。

照片由金皮地区议会提供

3

5

照片由Alan Warren提供

4

6

照片由金皮地区议会提供

阜成门内大街
Fuchengmennei Street,Beijing, China

绿色安全的街道公共空间
Green & Safe street public space

项目地点	北京市西城区
用地规模	长度680m
项目年份	2015～2018年
牵头单位	中国建筑设计研究院有限公司景观生态环境建设研究院
合作单位	北京华清安地建筑设计有限公司
	中国华西工程设计建设有限公司
	山东清华康利城市照明设计院有限公司
摄 影 师	西城区委宣传部于志强

图1 改造后的阜内大街实景

项目位于西城区阜成门内大街，一期已实施区段西起西二环阜成门桥，东至赵登禹路口，全长680m。本次改造提升范围包含主街道、两侧与之相连的公共空间及沿街建筑立面。

中国建筑设计研究院有限公司作为设计牵头单位，负责对市政、电力、交通等街道公共空间全专业的引导把控，和公共空间部分的详细设计。

阜内大街整理提升项目开创了以公共空间为主导、风景园林设计专业引领街道更新的全新设计模式，该项目成果作为优秀案例得到北京市表彰，并收编入北京市、西城

图2　阜成门城楼老照片

图3　阜成门内大街老照片

图4　阜成门运煤的驼队

图5　阜成门城墙外临时堆放的煤堆

区街道更新治理设计导则（图1）。

　　阜成门内大街形成于元代，是北京最古老的大街之一。明正统年间，平则门改称阜成门后，城内大街也改为阜成门街（图2、图3）。

　　自建成以来，北京城内所需煤炭皆由阜成门运入（图4、图5），故阜成门又被称为"煤门"，百姓取"梅"同音，镌刻梅花一束于城门之上，赞曰："阜成梅花报暖春"。

　　阜内大街北侧是白塔寺历史文化保护区，沿街文物古迹众多，被本土著名作家老舍誉为"北京最美大街"。

改造前的阜内大街由于多年的积累，存在很多老城街道普遍存在的典型问题，包括：交通动线存在多处交叉、通行不畅，标识标牌林立、杂乱无序，各类车辆随意停靠、影响通行，市政设施无序摆放，地面坑洼不平，存在低效利用的空间，多处区段缺少基本的遮阴绿化等（图6）。

另外，由于街道权属复杂，项目涉及的管理部门、相关单位众多，项目的推进需要做大量的沟通、统筹、协调工作。

该项目的顺利落地得到了市、区两级政府的大力支持和充分尊重。

图6　改造前的阜内大街

　　设计师对违法建设和不合理占用公共空间的设施进行了拆除和腾退，释放原本不当或低效利用的空间。例如：将地铁周边的围栏拆除，腾退出疏散空间；将影响街道通行的2处大型变配电设备移入临街房屋中；利用线杆综合的方案（图7），大大减少了街道标识标牌的数量等。

　　利用这些释放出来的空间，补植绿化（图9、图10）、疏导交通动线、优化空间比例（图8）、增设必要的服务设施、停车空间和活动场所等，在未增加一平方米用地面积的情况下，大大提升了公共空间的使用效率和绿化率，街道风貌得到了明显改善。

　　对于坐落于街道旁的国家级文物白塔寺，我们给予了特别的尊重和保护。对文物本身采取完全的保护措施，对文物前公共空间的设计进行了反复研究，并多次向白塔寺管理处、古建文物专家和传统匠人请教咨询，最终采用传统工艺和传统材料，对白塔寺前的公共空间进行了重新设计，完善了无障碍设施，杜绝了原有风险，优化了文物周边的环境品质。

图7　综合杆设计方案及专利证书
图8　市政带设计方案
图9　街道增加复层绿化措施
图10　街道增绿后效果图

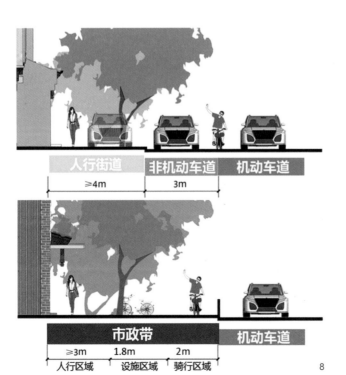

图11 市政带实景图

市政带：

1. 功能整合：将步行、骑行、绿化、城市家具、非机动车临时停放、标识标牌、路灯等市政设施及市政功能整合。

2. 保障安全：市政设施有序布置在市政带范围内，与机动车物理隔离，在满足全部功能的基础上，保障人行和骑行空间的连续、安全、通畅。

3. 修正尺度：局部区段探索将非机动车道抬升至与步道平层的做法，两者之间通过花箱、行道树、城市设施等进行隔离，修正步道空间高宽比，为行人营造更为舒适的空间感受（图11）。

图12 浙商银行前补植复层绿化

补植绿化：

1. 缝合因行道树缺失而断开的城市绿色界面。

2. 在确保交通安全的基础上，补充矮层灌木和地被，提升绿视率由改造前的25%左右至50%以上，显著提升街道景观品质。

3. 重塑街道U形空间，修复舒适宜人的街道空间尺度（图12）。

图13　丰盛医院西侧非机动车道内绕

　　局部通过非机动车内绕的方式，解决骑行路径与公交车进出站、路边临时停车区段动线交叉的问题，保障全路段连续、通畅、安全的骑行空间（图13）。

14-2

14-3

14-1

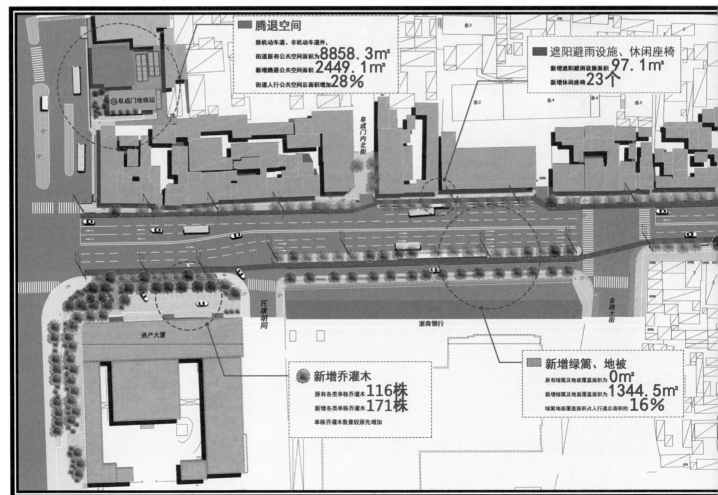

尊重老城文化，小品的设计基于传统工艺和传统材料进行创作，将老城街道的文化元素自然地融入其中。

尊重老城生活习惯，为生活在周边的居民提供专门的区域，满足邻里之间聊天、栽植、乘凉、玩耍等生活需求（图14、图15）。

图14　改造后的阜内大街一隅（一）
图15　改造后的阜内大街一隅（二）
图16　阜内大街一期总平面图及改造前后重要数据对比

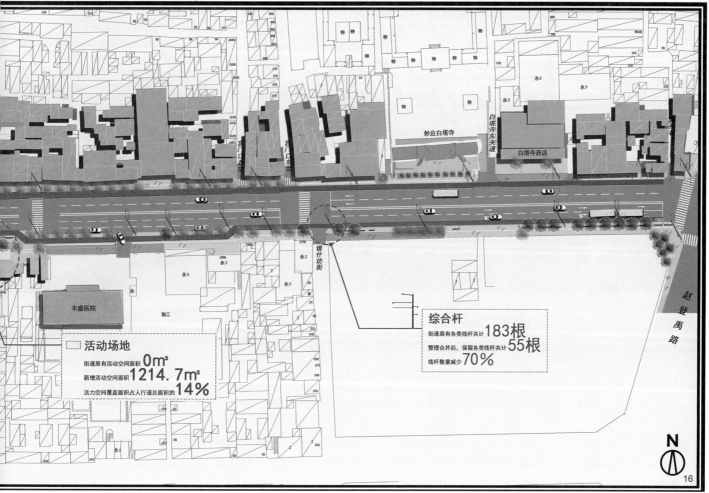

上海虹口区北外滩黄浦江沿岸滨江空间景观
Hongkou North Bund Waterfront Landscape, Shanghai, China

项目地点   中国上海
项目年份   2017年
设计单位   HASSELL
业主单位   虹口区规划和土地管理局
摄　　影   蔡宽洲

图1　北外滩滨江公共空间跑道

　　位于上海脉搏黄浦江沿岸的北外滩滨水区是最受上海市民和游客喜爱的目的地之一。

　　北外滩位于虹口区，拥有丰富的历史遗存，近年来正在转型成为市民的生活中心，规划的逾七百万方的办公大楼、餐饮及商场或在建中或已完工。上海市市委市府提出的贯通浦江两岸、联结其他城市更新项目、建设成为全市人民共享公共空间的整体愿景也正在同时推进。

虹观浦江，绵岸流光

图2　北外滩滨江公共空间效果图

虹口规土局委托HASSELL为北外滩滨江进行总体规划（图6），旨在为游客和当地居民打开亲水景观廊道。规土局要求联通滨水水岸各区域的同时，还需将虹口区正在进行的多个城市更新项目与滨江相连，并通过公共项目激活重点区域。

HASSELL的项目愿景是"虹观浦江"，用花园式的滨江绿地缝合基地各个地块（图2），重塑其历史上独特的公共绿地身份（图4），释放虹口北外滩滨江潜力。当地居民能够从中找回与母亲河的联系，进一步认可虹口区浓厚的人文气息。

图3　北外滩滨江公共空间跑道

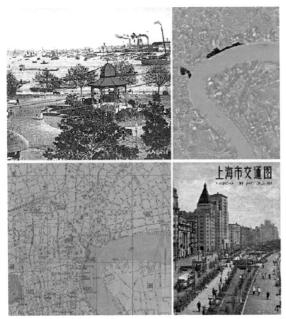

为此，基于不同的景观规模，我们采用了一系列的核心策略来解决阻碍基地释放未来潜能的几大现状问题。北外滩拥有多处历史保护建筑，我们希望利用虹口区现存的历史保护建筑资源来打造独具特色的场所。实现上述愿景的关键举措是规划设置了三条活跃的路线形成连贯的滨江空间，打通之前被切断的区域，以供人们在2.5km长的黄浦江沿岸散步、骑行或慢跑（图1、图3、图5）。

图4　项目设计灵感（图片来自网络）
图5　北外滩滨江公共空间跑道
图6　虹口北外滩景观总平面

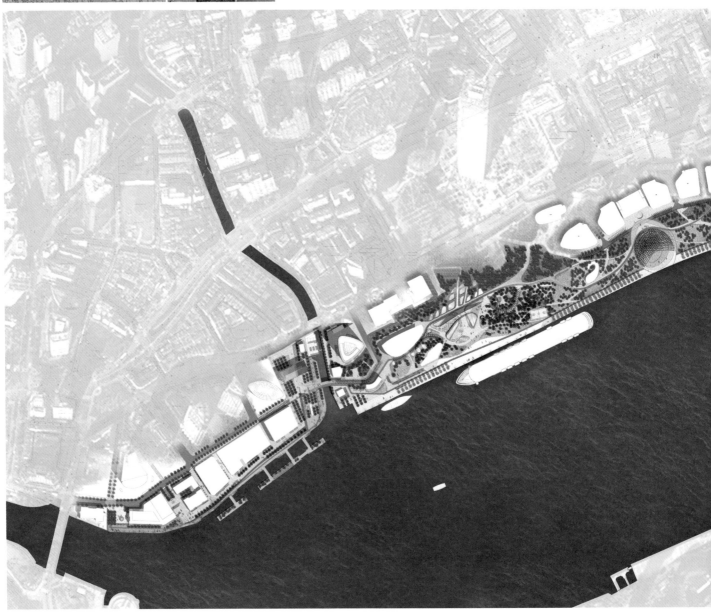

我们在绿化腹地内还提出了"流光步道"的概念，一路清辉、绿茵遍地，串联北外滩区域的多家酒店，形成游客可一览城市及滨江风光的观光步道。HASSELL在各个层面为基地制定了完整的功能策略，水岸区侧重设置丰富的活动场地功能，布置一系列绿色水岸空间供全年举办各类文化休闲娱乐活动。

0　　100m

文化符号联系城市，创造场所共鸣（图7、图8）。

北外滩是代表上海虹口区的一段滨水空间。而虹口区作为上海开埠以来历史航运文化积淀较深的老城区，有着较多不为人知的历史故事。让人们通过连续的国际滨水空间了解上海虹口区，让虹口人有更多的场所共鸣，创建滨水与城市内部的联系，我们打造了滨水海鸥广场。

通过深度研究分布在虹口区内，具有历史故事和文化记忆的建筑和场所，提取场所的文化符号，设计的文化石墙（图9、图10），将人从城市内部引导到滨水空间，这个北外滩最佳的观景点（图11）。

图7　设计灵感（图片来源网络）

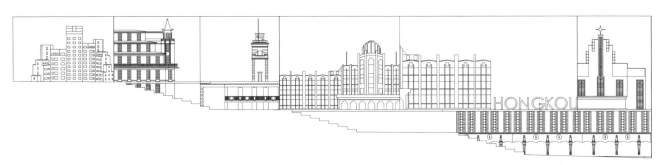

图8　文化墙立面图

图9　北外滩滨水海鸥广场文化墙　　　　　　　　　　　　　图10　北外滩滨水海鸥广场文化墙

图11　北外滩滨江公共空间

巴黎大道
Rue de Paris, Lille, France

重塑巴黎大道，整合割裂空间
la «vie urbaine» de la rue de Paris.

项目地点   法国里尔市
业主单位   里尔都市圈与里尔市政府
设计团队   Agence Ter（牵头方），Atelier Coup d'Éclat（灯光师），Agence Philippe
           Prost（建筑师团队），Schéma
项目规模   3.1hm²
项目年份   竞赛启动：2011年1月，确定获胜团队：2014年，建设周期：2014~2020年

    AgenceTER景观改造方案着眼于重塑巴黎人道，使之成为慢行优先的场所。使之如同一条连续的都市林荫广场，让所有使用者都能自如通行。通过消除不同空间的分隔，原本割裂的空间被整合起来，构成一个统一的城市空间。在这个连续的都市林荫广场上，重要的历史建筑成为街道的节点空间。方案预留出足够的场所来烘托剧院广场、马儿谢纳公馆、巴黎之门等代表性文化遗产。这些节点构成里尔市巴黎大道的结构性结构性公共活动场所（图1）。

    巴黎大道成为慢行主导城市的林荫广场，辐射里尔市中心的公共空间系统（图2、图3）。

图1   巴黎大道总平面图

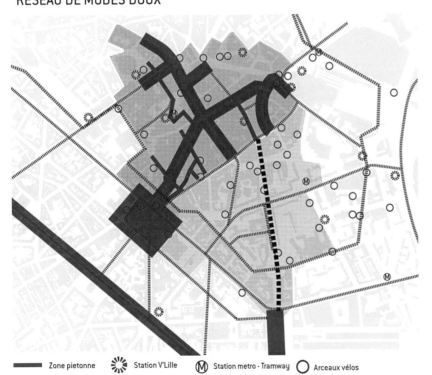

RESEAU DE MODES DOUX

━━ Zone pietonne   ✺ Station V'Lille   Ⓜ Station metro - Tramway   ○ Arceaux vélos

图2   慢行系统分析

图3   巴黎大道夜景鸟瞰

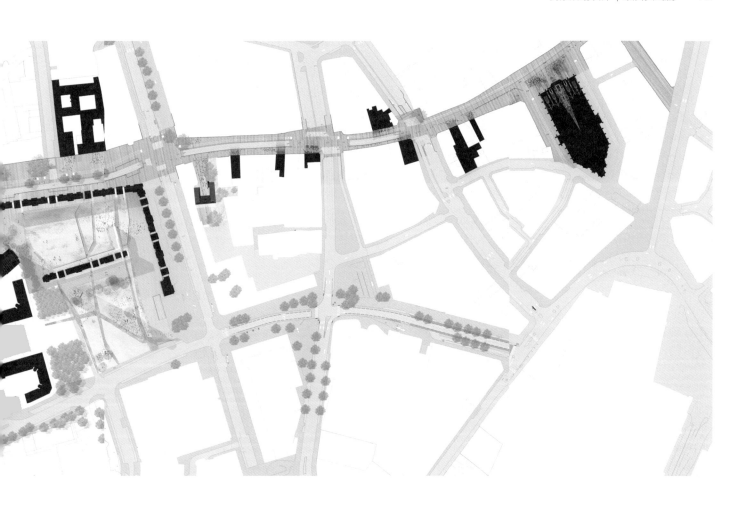

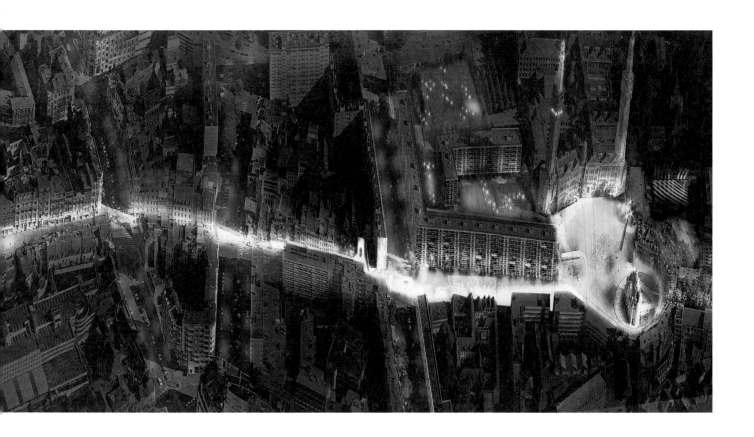

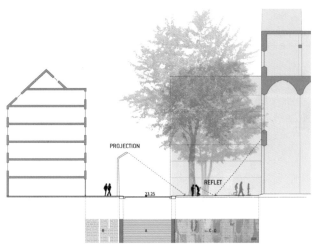

项目背景：

项目位于法国北部的里尔市，巴黎大道是该市最古老的道路之一，缘起于中世纪不对称的标志性弧线形空间，经历了发展历史上所有重要的城市扩建，呈现出多个时代的建设烙印。

如今，街道宽窄不一，沿街立面风格混杂无章，无法凸显出重要的历史文化遗产建筑（图4～图6）。

图4 St. Maurice 广场及道路剖面分析图

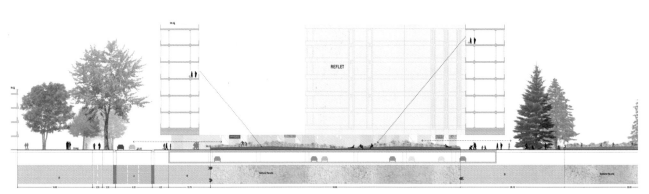

图5 Agustin Laurent 街区中庭及道路剖面分析图

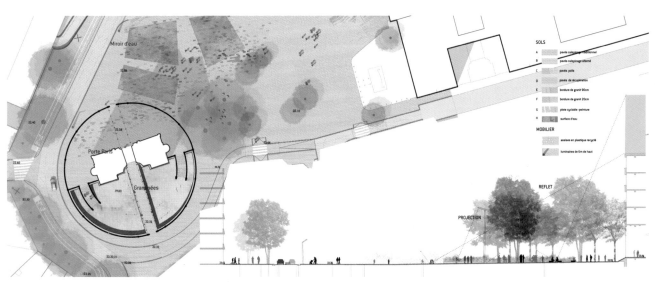

图6 巴黎之门广场剖面分析图

设计团队突破传统模式，综合灯光照明、植物策略及遗产保护等多方因素，并利用镜面反射建立新的光线密度，消除空间分隔，打造崭新统一空间（图7～图9）。

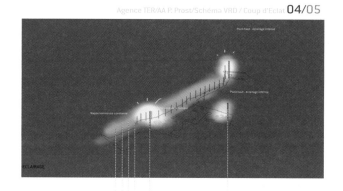

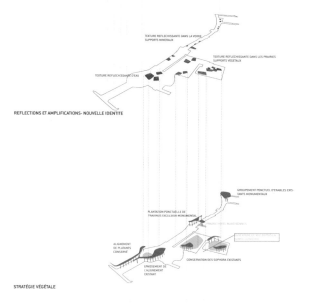

图7　St. Maurice 教堂前广场效果图

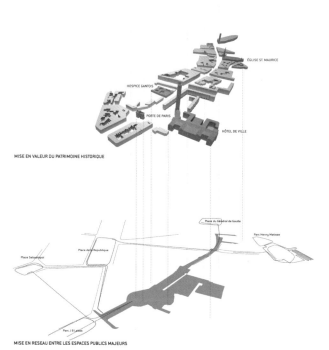

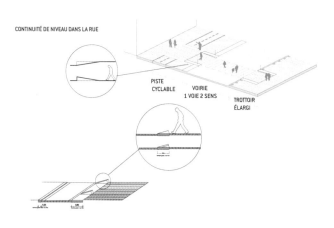

图8　高程细节分析图

图9　场地空间解析

图10   钟楼街区中庭效果图

图11   改造后道路效果图

图12   改造后道路效果图

种植空间平衡硬质空间，形成标志性停留驻足的休闲空间（图10~图12）。

光滑的石板路反射出天空，创造出随着时间与季节变化而不同的动态空间（图13）。

多样铺装的选择，在保留各个时代特色的同时使景观融合更加柔和（图14~图16）。

图13　市政府广场效果图

图14　场地实景图

图15　场地实景图

图16　场地实景图

西安中南上悦城
Zhongnan Shang Yue Cheng, Xi'an

自由呼吸的光之森林
Forest with sun breathe freely

项目地点　　西安沣东新城
用地规模　　8765m² （示范区含红线外）
景观设计　　荷于景观设计咨询（上海）有限公司
规划设计　　上海彬占建筑设计咨询有限公司
项目年份　　2018年

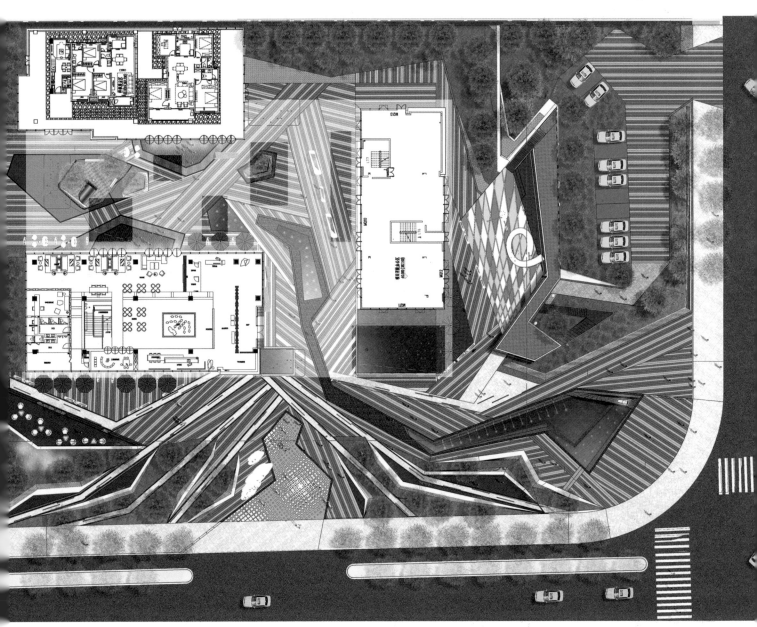

图1　总平面图

项目位于西安，一座穿越光阴的城市，整个基地被一个L形公共绿地包裹，建筑主入口朝向太平路。整体为面向城市干道的开放式绿地（图1）。

由自然森林演化的多样化自然景观，为场地营造出丰富的地形和地表纹理，激发设计师的创作灵感（图2），

我们在此进行不同的设计尝试。从探讨"自然与艺术"概念出发，设计师通过研究不同森林中生态元素间的相互作用，如破晓时林梢间打破沉寂的曙光阳光下森林中的微光波动，将灵感转化，组合成为多变的景观空间，色彩和肌理（图3～图6）。

图2　光之森林细节图
图3　水之林实景图
图4　水景细节图
图5　水景放大图

景观以自由呼吸的光之森林为主题。置身其中，森林中生态宁静，树林里微光波动（图7~图9）。

从沿街地形艺术界面进入，由一条林中光小溪贯穿整个内外场空间（图15、图16）。

外场空间为水之林，光之林，云之林，秋千之林等四部分组成。内场空间为巢之林（图10~图14）。

图6　水之林实景图　　　　图11　景观桥实景图
图7　云之林铺装放大图　　图12　秋千之林实景图
图8　景观桥建筑对比图　　图13　水之林鸟瞰图
图9　景观桥实景图　　　　图14　秋千之林鸟瞰图
图10　云之林实景图

图15 上悦城鸟瞰图
图16 上悦城鸟瞰平面图

漫天星灯光点缀下的炫彩体、沉稳自然山水石、绚烂的镜面顶与跳跃的白色光柱演绎出"缤纷·光之森林"。

景观雕塑也别有用心，编织状上的构造展现了它的

织造过程还有镭射状的对称图案。柔软的内在和坚硬的外在，提升整体空间体验，增加项目的造型曲度。

第二章　2018 SRC优秀城市街景项目评选作品选登

Chapter Two: Selected Works of 2018 SRC Excellent Urban Streetscape Project

- 2018年城市街景大赛评述
- 北京望京SOHO
- 阿富汗市集文化片区
- 长春水文化生态园
- 瑞安KIC创智天地lot5地块、锦嘉路、成嘉广场景观改造
- 北京融科资讯中心B区
- 山丘广场
- 大栅栏月季计划

2018年城市街景大赛评述

陈跃中

街道是重要的城市空间，承载着日常生活的方方面面。街道生活与社会形态、城市繁荣密切相关。街道景观应成为城市空间中的重要组成部分。改善我们的街景，可以提升城市的活力，促进人文交流，体现城市的文化内涵。今天，我们的城市发展已进入新的时代，街景设计应该更加关注使用者的需求和感受，创造和重构新的城市特色。

为促进我国城市街景的改善，倡导风景园林行业关注和投身改善城市空间，由SRC城市街景设计研究中心发起举办了2018城市街景设计大赛。城市街景设计大赛聚焦城市街道生活空间规划设计和街道空间生活化与场景化设计，促进街道功能梳理，引领街道智慧化设计，深化街道景观工程与技术研究，关注街道慢行系统设计和特色化街道家居铺装设计等方向。城市街景设计大赛提倡打造有温度的城市公共空间，将人的需求社区交往功能的考虑放在重要位置上。通过提升和改造城市的道路空间，来引导城市修复，解决实际问题。

2018 SRC优秀城市街景项目评选活动由SRC城市街景设计研究中心发起。SRC城市街景设计研究中心、中国林业出版社主办，ARCHINA建筑中国、《风景园林》杂志社、中国风景园林学会规划设计分会协办，得到了众多媒体单位的参与和支持。面向全球征集到百余份已建成落地的参选项目作品，受到了美国、澳大利亚等国家和地区，以及北京、上海、香港、深圳、武汉等国内外众多设计公司和机构的密切关注和大力支持。同时涵盖城市商业街区、历史街区及滨水空间街景等多种类型，涌现出一批有品质、有特色的优秀城市街景和公共空间项目。

本次街景大赛的评审工作由国内专家评审团与国际专家评审团分组评选共同完成。国内专家评审会特邀李存东、李建伟、王向荣、王忠杰、朱祥明、朱育帆（按姓氏首字母顺序排名）等6位风景园林行业专家组成了评审团。中国林业出版社社长刘东黎和中国风景园林学会副理事长、北京林业大学副校长李雄出席并讲话（图1）。

国际专家评审会特邀马萨诸塞大学阿默斯特分校风景园林与区域规划系系主任、美国风景园林师协会终身荣誉会员（FASLA）Robert L.Ryan、葡萄牙里斯本工业大学农学院院长 TOPIARIS事务所合伙人Luis P.F.Ribeiro、意大利米兰理工大学教授 Luca Maria Francesco Fabris等国际行业精英组成了专业的国际评审团，该评审工作在美国麻省大学阿默斯特分校圆满落幕（图2）。

本次大赛组委会共收到来自国内外参赛作品125份，最终共入围40份作品，其中大奖作品3份，卓越奖作品4份，优秀奖作品8份，荣誉奖作品25份。本书选登了大赛大奖和卓越奖的获奖作品，这些作品不仅在理念上有突破，在手法上精益求精，而且都以各自的探索尝试回答如下重要问题：

图1　国内专家评审现场

图2　国外专家评审现场

①我们的城市需要什么样的公共空间？城市公共空间是一个多层次、多功能的空间，集生活、休闲、交通、交往、文化等为一体，是社会生活发生的舞台。我们的设计要想实现未来宜居城市的基本要求，需要将街道作为综合系统考虑。在这里，无论是空间形态、小品应用，还是绿化配置等，都要优先考虑人的需求。通过对街道所在区域的定位，对街道空间利用及需求的重新梳理，打造适合当地特色、以人为本的街道空间，充分考虑和满足普通市民的日常生活功能。

②风景园林行业为什么要重点关注城市公共空间？最初的城镇街道是自然形成的，它自带生活的种种美好。它是生活的载体也是生活的结果。高速度发展工业化的结果是使其中的一切自发过程变成了人为设计的过程。街道空间也不例外。今天我们生活在其中的空间都是人设计出来的。如果风景园林不去积极参与其中，就是任由一些不专业的人设计我们的街景，那我们就怪不得别人。我们必须主动地为我们生活在其中的城市空间承担责任，才不负时代的使命，不负风景园林专业的职责。

我们的城市公共空间需要一场街景革命，景观师、规划师、建筑师以及市政管理部门需要共同努力，关注人的需求，塑造兼具活力与品质的城市公共空间，使我们的城市宜居宜行，使每一个街角廊道都方便舒适，都具有文化和特色。风景园林行业应该在其中扮演重要角色。我们的设计应该更加贴近普通百姓的真实生活，面对纷繁复杂的城市问题，给出自己的答案。

③我们可以做什么？街景研究旨在从城市中出现的问题出发，以街景研究为抓手，重新梳理城市的街道功能、空间、尺度、生态和人的生活需求等，建立城市的慢行系统。将目光聚集到城市公共空间的设计，引导城市修复，助力解决城市实际问题。城市的品质不是一天就可以提高到位的，需要从细节着手，设计好每一处街角，每一个座椅、灯具。推进城市公共空间的生态化体系的建立和营造，使人与自然更和谐。

新时期的城市公共空间设计不仅仅是城市经济发展速度、文明程度等方面的体现，还承载着城市居民修身养性、散步休闲的主要功能，应满足市民对于生活的需求，真正做"有故事"的场所。本次设计大赛目的在于重新定义城市街景设计发展方向，共同提升城市街景设计在业界内外的关注度。最终通过我们的努力实现让街道回归生活，建造有品质的城市街道和令人愉悦的公共空间，满足人民日益增长的美好生活需要。

中国的公共空间景观设计才刚刚在一个新平台上起步，本次由SRC街景研究中心发起的优秀街景项目评选活动恰逢其时。希望优秀城市街景的评选活动能够继续办下去，并且发挥越来越多的影响力。推动行业内外对城市街区的关注，助力中国城市公共空间品质提升，成为城市设计的重要推手。

北京望京SOHO
Wangjing SOHO,Beijing

打造城市活力绿芯
Creating A New Green Urban Hub

项目位置　　北京市朝阳区

项目面积　　约11.5hm²

景观设计　　易兰规划设计院

建筑设计　　扎哈·哈迪德建筑事务所

业主单位　　SOHO中国有限公司

获奖情况　　2019国际风景园林师联合会（IFLA）卓越奖 / 2018英国皇家风景园林学会奖（LI）景观杰出贡献奖 / 2014年"美居奖"
　　　　　　中国最美人居景观奖/时代楼盘·第九届金盘奖"年度最佳写字楼"奖 / 2014年北京园林优秀设计奖

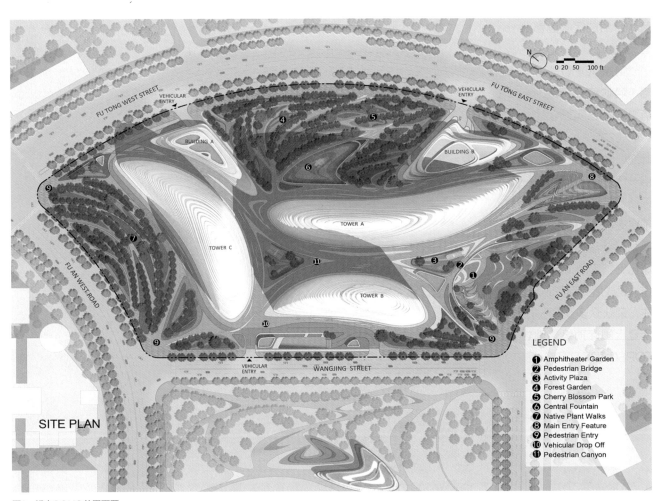

图1 望京SOHO总平面图

本项目荣获"设计大奖"

望京SOHO位于北京朝阳区望京地区中心区域，该项目由三栋集办公和商业于一体的流线型高层建筑和三栋低层独栋商业楼及5万m²的超大景观园林组成，占地面积11.5hm²，规划总建筑面积52.1hm²，最高一栋建筑高度达200m（图2）。望京SOHO是从首都机场进入市区的第一个引人注目的高层地标建筑，俨然成了"首都第一印象建筑"。

望京SOHO是由著名的扎哈·哈迪德（Zaha Hadid）建筑事务所担纲建筑设计，景观设计由易兰规划设计院携手扎哈·哈迪德建筑事务所倾力合作，风格一气呵成，从建筑设计到景观设计，双方设计风格和实力得到了完美的结合和充分展现。易兰规划设计院负责了从景观方案深化到施工图（图3）的设计工作，建成后受到各界人士广泛关注，荣获众多奖项，并于2018年登上国际顶级景观建筑杂志TOPSCAPE PAYSAGE封面。

图2　望京SOHO整体鸟瞰图

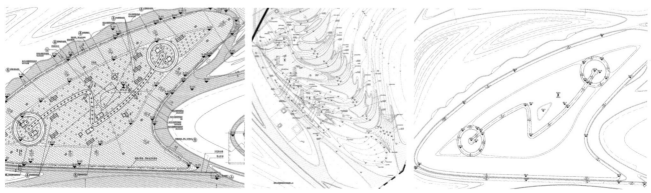

图3　望京SOHO施工图

图4 望京SOHO休闲剧场鸟瞰图

设计理念和策略

整个项目围绕三座建筑，划分别北侧、西侧、东侧和南侧四块绿地，不同区域表达不同的景观主题。为了体现四季更迭变化，易兰设计团队为望京SOHO打造了休闲剧场（图4、图5）、场地运动、艺术雕塑、水景四大主题景观。5万m²超大景观园林，绿化率高达30%，形成了独树一帜的都市园林式办公环境。其独具匠心的音乐喷泉设于有建筑阴影遮挡的场地的北部，无边际的水池在冬季或大型活动时可以排干水扩大铺装广场，而东部从周边的街道顺着曲线风格的园林和台阶而下，自然过渡到地下商业街，与楼群相辅相成。整个项目在建筑、景观、施工组织（图3）等方面都达到了美国绿色建筑LEED认证标准，打造出一个节能、节水、舒适、智能的办公、商业新绿色建筑综合体。

图5 望京SOHO休闲剧场水景鸟瞰图

图6　望京SOHO入口水景（一）

图7　望京SOHO入口水景细部

东侧休闲剧场及喷泉水景

东侧绿地是该项目着墨最多的地块，该区域以两座重点水景（图6~图8）和一座露天下沉剧场（图9）为主要景观元素。首先，位于场地东北角的水景，以建筑作为背景，引用建筑采用的流线型设计，打造层层相叠的跌水景观。另一座水景与下沉剧场位居东侧连桥下方地块内。该水景由连桥下方幕墙流线型曲线逐渐演变而来，水景与幕墙紧密连接、相互呼应。下沉剧场运用与竖向统一的流线型元素，使整个广场完美地融入建筑环境，青翠的草坪与花岗石条凳穿插于倾斜的地形之中，自然阶梯式的地形处理将城市居民引入场地。地形处理作为本案的一大特色，将平面流线与竖向高差完美结合，体现了不同材质的自然过渡与融合，大面的开敞草坪预留出开阔的视野，使视线更为开阔。开放绿地和广场的结合为人们提供了一处奔跑嬉戏的安全场所。座位下面的特殊照明设施能够保证夜晚的活动安全。

图8　望京SOHO入口水景（二）

图9　望京SOHO休闲剧场鸟瞰图

图10　望京SOHO中央喷泉鸟瞰图

北侧绿地地势比较平缓，主要以地形围合的休憩空间以及音乐喷泉构成，平面构图延续建筑"锦鲤嬉水"的设计理念，线条流畅自然，与周边场地道路、地形植被交错掩映（图10）。水景由外侧抛物线泉、中心喷泉以及位于水面中央30m高的气泡泉组成。中央喷泉边界采用流线型缓坡设计，精心设计的喷泉形状与建筑物的线条相互呼应，广场与周边场地道路、地形植被交错掩映。在需要的

时候，喷泉区域可以转变成广场，用于举办活动，周边的空间也足以容纳人数较大的群体（图11、图12）。烈日炎炎的夏天，大型水景为城市居民提供清凉的休息场所，冬天则成为仅有的几个城市中的室外冰场之一。水景配合韵律感极强的乐曲和炫彩夺目的夜景灯光（图10），水柱则按照设定程序伴随着起伏的旋律，将艺术与科技完美缔合，打造了一个动静相宜的办公休闲空间。

图11　望京SOHO中央喷泉实景图（一）

图12　望京SOHO中央喷泉实景图（二）

南侧运动空间

　　南侧绿地主要以运动休闲空间（图13、图14）为主，较其他主题景观稍显独立。景观中设置了小型艺术馆和运动场地，一条蜿蜒的跑步道将四周零散的绿地空间串联起来，每个设计元素各就其位，会序形成天衣无缝的连续统一体，为人们提供更多的休闲场所。傍晚时分，灯光喷泉和植物照明吸引人们从附近的办公室和居民区前来游玩。

图13　望京SOHO草坪观演台阶

图14　望京SOHO草坪鸟瞰图

图15　望京SOHO水景广场

图16　望京SOHO曲线桥（一）

图17　望京SOHO曲线桥（二）

西侧休闲空间

为了提升整个项目景观的舒适度，西侧绿地利用地形设计和植物围合为场地隔绝了外部道路的交通噪声，创造了一个私密空间。同时也将植物作为背景，在绿地内塑造地形，种植大面积地被以构筑幽静清新的休闲空间。步行道设计注重结合雨洪管理技术，植物设计多采用乡土植物，减少后期环境和管护成本。在植物设计采用形态自然的极具景观效果的品种大面积种植，层次饱满，且遵循了功能分区明确、情景主题突出的原则。高大的原生大树塑造出林下休息场地，搭配不同品种的观赏草及地被花卉形成丰富而大气的景致，将该块绿地打造成疏密相融的园林景观。

丰富的植物配置展现了多样的色彩，有助于强调地貌，同时软化城市硬质空间。一方面利用密林、草坪、花境、游园、台地等多种形式创造出一个个颇具看点的休闲小空间；另一方面，大量运用国槐白蜡等成荫效果好的乡土乔木，以及丁香、预览、迷迭香、薄荷等芳香植物和宿根马蔺、八宝景天、玉簪、沙地柏等低养护植物，确保植物景观季相分明；在建筑遮挡的部分，植物选择以耐阴树种为主；同时鉴于该区域需要体现音乐喷泉主题，于是将成片林带作为水景背景，使其形成硬质建筑向水景设施的自然过渡。

通过植物和铺装材料的选择来强调人行通道，将人流自然引入商业核心区。广场的铺装中通过微妙的细节让人们注意到空间的转变，引导行人从一个区域到下一个区域。软化的景观作为城市街道和建筑之间的缓冲空间，能为人们提供更具安全感的空间体验。

曲线桥是设计中的一个独特细节，通过整合建筑的总体设计概念，将建筑语言延伸至人们的日常生活中。钢结构支撑突破了结构难点；利用水平、竖直的双向曲面，打造了灵动轻盈的景观桥体（图16），排水口暗藏于绿地与道路转角交汇处，美观实用。水景边矮墙座椅采用双曲面设计，既烘托水景区动感氛围，又能满足游客多角度观景需求（图17）。林下矮墙座椅与道路用砾石自然衔接，既起到柔滑作用，又能很好地限定空间。座椅正立面设置沟槽，隐藏灯带，在丰富矮墙立面的同时提升夜景效果。流线型挡土墙与地形及道路用钢板收边，砾石过渡，并有植被遮挡其顶部，弱化墙体给人带来的压迫感，打破"横平竖直"的铺装拼接方式，采用统一倾斜角度，配合内部流线收边，彰显动感与现代感。铺装采用流畅的弧线型设计，铺装之间留有10mm的渗水缝隙，边框框出有机形态后，再用不同的颜色或大小区分体块，这样更容易强调边界。场地内井盖用石材镶嵌，既满足了功能需求，又不切割铺装图案。

阿富汗市集文化片区
Afghan Bazaar Cultural Precinct, Dandenong, Australia

项目地点　　澳大利亚丹德农
用地规模　　1500m²
业主单位　　大丹德农市 / 维多利亚政府多元文化事务及公民办
牵头单位　　HASSELL
成员单位　　Sinatra Murphy、Aslam Akram（艺术家）、WSP、Aurecon
摄　　影　　Andrew Lloyd、Mark Wilson Photography

图1　阿富汗市集文化片区正式对外开放活动日

本项目荣获"设计大奖"

"该项目的街景设计是由商户、社区委员以及片区利益相关者协同参与，最终展现出的活力片区彰显了阿富汗人的文化。"

—大丹德农市市长Jim Memeti

图2　托马斯街的重建及再开发

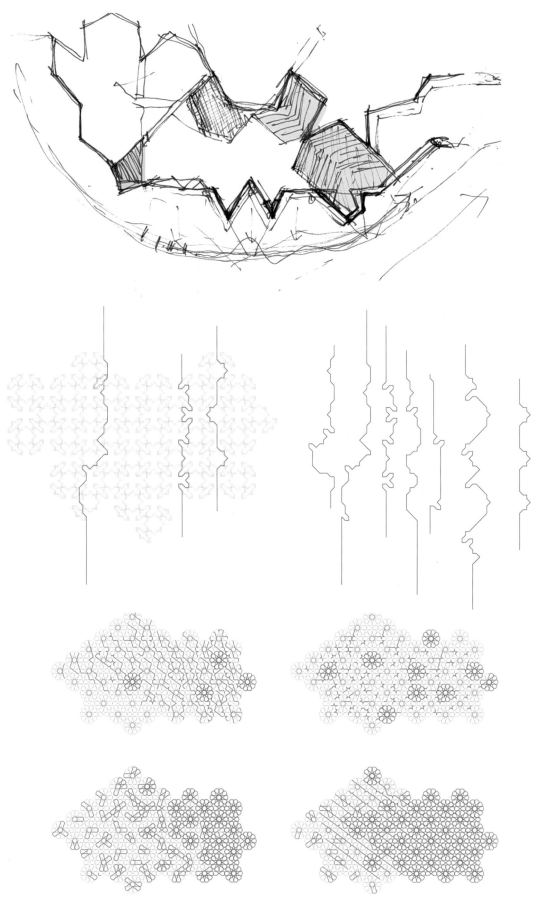

图3 项目概念草图

值得自豪的场所

位于丹德农的阿富汗市集是墨尔本唯一受官方认可的阿富汗片区。该片区是围绕托马斯街（图8）自然演变而成的社区中心，其中的业态包括阿富汗人经营的咖啡店、杂货店，以及社会支持服务中心（图1）。

大丹德农市政府及多元文化事务及公民办，希望更有效地体现阿富汗文化特色。他们的最终目标是打造当地阿富汗社区深感自豪的场所，同时吸引游客驻足探索。

打造富有意义的空间

Sinatra Murphy研究小组进行展开了广泛深入的社区调研，着重研究了丹德农市的阿富汗人口结构的多样性，也体会到当地社区希望彰显人口的多元化及其共通之处的愿望。

HASSELL的设计方案名为"几何形聚会"（geometry of gathering），对马扎沙里夫清真寺中精妙绝伦的花砖拼贴进行了现代演绎（图3）。街道两边的地面铺装无论是质感还是图案都极其精细，并且使用了生动活泼且具有重要文化意义的绿松石和青金石色彩，凸显了主要的聚会地点。设计缩窄了车行道，加宽了人行道，并增设了全新的基础设施，以利于举办节庆活动，如纳吾热孜节（即新年）。

社区调研帮助我们了解人们以往如何使用现有空间的方式，从而实施设计改造以更好地满足特定的文化需求。定制的座位区再现了传统阿拉伯文化中的"suffah"区域，也称为高台（图4），让人们能够用传统方式在现代化社区环境中进行交流（图5、图6）。

图4 "suffah"区域

图5、图6 托马斯街的重建及再开发

图7　托马斯街的重建及再开发

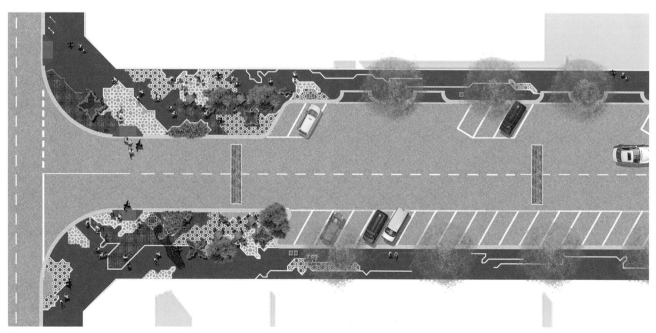

图8　托马斯街平面图

设计最终呈现出标志性的城市街景，整合并呼应了当地社区以及更广泛的阿富汗社区的多元文化。整个街景呈现出独特的视觉特征，使街道更具魅力和活力，吸引社区民众在此聚集以保持联系，这也是他们日常生活中重要的一部分（图7、图8）。

"灯"（Lamp）

由阿富汗裔澳大利亚艺术家Aslam Akram创造的装置艺术"灯"（图9）是当地阿富汗文化的象征，无论是白天还是黑夜都有极高的辨识度。"灯"由两部分组成，底座展现了人类的力量、知识和经验，同时还象征着阿富汗裔澳大利亚人的圣所、历史及记忆。而上半部分则使用了金银细丝工艺制作，代表人类共同创造的成果和澳大利亚多元文化社区间的相互尊重及建立的友谊（图10、图11）。

图9 公共艺术品"灯"（Lamp）

图10 座位区及地面铺装

图11　托马斯街的重建及再开发

长春水文化生态园
Ecological Park with Water Culture in Changchun, Jilin, China

一场工业遗迹文化的记忆
Cultural Memory of Industrial Heritage

项目位置   吉林省长春市亚泰大街与繁荣路交汇处
项目面积   30万m²
设计单位   水石设计
业主单位   长春建委 / 长春城投
获奖情况   MIPIM Awards 2019城市更新奖入围、2019美国金块奖优秀奖、2019WAF世界建筑节入围（在评）、上海市建筑
                学会第八届建筑创作奖佳作奖、2019美国景观建筑师协会（ASLA）综合设计类荣誉奖

图1   长春水文化生态园鸟瞰

本项目荣获"设计大奖"

长春水文化生态园是城市再生项目，项目原址是一座具有80年历史的水厂，通过改造及功能置换，其成为文化艺术社区。设计中，最大程度保留了原生态自然环境，最大程度尊重了历史痕迹，最大程度融入当代生活方式。设计突出三方面特色，首先，以景观思维统筹了规划、建筑、景观、艺术装置等多专业；其次，景观设计突出系统性，形成了慢行系统、原址动植物生态系统、水生态自净化系统；再者，严格控制设计强度，突出功能化、人文感（图1）。

公园于2018年10月份对市民开放。作为长春市二级文物保护院落，开放后的园区为市民提供新的生活空间，在这个32公顷的场地内市民与历史建筑、原生动植物和谐共生。改造后的园区，不仅是功能和形式的植入与置换，是实现南岭自来水厂的重生；是产业结构调整后的经济再生；是人与环境、城市的共生。

图2　下沉雨水花园全景

图3　池底构柱保留

下沉雨水花园

　　由封闭水厂沉淀池改造成的下沉公共空间，充分保持原有的历史痕迹，
并予以功能化处理（图2~图5）。

图4　历史遗迹保留
图5　池底的"时空对话"

图6　艺术广场鸟瞰
图7　多功能草坪活动空间

艺术广场

　　原有废弃的场地被转换成富有活力和艺术气息的城市公共空间，证明了设计对于城市复兴的重要意义。设计时融合旧有的沉淀池顶部设置多功能草坪活动空间，与建筑、艺术装置共同形成公园的核心剧场，展览、音乐会等丰富的城市活动在此开展；密林中废旧的硬质场地被打造成儿童游戏场所、古树下的休憩空间，旧有的工业器械改造植入到场地中，结合丰富趣味活动，感受原始净水工艺，让历史与现代无缝对接（图6、图7）。

图8　露天沉淀池

露天沉淀池

　　由露天沉淀池改造而成的生态休闲湿地，形成了建筑、植被、水体一体化环境。露天沉淀池恢复原有蓄水功能，结合亲水栈桥、水生植物、亲水平台等，打造生态湿地，改造后的蓄水池承载了市民与历史空间最强的互动与对话（图8~图10）。

图9　生态雨洪系统

图10　露天沉淀池鸟瞰

图11　森林树屋

生态连接线

将场地原有的冲沟、建筑、森林、露天水池及城市界面有机串联，并植入丰富的社交场地，共同构建园区游览体系。

密林里空中栈桥为游人带来了独特的感官体验，为公园内原生的动植物提供了栖息及迁徙廊道，形成了人与动植物共存的生态结构，成为城市与自然环境融合的典范（图11、图12）。

图12　森林长廊

瑞安KIC创智天地lot5地块、锦嘉路、成嘉广场景观改造
Shui On KIC Lot 5, Jinjia Road and Chengjia Plaza Landscape Enhancement

项目地点　中国上海
用地规模　9300m²
项目年份　2017年
设计单位　AECOM
协作单位　上海同大规划建筑设计有限公司

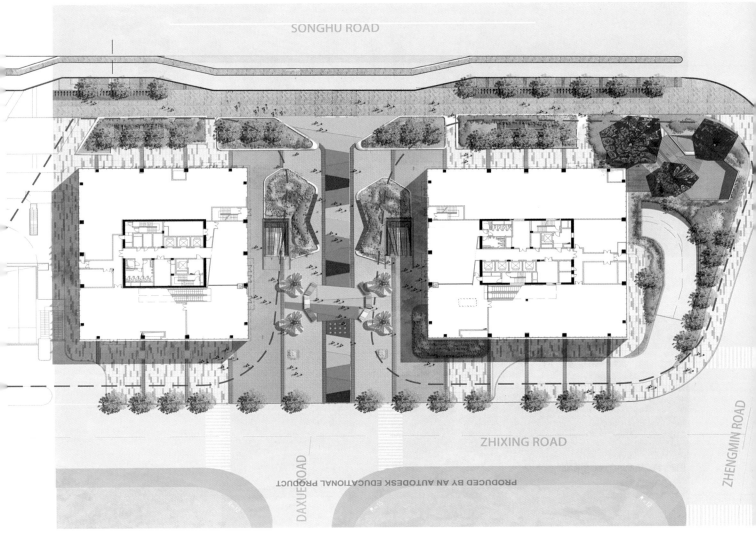

图1　创智天地lot5地块总平面图

本项目荣获"卓越奖"

图2 锦嘉路成嘉广场总平面图

图3 锦嘉路成嘉广场功能分析图

创智天地作为创新型知识社区，吸引着以白领、大学生、企业家为主的目标人群。随着地铁10号线大学路、政民路出口开通，lot5五号地块成为重要的景观节点，连通地上地下空间，是大学路的重要门户。同时，随着亲子业态的导入，对室外儿童活动场地及沿街界面的品质需求也不断提升。商业广场、沿街界面及儿童活动场地的改造提升将智慧、创意的概念进行扩展，保证了足够体量和灵活性，为江湾体育场周边商业及交通注

入了新的活力（图1）。

2017年5月，地铁10号线大学路政民路出口开通，瑞安地产规划设计部委托AECOM景观团队设计创智天地KIC五号地块、锦嘉路、成嘉广场项目。旨在规划部分公共区域，改善社区环境，提高社区认同度，以吸引新的客户，促进招商引资。地铁10号线新出/入口的开通带动了地下通道的商业发展，瑞安地产此举也为江湾体育场周边商业及交通注入了新的活力（图2、图3）。

图4 创智天地5号地块周末集市

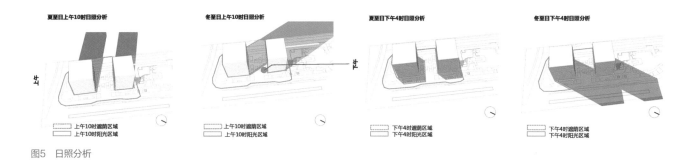

图5 日照分析

"下一站"作为大学路的品牌战略，以国际大都市的年轻人为主要目标人群，如：大学生、企业家、上班族及各类商铺所有者，反映大学路的年轻与活力，也体现了KIC使用者及周围社区的年轻与活力（图4、图8、图9）。

通过评估研究景观空间布局，人流确认集市和活动区域。

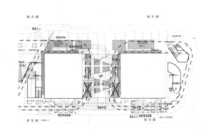

根据周围店铺布置、人流及阳光与遮荫区域分析，布置一系列户外功能区域。既保证集市户外活动区域的灵活性又满足功能需求。

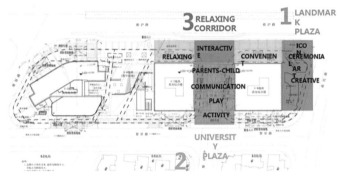
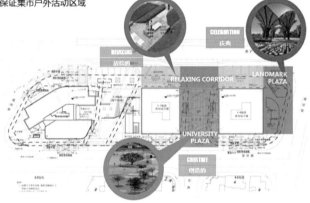

图6　空间规划

优势
Strength

Great location as the entrance to the subway station.

The final stop of Daxue Road.

弱势
Weakness

Limited soil depth restricted the selection of plants.

EVA limits design options.

Songhu Road fragmented the connection between Jiangwan Sports Centre and the site.

Strong wind affects the plants and structures on site.

机遇
Opportunities

Benefit from the development of subway station.

Potential development of neighboring areas will increase the number of users.

限制
Threat

Adjacent development as competitive factors in the future.

Limited space for activities.

图7　优势、弱势、机遇、限制

图8　创智天地5号地块广场活动

　　Lot5五号地块项目主题"下一站"象征着旅行，成为联通旅行和探索的门户，体现出由经地下商业搭乘地铁十号线通往虹桥火车站及虹桥机场，从某种意义上是通向国内外目的地的枢纽。作为主旨的延伸，AECOM景观团队将地面空间与色彩丰富鲜明的大学路串联在一起，彰显旅行与体验的意义。初期概念通过研究空间布局，人行流线以及找出合适的活动场地。在保证广场绿地率的前提下，空间既需要满足两栋塔楼间的消防要求，又要结合保障周边银行安全的监控设备，同时要考虑地库荷载和空间微气候的影响。前期现状，人行流线，日照等综合决定了功能区域和特色空间，保证了足够体量和灵活性（图5~图7）。

图9 创智天地5号地块广场休憩座位

景观概念主题"旅行者之径"应运而生,以护照印章配合关键日期的表达形式,描绘全球各大标志性目的地。表达了选择在KIC生活、工作、游乐的社区成员丰富多样的背景。广场中部精心调色的彩色铺装带代表着创智天地的活力,进而创造出具有丰富互动性的步道或地坪,呈现一个全天候色彩鲜明的空间。植栽选择方面将社区花园的气氛带入广场。植栽品种的选择秉承了在形态、颜色、质地方面的多样性,同时兼顾低维护可持续的理念,选择耐旱或耐潮湿的植物品种。二维码造型的构筑物体现现代科技,为空间赋能。转角作为人流交汇处,利用地铁站出入口与艺术小品有机结合,打造成一个地标艺术节点。采用互动型装置艺术,结合空间特点配合音乐律动,象征旅行者与探索者张开双臂拥抱世界。旅行箱外观的标识牌契合主题,配合印章形式的地坪及投影灯设计,将智慧、创意的概念进行扩展,代表场地的国际视野,打造全球性目的地(图10~图12)。

10

11

图10　成嘉广场儿童游乐区
图11　锦嘉路沿街立面
图12　成嘉广场儿童攀爬设施

旅行和爱情的主体在这里定格升华为亲子和家庭，三
个区域景观在下一站的主题中延续和发展，为周围社区的
注入了全新的活力（图13~图15）。

图13　成嘉广场星空广场
图14　锦嘉路互动景墙
图15　草坪上摄影留念的家庭
图16　成嘉广场林荫步道
图17　成嘉广场休憩空间

北京融科资讯中心B区
Raycom Infotech Park B, Beijing, China

令人着迷的城市商务空间
Fascinating urban business space

项目位置	北京市海淀区
项目面积	20600m²
景观设计	易兰规划设计院
建筑设计	美国SOM建筑设计事务所
业主单位	融科智地房地产股份有限公司
获奖情况	2017 BALI国家景观奖金奖 / 2017北京园林优秀设计二等奖

项目位于中关村核心商务园区内。中关村核心商务园区是北京四环旁的地标性建筑群，项目极大地改善了其公共空间的环境质量，营造了一个开放亲和的景观空间体系。

易兰负责此区域的园林景观概念、方案、施工图等重要阶段。设计提出"花园办公"的理念，将原本无序且未充分利用的户外空间，转化成了供办公人群和市民活动的城市客厅（图1）。

本项目荣获"卓越奖"

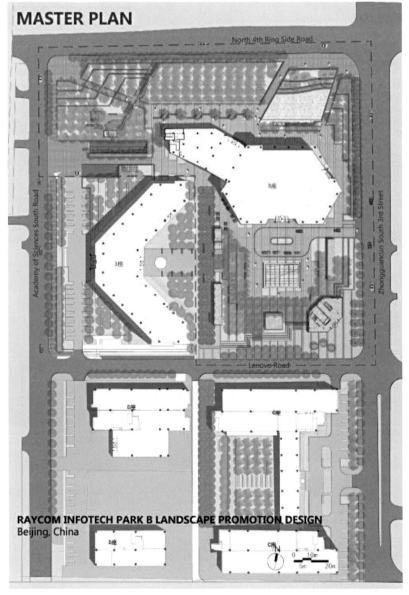

图1　融科咨询中心总平面图

此外，设计提炼建筑立面符号语言，将线性元素以铺装、植被、小品、照明等不同的方式呈现，并结合功能需求，营造出多样而具有活力的共享空间（图2）。设计还重新梳理了因单向交通引起人车混乱的问题，增加了车行环岛，进而实现了人车分流（图3）。

图2　道路节点夜景效果图

图3　融科资讯中心夜景鸟瞰图

图4　水景广场效果图

图5　文化记忆节点图

图6　水景细节效果图

　　梧桐树阵广场设计延续了南北方向上的景观轴线，为办公园区提供林荫休闲空间。设计提炼建筑立面符号语言，将线性元素以铺装、植被、小品、照明等不同的方式呈现，营造出多样化的功能空间。并通过重新定义场地的入口空间，增加景观空间的视线聚焦点，提高入口的辨识度。南侧的水景广场，改造了水景的池壁和压顶，营造大气的公共开放水景（图4）。

　　设计保留"联想小屋"旧址，突出了联想小屋的历史特征，配合"水滴石穿"水景小品，打造具有场地感的文化景观，延续场地的历史记忆，突出企业文化和联想人锲而不舍的企业精神（图5、图6）。

图7　实景水景改造图

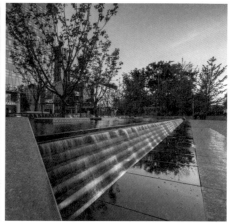

图8　水景实景图

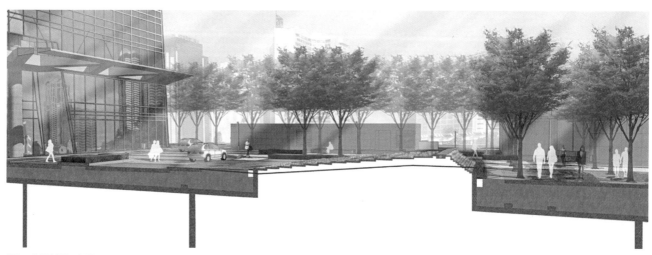

图9　空间剖面示意图

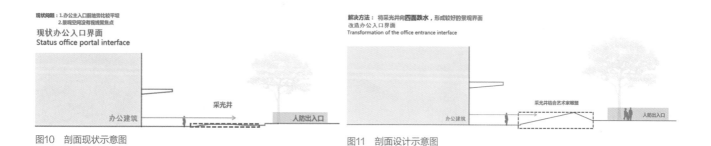

图10　剖面现状示意图

图11　剖面设计示意图

现状问题：1.办公主入口前地防比较平坦
2.景观空间没有视线聚焦点

现状办公入口界面
Status office portal interface

办公建筑　采光井　人防出入口

解决方法：将采光井向四面跌水，形成较好的景观界面
改造办公入口界面
Transformation of the office entrance interface

办公建筑　采光井结合艺术家雕塑　人防出入口

　　项目建成后，整个区域从一个相对封闭的商业空间变成了一个开敞的城市公共空间（图7~图11）。简单、开放的空间组织，大面积的绿地和铺装，以及精致的设计细节，为附近工作和居住的人群提供了一个方便可达、开放复合的城市休闲空间（图12、图13）。通过景观的改造，极大地提高了原始场地的影响力，打造了一个理想的商业空间，形成良好的品牌效应，吸引了谷歌、英特尔、联想等世界500强公司纷纷入驻。

图12 道路节点效果图

图13 休憩空间俯视图

图14　广场夜景灯光效果（一）

图15　广场夜景灯光效果（二）

山丘广场
Hill Square

走过街角，遇见山丘
Crossing the corner and meeting the hill

项目地点	天津高新区
用地规模	10000m²
设计单位	原地（北京）建筑设计有限公司
建设单位	天津南开允公集团有限公司
项目年份	2017年10月

图1 山丘广场全景

本项目荣获"卓越奖"

智慧山坐落在天津市南开区华苑高新区内，因其常年举办丰富的艺术文化类活动，已经成为在全国有一定影响力的文化地标。

在智慧山，9栋现代化写字楼聚集了广告、媒体、互联网行业的大量创意人群，如何让原本生硬枯燥的楼宇空间变得柔软生动起来，这个问题被交给了一批年轻卓越的建筑师，其中北京原地建筑的李冀用山丘广场作为回答，给城市带来了一个不一样的景观（图1）。

基地原来的样貌是一个占地约10000m²的正方形，建筑师经过多轮方案的反复比较思考，最终确定了现在以竹为主要材料、以梯田一般的山丘为主要形态的"山丘广场"方案。设计师利用山丘的设计将原有地下车库的机电控制房巧妙覆盖，并创造了更多新的活动空间（图2）。

工程使用竹条35万余片，营造工期180天，铺装有非规则弧形竹踏板。全部竹材均由建筑师团队在南方竹产地考察挑选而得。山丘广场最终落成后，也成为国内已知最大的竹结构单体建筑，其复杂细腻的施工也成为国内工程罕有的样板（图3～图7）。

建筑师李冀本人喜爱东方文化，也喜欢天然朴素的材质，竹子的使用是这个方案的一大特色。竹子无法替代的触感和韧性，以及所蕴含江南水土的灵动气质，都与钢筋混凝土玻璃幕墙的现代化建筑语言形成了反差，软化了空间的强度和硬度，创造了人与自然、人与自身想象力的一次联结。

从造型意义上，山丘广场本身既是一个巨大的雕塑，由六个山丘起伏连绵，营造出山丘与梯田的意象；从使用功能上，也是一个与人充分交互的广场，市民和周边办公人群都会在此散步，所有的山型都有梯田一样的台阶可供游客攀爬或坐下来休息（图8～图15）。

山丘广场落成后也迅速成了文化艺术活动的热门场地。2018年的芒种诗歌节、法国夏至音乐节、2019年的精酿啤酒露天市集、露天观影等文化休闲活动都在山丘广场上举办。山丘广场已经深受广大市民所喜爱，成了文化艺术地标的代名词，并被国内外各类媒体所关注报道（图16～图19）。

图2　山丘广场局部

图3　山丘广场侧面局部

图4　丘体施工

图5　平台施工

图6　踏板施工

图7　施工全景

图8　设计效果图一

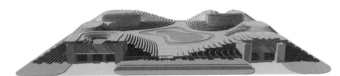

图9　设计效果图二

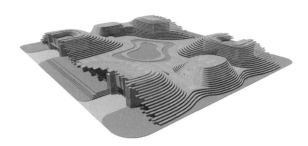

图10　设计效果图三

图11　游客互动效果图一

图12　游客互动效果图二

图13　曲线之美一

图14　曲线之美二

图15　曲线之美三

图16　在山丘广场上的周末露天市集

图17　山丘广场上的街舞大赛

图18　夏夜的露天音乐会

图19　吸引了京津两地年轻人的精酿啤酒节

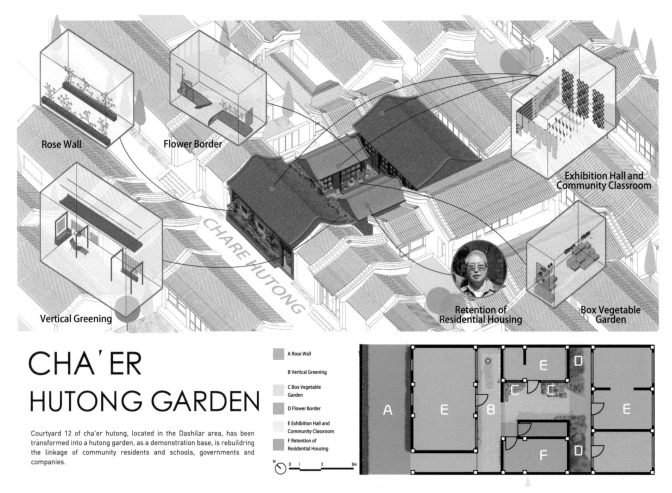

图2　月季墙效果图

图3　月季墙效果图

大栅栏街区是北京历史街区中非常具有代表性的一个街区，这里不光有胡同民俗文化，更有着深厚的植物文化。居民喜爱在胡同中进行植物种植，社区也提供资金和人力维护了胡同的植物景观。但是现存的胡同绿化模式使得植物种植缺乏重点与统一感，同时，部分过宽、位置不当的种植池甚至阻碍了居民使用街道公共空间。这些问题导致了大栅栏街区没有打造出自己的植物名片，街道空间不能形成良好的景观效果，整体风貌较差。

茶儿胡同是大栅栏街区中东侧的一条东西向胡同，长

约240m，其中的茶儿胡同12号院权属较为简单，外墙较为干净平整，长约7m，设计团队以此地作为大栅栏街区胡同月季计划的生长点（图1）。

设计团队将重点放在了利用有限的地面空间创造出具有北京特色的胡同街道立面上。提出了通过使用老百姓喜闻乐见的北京市"市花"——月季的藤本品种，结合艺术化的攀缘装置，将胡同街巷立面打造成立体的月季花园的月季计划（图2~图4）。

月季计划主要包括了花架设计和植物选择两部分。

月季花架的设计概念源于自然界的树木，以树木枝干作为蓝本，对其形式进行简化概括，选取了适宜胡同门窗、立面尺度的模数，形成了两种大小约为70厘米的树枝单体。两种单体可以根据墙面的情况进行不同的组合，使得攀缘架有着更广泛的利用前景。月季花种植在攀缘架之下的箱式的锈铁种植池，这种植池能方便进行自由布置和移动，具有更好的适应性（图5）。

月季计划中使用的植物如"多特蒙得"藤本月季、野蔷薇"白玉棠"等月季都具有很好的抗性，能在低养护的情况下茁壮成长。在月季的色彩方面，以粉色月季为主，点缀野蔷薇"金秀娃"、藤本月季"光谱"等黄色品种，与种植池内的低矮花卉结合形成交相辉映的胡同景观。

未来月季花开将成为大栅栏地区的胡同新景，下一步团队将在大栅栏地区更多的胡同内，采用月季为主题的立体绿化方式，结合胡同的文化与特点，进行"胡同月季计划"，打造每条胡同的特色月季景观，推动大栅栏街区更新，为北京老城的发展与更新注入风景园林的力量（图6）。

第三章　街景要素研发

Chapter Three: Research and Development of Street View Elements

- 未来街道
- 城市街景组合家具设计研究

未来街道
Future Street

项目位置　　澳大利亚悉尼
景观设计　　普利斯设计集团
获奖情况　　2018年世界建筑新闻大奖—沉浸式技术最佳应用
　　　　　　2018年澳大利亚规划学会新南威尔士州卓越规划奖—小型项目最佳规划理念
　　　　　　2018年世界建筑新闻大奖—城市挑战赛"2018街道重建"

图1　未来街道体验区互动装置

作为智慧城市战略空间的引领者，普利斯设计集团一直致力于对"未来街道"的研究。到目前为止，普利斯设计集团已经参加了两个"未来街道"项目的规划与设计。

未来街道是展示新南威尔士政府（NSW government）、悉尼城区、澳大利亚景观建筑师学会（AILA）以及智慧城市委员会（Smart Cities Council）未来几十年街景的重要窗口。

图2　未来街道视觉化展示

普利斯设计集团将位于悉尼环形码头（Circular Quay）附近的阿尔弗莱德街（Alfred Street）改造成了一条未来街道。该项目是澳大利亚景观建筑师学会2017国际景观建筑节的一部分（图1）。

这条50m长的街道种植了30棵古老的树木、耗费了100吨的土壤，并且运用了从特斯拉汽车、自动穿梭巴士到智能电线杆和垂直农场的众多技术。

自动驾驶汽车、智慧城市科技、都市农业和都市景观规划需求的出现带来了许多新的机会，"未来街道"正是在此背景下，将未来的街道可能和应该的表现形式视觉化的展示出来（图2）。

它对"我们将更多的公共空间让人、而不是车辆来使用"这一议题的可能性进行了测试。无论是新型的还是不同的出行选择，都是为了让人们更好地在城市中生活和居住，享受生活（图2）。

"未来街道"展现了基于景观、基础设施建设和科技发展所产生的创新理念，使我们的城市、城郊和城镇变得更加宜居、富有生产力、具有可持续性。"未来街道"的"营建"汇集了拥有不同背景、来自不同领域的都市领导人，他们正寻求重塑街道在未来的角色，并希望将绿色街道、完整街道和智慧街道的议程融合在一起（图3）。2019年，坎特伯雷班克斯敦政府启动了一项"未来街道"激活活

图3~图8　未来街道体验区

动，普利斯设计集团受其委托完成这次未来街道的设计与交付。这次活动中，位于北露台和班克斯敦火车站之间的广场空间已被临时改造成一个快闪"未来街道"体验区（图4~图9），这里展示了带有Wi-Fi功能的智能长椅，电动滑板车（图10），太阳能驱动的垃圾箱（图11）以及电动自行车。

　　普利斯设计集团规划总监Chris Isles表示这次的活动展示了如何调动当地社区的积极性，鼓励其以有趣又有效的方式与智慧城市战略互动，有很好的借鉴意义。

图9　未来街道体验区

图10　电动滑板车

图11　太阳能驱动垃圾箱

城市街景组合家具设计研究
Study on Urban Street Furniture Design

易兰规划设计院

人与街道及其街道家具之间的互动关系是街道家具构成城市街道环境的重要因素，承载着城市人日常生活、休闲娱乐等诸多切实需求。街道家具作为与市民接触最直接、最亲密的设施，能够凸显以人为本的城市发展理念。模块化设计作为一种新兴的家具设计理念，可以满足人们对街道家具的多元化及多用途需求，创造出在空间中不一样的组合方式或构成关系，实现家具制造过程中批量化与多样式的双赢局面。

一、街道组合家具的概念

1. 街道家具概念及分类

20世纪60年代英国首先提出了街道家具（Street Furniture）一词。目前在我国还未形成学术界公认的概念，人们对街道家具的概念一般称为公共设施或环境设施。

"街道家具"是城市街道景观中不可或缺的一部分，具有"场所"意义的特征，与所处的空间和场所密不可分，是决定建筑物室外空间功能的基础和形式的重要元素。街道家具不再只是公共服务设施，其更注重公共性、交流性、互动性及半开放性等，逐渐地展现街道空间的价值。

街道家具从内容到形式都紧随城市的生活变化而发展。因此，法国街道家具研究者卡蒙纳（Michael Carmona）教授指出，"街道家具设置的目的，是在协助市民重新发现与重新认识街道"。

街道家具主要以环境设施和景观小品为主要内容，遍布城市街道中的座椅（图1）、公交车候车亭、交通标志

图1　城市街道组合家具

牌、指路标牌、广告牌、城市雕塑、健身器材及儿童游乐设施等都属于街道家具的范畴。

因此街道家具可分为城市设施、服务设施、小品建筑、情报设施、无障碍设施和安全设施等类型。

2. 模块化组合家具概念及内涵

模块化设计（Modular design），是将产品的某些要素组合在一起，构成一个具有特定功能的子系统，将这个子系统作为通用性的模块与其他产品要素进行多种组合，构成新的系统，产生多种不同功能或相同功能、不同性能的系列产品。

将绿色生态的设计思想与模块化结合起来，满足产品的功能属性和环境属性，一方面可以缩短产品研发与制造周期，增加产品系列，提高产品质量，快速应对市场变化；另一方面，可以减少或消除对环境的不利影响，方便重复利用、维修、升级和产品废弃后的拆卸、回收及处理。

组合家具，由若干个标准零件或者家具单元部件组合而成的家具系统统称为组合家具。

组合家具根据构件连接方式大致可分为以下几类：拼装式（图2）；架装式（图3）；外插式（图4）；嵌套式；层叠式等。

1）拼装式 将模块进行随意拼装以实现家具功能多样性的家具系统。优点：便于拆装、维修，各单元部件实现标准化、系列化。

2）架装式 由杆状骨架和插件模块组成的家具系统。优点：方便拆装、运输等。

3）外插式 通过将各个独立的盒状插件在外部进行多方向的互相连接形成的新的家具。优点：灵活变化，便于拆装及维修。

二、街道组合家具的设计原则

1. 模块化

在对街道家具进行模块化设计组合时要考虑其单个模块的通用性和易加工性等，为防止杂乱，模块种类需要得到控制。将城市家具进行模块化设计，可以在设计、制作、装配过程中，将作业分解为多个模块，分别进行制作，然后进行组合，更有利于多工种并行参与，可以简化

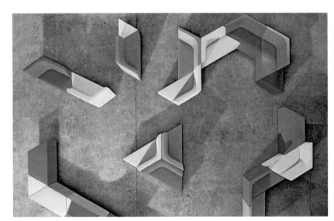

图2 拼装式组合家具

图3 架装式组合家具

图4 外插式组合家具

图5　坐凳与种植池结合

图6　艺术装置与坐具结合

工序，降低成本。模块化设计方便设施的维护检修，易于实现产品的互换性和标准化（图5）。

2. 轻便性

轻便性原则主要针对街道家具的重量和可移动性而言。通过采用一些轻巧的外观造型和选择一些密度较小的材料来实现。同时还应注意材料的方便实用性，使街道家具用起来"得心应手"，突出其功能性，而不仅仅停留在装饰性上。

3. 美观性

街道家具作为一种社会公共设施的同时，也是一种特殊的艺术品，对城市形象的塑造起到重要作用。美观的街道家具对市民的审美情趣有着潜移默化的影响。街道家具的"美"是建立在"用"的基础上的。必须根植于由功能、材料所带来的自然属性中，产品的造型美应有利于功能的完善和发挥，有利于新材料和新技术的应用。

三、街道组合家具对城市形象塑造的影响

家具重新组合后，放置在街道的某些特殊节点往往产生新的功能：聚集行人行走、交谈、联系友谊等，这些都是街道组合家具提供给人的不可忽略的新的场所功能。组合家具与建筑、广场、公园等城市公共空间一起共同搭建出了城市视觉形象，对城市文化形成和品质塑造有着直接影响。

1. 整合提升街道视觉形象

城市街道的形象一方面体现了街道使用性质的实际场所形象，另一方面通过街道中家具的造型美感与造型元素相似性，体现整体美学形象。街道形象与街道家具造型是一种相辅相成的关系，街道家具的品质与配置组织是衡量一个城市形象优劣的标准。一条街道形象的成功营造也影响着整个城市的视觉形象。因此设计精良的街道家具能够展现良好的使用功能和人文关怀。

2. 重塑城市社会文化形象

行人在街道环境的体验与活动过程中，通过感受、文字、图形、信息、其他人的行为举止等因素感受该区域的氛围，这也是城市的社会文化软实力之一。将不同功能的街道家具设计重组后，增添一定的城市文脉，让市民游走在街道中能找到一定的情感寄托。

四、街道组合家具的设计思想

街道家具是沿着街道以线型视觉排列，通过街道家具的功能模块或单元组合，以形态、色彩、材质等设计要素对街道家具进行重新设计与配置，以此强化街道家具间的整体与统一，重塑城市形象。

1. 功能多元

街道家具按照使用功能可以分为街道管理家具系统、街道交通家具系统、街道辅助家具系统、街道美化家具系统四部分。

街道组合家具不单纯局限于某一功能，而是将雨水利用、绿色生态、废弃物再生利用、智慧城市等融合，打造集生态绿色、美观、便捷和集约为一体的街道组合家具。例如，将艺术装置和坐具、种植池、垃圾回收结合（图6）。再比如，组合式智能花钵。从外观设计、节能环

保、关节衔接等方面作为设计重点，将坐具、种植、照明等几项设施通过智能模块化组合：利用内置环境数据传感器、智慧控制器和滴灌及补光设备，对植物进行远程智慧控制浇水、施肥、补光等养护工作，减少人力成本的同时提高植物存活率。

2. 造型新颖

考虑组合家具的形态造型，同一类型的街道家具间进行有效整合，强调模块间的相同和近似性，给人以完整协调之感。将模块呈现排列、连缀（图7）、反复（图8）、转换的变化，形成一定的节奏感；不同类型街道家具间也要进行形态统一性规划与设计，以达到街道家具的整体性。街道家具的多元化造型除了结构多样化以外，还可以通过模块的色彩和外形解决。

3. 结构标准

"32mm"系统，是构成板式家具重要结构的设计方法，对于街道家具模块化结构标准的运用同样适用。通过对零部件规格的标准化提高生产效率，同时降低生产成本，放置时采用灵活多变的方式，结构可以便捷拆卸与拼装，让街道组合家具拥有更多功能的同时拥有更多变化，满足人们在休闲、交流等方面的需要。

4. 材料适宜

街道家具在材料的选择上，除了美观的需求外，要求有良好的抵御室外各种气候变化和侵袭的性能。考虑材料的强度、硬度、防水、防腐等实际性的要求，选择耐腐蚀的材料。如金属材料有铝、不锈钢、防锈处理的铸铁材料等（图9）；天然材料有木材、竹材、石材等；人工合成材料有木塑复合材料、水泥等（图10），不同材料产生不同肌理效果。街道家具材料的选择还应考虑模块间材料肌理的协调统一。

通过模块的组合，实现功能、外形、结构的变化，通过模块的重新组合实现街道组合家具的实用性、个性化和多用途的作用。

五、街道组合家具的设计方法研究

街道组合家具的设计，除上述功能、造型、结构和材

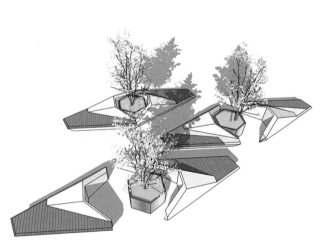

图7　连缀

图8　反复

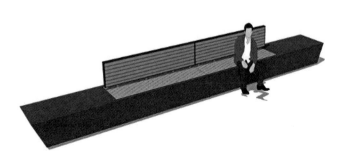

图9　钛金不锈钢拉丝+彩色PVC

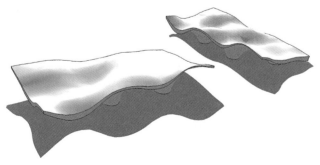

图10　坐具/装饰混凝土

图11 可移动式智慧生态街椅

料的要求以外。可从以下几个方面思考。

1. 街道组合家具的整合与创新

秩序是街道的美学营造最根本的视觉要求，视觉秩序的达成很大程度上需要有节奏有韵律的形态、色彩等视觉设计要素的有机结合。要达到这些视觉要素的有机结合，需要通过单体元素的造型的相似性整合，以及通过减少突兀性的形体出现在街道空间。

设计师需要更好地思考如何创造适合街道空间营造的街道家具的总体设计方法，达到街道家具的创建与街道环境的美学平衡。

街道组合家具在属性上已经不是"家具"与"家具"的简单组合，而是通过对街道、家具、使用者、使用频率做深入的分析，尤其是对街道行为的发展趋势进行分析归纳，生成新"家具"，将新"家具"与现有"家具"有机融合，全新的街道组合家具诞生。例如智慧生态座椅采用近200株高效吸附力的藤蔓类常绿植物，绿化面积大约10m²，内置环境数据传感器、智慧控制器和滴灌及补光设备，自动监测周围空气温湿度、PM2.5、PM10等各种环境数据，远程智慧控制浇水、补光、施肥等养护工作，科学养护，节约能源，无需人工管理，大大提高植物存活率。座椅顶部和中间坐台上还安装有LED节能灯泡，晚

上，在灯光的照射下，市民游客可以坐在座椅上读书、聊天、看夜景。同时在座椅上配置有4个手机充电接口，可供行人或游客休憩时为手机充电，十分便利。其内置的太阳能采集供电系统，在白天通过吸收光能来储存电量，为智慧设备的运行提供电源支持，无需外接电源就可满足自身用电需要。还设计了储物箱和垃圾桶，既可储放公共设施，又可将行人休憩时产生的垃圾进行回收处理，保护环境不受污染。

2. 家具的重新组合

街道中"家具"之间通过微妙的对应关系分析，可以形成简单的重新组合。如原来公交站台旁分散安装了许多诸如垃圾桶、座椅等各类街道家具，现在将这些散落的"家具"梳理出主次关系、发生的前后关系等将原来的"家具"在街道空间中重新组合，创造出不一样的组合方式或构成关系，新的组合家具在造型与功能上都得到了新生。

例如设置于街道路沿侧的可移动式智慧生态街椅（图11），将绿植景观与公共座椅相结合，运用智慧绿化养护系统打造立体绿化，利用纵向空间为城市增加绿化面积。

3. 街道组合家具——街道环境中的"大节点"

在街道中的交通交汇点、人聚汇点、终点或驻足点等设置座椅、桌等为主体的家具。设置街道家具的地方自然成为吸引人前往、汇聚的场所，成为街道环境中的"节点"。街道家具的数量越多、功能越多，场所具有的公共性和交流性越强。

街道家具的设计作为景观环境构成的元素，在街道环境有关元素组合的整体结构下，可以结合环境氛围的不同要求，利用其形式、色彩、材质等设计要素进行特别处理和安排，使局部的街道环境具有明显的可识别性，成为显眼的定向参照物，为街道环境注入新的生机，具有特征和个性（图12）。当然其特征和个性还在于从整体环境的要求出发，结合不同的功能需求，确定街道家具适宜的造型、色彩、材料、尺度等。

六、未来发展方向

随着人们对公共环境品质要求的提高，设计师们不再单纯的关注地标性、大尺度城市文化形象要素，对街道家具从点到面系统化设计，再到对街道家具进行新的组合构成研究是十分有必要的。在街道组合家具的研究中引入智慧城市概念，智能化与模块化以一种协作的方式相互衔接。完成一体化的高度整合，遵循便捷、经济、宜人的原

图12　智座座椅

则，将街道家具通用的基本功能和特殊功能灵活排列组合，节省空间和资源，在一定空间达到最优的功能整合。街道组合家具有利于提高产品性能、缩短设计和生成周期，同时满足人们对街道家具多元化、复合化的使用需求。因此，街道家具模块化的设计思想具有广阔发展前景，是一个值得探索和发掘的研究课题。

第四章　建设主体统筹协调

Chapter Four: Overall Coordination of Construction Bodies

- 从政府委派的建设实施主体视角

  ——浅析"城市更新"背景下"街景重构"项目实施落地路径

从政府委派的建设实施主体视角
——浅析"城市更新"背景下"街景重构"项目实施落地路径

随着城市化的不断深入，环境恶化、交通拥堵等城市病日趋严重，已成为全球城市发展共同面临的难题，城市发展也更加注重和兼顾多元利益，关注美好生活的品质提升。城市发展理念正在慢慢从"空间管理"向"综合治理"、从"增量发展"向"存量更新"转变。开放性、多元化、合作性的治理模式已成为重要发展趋势。

近年，"更新"成为城市的新命题，"存量规划"、"城市双修"、"城市更新"、"街区更新"、"城市微更新"等成为高频率出现的词汇。城市街道，准确地说也包含了所有的城市公共空间，是城市的重要组成部分，是每个生活在城市中的人接触最为密切的区域，也是展示城市形象、传播城市文化、感受生活体验的重要窗口。但是，在城市街道中，我们发现往往被忽视的是"人"，在其中的人被迫适应这样一种并不舒适的区域——狭窄的人行步道、不可进入的绿化区域、硬质的栏杆围挡、毫无秩序的共享单车、无处可停的快递外卖车辆……其实，街道更是一种生活，当越来越多的人关注起身边的街道，政府也将街道纳入改造提升的视野，改变自然开始。于是，北京、上海、广州等地接连发布《北京街道更新治理城市设计导则》、《上海市街道设计导则》、《广州市城市道路全要素设计手册》等指导性文件，使城市更新、街道设计、社区治理有了些依据。此外，北京市出台了《关于加强新时代街道工作的意见》，以北京市规划和自然资源委员会为牵头单位推行的责任规划师制度，提倡"以人为本"的公众参与等做法，总结和摸索出一些值得推广的经验，也取得了一定的成效。

在这样的背景下，针对城市街道的街景，易兰规划设计院创始人、首席设计师、美国注册景观规划设计师、中国建筑学会园林景观分会副主任委员、中国城市规划学会城市生态规划委员会专家委员、联合国人居环境奖获得者、SRC街景研究中心发起人陈跃中先生，提出了街景重构的概念，总结出五大街景重构原则，即慢行联通、突破红线、多元包容、功能有序、文化表述。在具体实践上，打破传统街道的设计方式，从顺应时代发展需求的新视角重新认识街道空间，通过采取多元化技术手段来设计和塑造新的街道景观，使城市街道设施更为安全，功能更加合理，不仅能够承载城市的特色文化记忆，还能顺应时

代需求，形成为人民服务的、充满活力的城市空间。这一对街景设计规范化、引导性的提炼，可以作为对现阶段城市街道设计理论的有益补充。

作为政府委派的建设实施主体，笔者在北京上地地区有幸参与了一些街景重构项目的组织实施工作。因此拟以这个视角，总结探讨实施过程中遇到的困难及解决途径。

一、以上地地区部分街景重构项目为例，浅析实施落地的主要做法和遇到的困难

首先，我们要清楚地了解，目前的街景存在什么问题，为什么要实施街景重构？

通常，我们要实施的街景重构，都是在老城区和已建成区，上地地区正是这样一个地区。上地自20世纪90年代建成，是中关村科学城的重要组成部分，作为中国第一个高新技术园区，曾经引领了中国高新技术园区的发展。随着园区的快速发展，诸多方面的不合理现象逐步显现，体现在街景方面尤为突出：有的因道路周边的交通功能设施没有统一规划，建设时序不同、主体不同、陆续叠加，造成了空间的不合理；有的因传统的规划理念及习惯做法，"红线"意识强烈，用一个一个硬质围墙把自己的领域圈起来，街道没有真正的公共空间，不可达不亲切；有的因新兴服务方式的出现，如共享单车、快递、外卖等造成的无秩序；有的因建筑立面老旧、形象不佳；有的因千街一面，全无文化特质；有的因城市家具、景观小品及绿化设计、管养水平不高，毫无品质可言……因此，我们说上地地区进入了街景升级改造的关键时期（图1）。

第二，我们该怎么做？

为了达到效果，我们充分研究了现状，包括高科技企业从业人口的特征、生态影响等方面的分析。通过前期研究，分析现有街景中存在的问题，以解决问题作为目标导向。结合了国内外具有借鉴意义的优秀案例，多次邀请业内专家共同谋划，并广泛征求了各相关部门意见，从建筑立面、路网设施、道路绿化、广告标识、夜景照明等方面入手，形成了"以人为本、生态和谐、文化传承"的改造理念，制定了"取消现状围墙、改善行车管理、提升入口广场、增加停留空间、打造街景形象"这五个改造策

图1 改造前的城市街景

图2 改造后的城市街景

略，最终实现"保障安全、健康活力、绿色生态"的效果目标（图2）。

第三，我们遇到了什么困难？

谁更适合协调统筹街景重构项目的实施？要想让一个好的设计方案可实施、可落地，涉及多个不同行政层级的政府专业管理部门，虽然制定了党建引领"街乡吹哨、部门报到"的工作模式，但在区级政府专业管理部门的协调

上存在实际困难，由于缺乏报到的有效机制，比如明确什么级别的人来报到，报到的时间节点等等问题都不清晰，导致"吹哨"的工作不能落到实处。在市级政府专业管理部门的协调上，更是由于权责利不对等，导致很多工作很难协调和推动。谁更适合研判街景重构设计方案的"好"与"差"？街景重构不仅仅是园林景观的提升、不仅仅是建筑立面的改造，更有空间的合理组织、慢行系统

的建立、城市管理精细化功能的体现等诸多方面，所以设计方案由谁来最终研判"好"与"差"？以谁为主要组织敲定或审批方案，如何将各部门意见整合达成共识，如何在符合相关规范的基础上有所创新？由于各部门职能角度的不同，规范设置的条框，导致很多即使得到专家认可和公众满意的方案最终无法完全落地，设计方案在实施中大打折扣。

出台什么样的支持政策，可以说服产权单位让出空间为公共使用，可以使政府各部门同意将各自红线整体统一考虑，使街景重构项目突破产权边界的束缚？这里所说的突破红线，包括说服原有红线内的产权单位打开围墙，让出空间为公共使用；也包括实施过程中涉及的道路红线、绿地红线等的重新合理布置，各种市政交通设施位置的调整，管线改移、树木移植、河湖水系的衔接、文物的保护利用等。目前，因为没有相关的政策，前期沟通协调过程异常艰难，也很难达成一致。假如，实现了红线突破，后续的运营管理权限也需要同步界定，否则就会出现推诿扯皮、无人管养的局面。

街景重构项目的投资标准设置和资金如何保障？街景重构的目标就是要高标准、高要求实施提升改造，通过打造一条条有生命的街道，示范和引领整个区域的城市更新提升。这就需要和高标准、高要求相匹配资金保障和设计、施工、监理团队作为后盾，然而现实中从政府节约资金的角度，参照的成本和取费的标准偏低，在立项时对资金的评审很严格，优秀的设计、施工、监理团队望而却步。

二、街景重构项目实施落地途径探讨

（一）提高认识，勇于突破和创新，创造性开展工作。

街景重构作为城市更新的一个重要组成部分，是经济社会发展变化的必然需求，是解决建筑老旧与基础设施老化、空间不合理、功能不完善、慢行交通缺失，景观品质不高的有效途径。在街景重构过程中，我们面对的是老城区和已建成区，相较新建区域存在太多的不确定性和复杂性。诸多现状问题牵扯方方面面，不仅需要面对市区各级规划国土、园林、市政、交通、建委、水务、文物等政府部门，在他们各自的管理权限和专业规范内进行审核；还要满足发改立项、财政拨付资金、审计控制等项目流程的具体要求；更要协调沟通项目区域内各业主、各产权单位，有些是国有企业，有些是私营企业和个人业主，有些是公交、轨道、停车场等公共交通设施的主责单位，满

足他们的利益诉求；此外，所有街景重构项目都有其特殊性，从方案的组织制定到多专业的配合共识，从政府各方的协调到综合各方观点，尤其是统筹机制、实施方式和配套措施还没有完全建立起来的情况下，在实践中，确有力争坚持，也有无奈妥协。因此，无论是方案的最终论证确认，统筹机制的建立，抑或相关的配套保障措施都需要提高认识，勇于突破和创新，创造性开展工作。

这一点上海给我们提供了很好的经验，非常值得借鉴。仅用一个斑马线的设计作为举例说明：上海长宁区政府针对愚园路的街景重构：对斑马线和停车位进行了重新设计。Z字形斑马线自然地引导行人左右分流，减少人们过马路时的摩擦和冲撞，也让斑马线看起来更活泼漂亮（图3）。

100architects结合英文单词"Pool"和自行车链条，在人行道旁标示出了共享单车的停放位置和方向，把人行道从蝗虫一般的共享单车堆中解放出来（图4）。

其实，愚园路的街景重构是一个大胆的项目，为我们对城市和设计的思考打开了一个出口。我们想说的不是项目本身，而是地方政府对待街景重构项目的一种态度——勇于突破和创新，创造性开展工作。

（二）加大实施统筹力度，扎实基础研究，完善配套措施中的细则。

图3　上海长宁区政府针对愚园路的街景重构

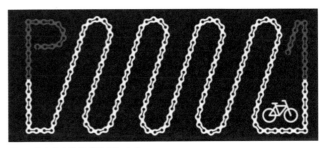

图4　共享单车的停放位置和方向

北京近几年做了很多努力，为了解决城市更新和街区改造中面临的难题，北京市规划自然资源委做了若干设想：

1. 街区更新的机制是建立区级统筹、街道主体、部门协作、专业力量支持、社会公众广泛参与的工作机制。逐步完善街区服务功能、培育街区自我发展自我更新能力。

2. 街区更新的实施方式是根据城市规划及相关规范等上位规划的要求，开展街区问题诊断分析，制定街区更新实施方案和相关设计导则，指导街区更新项目的实施，实现以整体规划设计引领街区更新工作，并进行后期监管和实施评估。

3. 街区更新的配套措施包括建立健全街区责任规划师制度，充分发挥专家和专业团队的作用，完善项目立项、规划审批、土地政策、房屋管理、资金保障等支持措施，推动街区更新成片区、分步骤、有顺序的开展。

街区更新有许多类型，平房区、历史文化街区、老旧小区、城乡接合部等，街景重构也是街区更新的一个内容，应该按照市区对城市这项工作的要求和布置来进行工作。

在这个设想框架下各区规自分局也相应有了不同程度、不同特点的落实，也有一些实际项目因此得以落地。

笔者结合工作实际和感受，也提出几点想法：

一是，统筹机构层级要更高，主管部门要更明确。街景重构项目是一项综合性的城市提升治理工作，目前由街道牵头吹哨统筹，虽然理论上具备一定可行性，但实际操作层面力度仍然不够。这是因为街道与其他参与单位并无指导或隶属关系，在项目推进中，与上级以及同级之间的沟通协调存在一定困难。因此，区级的协调力度应该加大，也就是说应该有个高层级的协调工作机制，对接市区两级的行政、专业管理部门和一些相关产权利益单位，这样工作机制比较顺畅，易于推动工作进展。同时，区级层面对城市更新工作包括街景重构项目可设立或指定一个专门合适的部门，指导、管理、协调相关业务性工作。

二是，用足、用好街区责任规划师，最大限度发挥他们的专业优势，同时作为建设单位，也要在符合条规符合政策的基础上，把控设计单位的想法和意见，使设计方案切实可行、落地性强。早在2017年8月，北京东城区作为首都功能核心区，率先在"百街千巷"环境整治提升工作中全面实施责任规划师制度。当时，中规院、清华同衡、北京工业大学等12家知名设计院和大学向全东城17个街道分别派遣由2至3名责任规划师组成的团队，为街区整治发展综合施策，积累了一些经验。2019北京两会政府工

作报告原文指出："建设城市管理专家智库，在城市街区更新、美丽乡村建设中落实责任规划师、设计师制度，提高街乡治理的专业化水平。"目前责任规划师制度已大力推行，他们在街区扎根，要用足、用好街区责任规划师，最大限度发挥他们的专业优势，在城市更新工作中发挥政府意义的专业引领作用。同时，我们也要注意，作为实施单位，每一个街景重构项目都有其独特性，要选择适合的设计单位，对有创新、有突破的点应给予积极的帮助协调，但对涉及多专业的项目，也要充分考虑不同专业的设计规范和现行的管理要求，在设计方案的把控上，建设单位要与设计单位充分对话，要对涉及的"行与不行"做出判断，使设计方案切实可行、落地性强。

三是，针对环境提升类街景重构项目，采取与建设审批不同的分类指导模式，制定相应支持政策。从目前所做的上地地区的几个街景重构项目来看，因为不涉及土地和建筑构筑物设施，也不涉及城市路网，也不是实际意义上的公园绿地，一般情况都没有行政审批意义上的方案批复，都是按照"环境提升"的思路推进，有益有弊。益在于效率高、手续简便、见效快；弊在于没有方案的批复，各专业管理部门也没有针对这样项目的审批办法，遇到道路红线、绿地红线等突破、调整及各种市政交通等设施调整、管线改移、树木移植、河湖水市政交通设施、城市路网等，也不是新的衔接等问题时，协调难度大，往往只能在方案上做妥协，效果上打折扣。因此，建议对环境提升类街景重构项目（不涉及土地、建筑构筑物、实际意义上的公园绿地），采取与建设审批不同的分类指导模式，制定一些红线突破、改移等的相关政策。

四是，积极探索街道周边各产权单位红线围墙"打开"的机制，使之成为环境友好的城市公共空间。红线内外空间统筹规划可以打破原本僵直的人行道空间，改善围墙或栏杆的硬性分割，形成有厚度的可创造丰富空间系统的条件，重构出更加生动的城市界面。《北京街道更新治理城市设计导则》中有明确："鼓励大型办公园区和大专院校进行开放化管理，鼓励大尺度园区向行人开放内部主要道路。"近几年，随着政府倡导开放式街区的建立，要求未来街区设计打破围墙的限制，将建筑、社区、居民及城市公共空间更紧密地结合起来。建议政府出台支持政策，主导积极探讨街道周边的有条件开放的产权单位的红线围墙可以"打开"的机制，共同创造环境友好的城市公共空间。在街景重构项目真正落地实施中，原有的市政设施、道路、绿地范围及管理权限或多或少会有所变化。因

此，在研究"打开"机制和突破红线的同时，园林、市政等管理部门结合实施后的管理运营也应出台相应的管理办法，在建设期间应就后续的管理问题一并解决（图5）。笔者在2013年起开始负责海淀北部文化中心建设，历时三年半时间建成投入使用。在建设初期，尤其是沟通周边绿地环境设计时，自觉应和地块周围的代征绿地统一设计与施工，丰富开放的城市公共空间，于是与园林局积极沟通达成共识，得到可以统一设计施工的批复。同时，同步就建成后的绿地管理问题协同文化中心的物业管理主管部门捋清了管理权限，签订了相关协议。从这一实际案例得到两个启示：一是条件具备时可以突破"红线"；二是一定要提前捋清建成后的管理问题，事前规避后期麻烦（图6）。

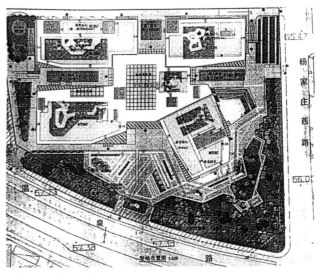

图5   探索红色围墙打开机制

五是，提供街景重构相应标准的资金保障。结合项目实际情况，在鼓励节约的基础上，也要充分考虑提升改造的目标、标准和要求，对特殊重要示范节点项目，可结合市场价格确定适合的设计、施工、监理单位取费标准，同时理解和尊重设计单位在选材用材上的想法和意图，对近远期效果进行综合考评，避免盲目节约带来的"短视"浪费。

总而言之，街景重构作为城市更新的一部分，集合了复杂、综合、独特的特点，实施落地方式也很难用一种标准的程序限定。更多的是根据项目实际情况，结合多元主体的创造性，以及政府、街区与社会环境之间的调和，多种形式得以实现。

新的时代背景下，城市管理慢慢走向城市治理，环境治理更加精准全面。通过推进街景重构，从小做起，以点带面，不断创新城市治理方式，营造多元共治、良性互动的治理格局，对于推动城市健康发展，完善城市治理体系，建设百姓宜居家园意义重大。

图6   文化中心项目绿地

作者：

朱红 | 原北京实创高科技发展有限责任公司副总经理，SRC街景研究中心发起人、理事，园林高级工程师。

李珊 | 北京实创高科技发展有限责任公司产城发展部副部长，北京实创房地产开发有限责任公司副总经理，经济师。

参考文献：

[1] 陈跃中《街景重构：打造品质活力的公共空间》.（作者为易兰规划设计院创始人首席设计师、美国注册景观规划设计师、中国建筑学会园林景观分会副主任委员、中国城市规划学会城市生态规划委员会专家委员、联合国人居环境奖获得者）.

[2] 北京市规划和自然资源委员会微信公众账号.

[3] 吴唯佳《如何实现城市精细化治理？这是必经之路！》.（作者为清华大学建筑与城市研究所副所长、首都区域空间规划研究北京市重点实验室主任）.

第五章　街景要素产品

Chapter Five: Streetscape Element Products

- 水景喷泉在望京SOHO街景设计中的应用
- 彩色Cellek材料在街景设计中的应用
- 绿废材料秸秆、树枝、叶合成材料的应用

水景喷泉在望京SOHO街景设计中的应用 / 欧亚瑟水艺有限公司

动静相宜的城市休闲空间

水景喷泉项目位于Tower 1前方，是整个望京SOHO水景项目的核心（图1）。

水景喷泉设计及建造：德国欧亚瑟（OASE）

由转瞬即逝的水、光及音乐组合在一起，最终构成了一个美妙的作品。竖琴形状的喷泉池与建筑形态的有机曲线相呼应，水下的灯光使整个喷泉池熠熠生辉，线形的主喷泉旁并列两个同心环（图2）。水花像两朵盛开的花朵一般和谐地舞动着，所有的动作都和谐统一，水的曼妙舞步构成了一个3D立体的艺术品。

喷泉把自然界中美好的水画面搬入了钢筋水泥的丛林，为生硬的建筑线条平添了柔美和灵动（图3）。

喷泉四周的蓬勃水气创造出了一个舒适宜人的小气候。置身喷泉边，阵阵凉意掠过身体，沁人心扉。细小的水珠与空气分子撞击，产生出大量的负氧离子，令呼吸的空气都顿时清爽无比（图4）。

配合韵律感极强的乐曲和炫彩夺目的灯光，
伴随着起伏的旋律，或慷慨，或悠扬，或明快
喷泉用奇趣曼妙的方式重新定义音乐，这就是来自艺术的魅力（图5、图6）。

图1　望京SOHO水景喷泉俯拍图

图2　水与灯光完美结合，线形的主喷泉旁并两个同心环

图3　艺术与科技完美缔合，打造动静相宜的办公休闲空间

图4　大量的负氧离子，令呼吸的空气都顿时清爽无比

图5　喷泉舞动

图6　喷泉舞动

图7 矩阵灯毯

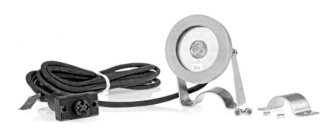

图8 水下灯 ProfiLux LED 110 /DMX/02

图9 自由变化的水位

矩阵灯毯由LED灯阵列式布置，增强了喷泉水面的整体表现力，不仅可以配合其他喷泉进行表演，它自身也可进行随机闪烁、星光明灭、光波起伏等多种变化（图7）。由于每颗LED灯都由系统独立控制，因此非常适合增强水秀的节奏感和感染力。欧亚瑟在望京SOHO项目中运用了矩阵灯毯效果之后，又在无锡映月湖公园、济南大明湖项目、土耳其安塔利亚酒店等项目中取得了良好的效果。

竖琴形态的喷泉区域由浅水池覆盖，日常开启溢流模式，保证镜面水池的效果，倒影与建筑流畅的线条相映成趣。整个区域的水位都能够控制，以灵活应对北京冬季的结冰问题。所有的设备都安置在水槽中，水位下降后，所有设备喷头拆除，再覆盖以铺装盖板，最终实现了一个完整的大广场，丝毫不影响整个区域的美观（图9）。

小巧的LED补光灯（直径＝75.2mm），具有高品质的不锈钢外壳，适用于淡水、池水和海水应用。该LED灯配有温度控制和过热保护，也可以在干燥条件中安装。这些灯的使用寿命高达10万小时（图8）。

产品特征概览

• 高效节能的LED-RGB灯带有用于地面安装和喷管安装的支架

• 213流明，25°狭窄光束角，最大6瓦

• 温度受控制的高品质LED灯，10万小时超长寿命

• 既适合在有水环境中安装，也可在无水环境中安装——防水保护等级IP 68

• 适合淡水、池水和海水应用

• 外部电子元件单独控制盒/接线盒——防水接头，连接方便

• DMX / RDM功能，配有水下LED驱动器/ DMX / 02（50720）

• LED-RGB灯的基本色分别根据其亮度测量确定。采用水下LED驱动器/DMX / 02（50720）确保系统中的所有灯光亮度均相同，从而创造出均匀的色彩组合

• DMX和24V DC源之间电镀隔离

• 频闪效果

彩色Cellek材料在街景设计中的应用 / 博拉什（北京）新材料科技开发有限公司

博拉什（北京）新材料科技开发有限公司是一家致力于赛耐克（Cellek）材料深度开发和应用的公司，它将把赛耐克材料的性能再提高，使其应用范围更广，产品更加多样化，让赛耐克材料更多的造福社会。

材料简介："赛耐克"材料是一个具有发明专利的材料，是环保和安全的新型建材，2007年荣获国家发明专利。赛耐克材料学名为：纤维增强型PVC微发泡材料，是承重型建筑硬塑料建材，应用范围广泛。

材料特点：赛耐克材料具有承重性高、韧性强、零吸水、防火（B1级）、防水、抗老化（使用寿命20年）、抗油污、易加工、易安装、免保养维护、零甲醛、不含重金属、防滑、保温、隔声等特点，也适合温差大的室外环境。由于它零吸水的特性，赛耐克材料可以浸泡在水中而不变形，适用于潮湿的环境中而不发霉变形，在温差大的户外也适用。赛耐克材料颜色和表面纹理丰富，可实现定制化。颜色可鲜艳亮丽，也可以沉稳大气，ASA表面可实现30年不褪色（图1~图5）。

图1 上海绿道

图2 北京上地联想大厦街景

图3 上海浦东绿道

图4 上海浦东绿道标识

材料产品在具体项目的应用：赛耐克材料通过了美国检测标准，已远销欧美等国家，主要应用于家庭的户外亲水平台及栈道。在国内目前还在使用的项目：10年以上的代表项目有南京渡江胜利纪念馆的主馆墙体外立面装饰、入口引桥和平台等，上海世博会黄浦江浦西码头和引桥等（目前为游艇俱乐部使用），上海南京路、徐家汇等一些主要道路的市政交通设施（花箱隔离带）；新疆多地的郊野公园的栈桥、平台、卫生间等公共建筑物设施和市政项目也大量使用。5年左右项目：上海迪士尼餐厅室内装饰墙、柱、梁的装饰，操作台立面，造型各异的门；金华的郊野公园的水上栈道、平台、上山的坡道、凉亭；院落内的雨水花园；金华苗木市场的彩色装配式建筑外立面；上海绿道的挡墙坐凳、亲水平台、福建公园的弧形长椅（20~30m长），圆形坐凳等等。经过时间的检验，近年来赛耐克材料的特性逐渐被了解和认可，应用领域正逐渐扩大（图6~图10）。

图5　上海东方路街心花园

图6　北京黑桥公园

图7　北京黑桥公园创意喷泉

图8　木栈道

图9　福建公园弧形长椅

图10　户外家具

绿废材料秸秆、树枝、叶合成材料的应用 / 北京绿废科技有限公司

近几年在北京新建的几处城市森林公园中，色彩跳跃的儿童游乐设施"沐浴"在冬日的阳光下，四周的常绿树与落叶树演绎着北方冬季惯有的宁静之美。整座公园面积不大，平坦开阔的活动广场与地势变化不大的园路为游人尽享园内环境提供了诸多便利。

殊不知，这些地面铺装板材都是由园林废弃物特制而成，莲花河公园也是应用这种特殊材料——弗维木的"首秀场"。

提及园林垃圾资源化再利用，业内并不陌生。目前，较传统的园林垃圾处理做法或是填埋、焚烧，或是进行堆肥化处理，又或是不改变物理形态的简单铺装利用，诸如一些城市将树皮切成不规则的块，将树枝劈成较大块，采用树皮+卵石+树枝的形式，作为景观树池铺装材料使用，既丰富色彩，又增加重量，还可防止扬尘。

"有别于上述'常规套路'，我们的科研人员基于多年研究实践研发的创新环保再生'弗维木—Fotoff'，废物变身为建筑板材，应用于制造各类室内外建筑、园林制品，进而为该产业链延伸开拓了一条新出路。"弗维木研发机构——北京绿废科技有限公司总经理张玉强一直致力于园林垃圾资源化再利用，在他看来，这是一个新兴产业，先期进入这个领域的企业要面对无数的困难，但作为一个极有潜力的事业，其前景和能量将在市场化运行中得以体现。

"弗维木—Fotoff"有两大创新：第一，原料创新，由城市行道树树枝、树叶等园林废弃物与以增加材料塑性成型能力的无机胶凝材料"组合"而成；第二，环保创新，它把城市园林废弃物变废为宝，具备无毒、无味、可降解、可循环使用的特性。因此，该产品既实现了园林绿色废弃物的产业化发展，也是节约型园林绿化发展的新途径。根据测算，一吨复合材料可生产弗维木板50m²，若年产量达20万m²，便可消纳园林废弃物2700～3700t。

图1　莲花河公园

图2　海淀公园

图3　新中街城市森林公园

城市园林绿化建设飞速发展，养护管理中产生了大量的剪枝、落叶、草屑等园林绿色废弃物。城市园林绿化垃圾是城市不可回收有机垃圾的重要组成部分。其成分复杂、含水率高、易腐败、有恶臭，长期堆放存在安全隐患。此外，在收集、运输和管理等方面较复杂，垃圾处理费工、费力、费地。整个北京地区每年产生的落叶、枯枝等绿化废弃物共有约800万t。这些园林绿化垃圾多是枝叶、草屑、锯末等有机废弃物，是不可多得的有机物资源。"这些材料要么被进行堆肥处理，要么加工成花木基质、木炭、菌棒、生物质能源颗粒等。但目前每年仅有30万t被利用，不足10%的利用率明显过低，不利于园林废弃物资源化再利用产业的正常发展。"

科学、合理的应用途径是提升资源化利用的动力，根据多种类型的工程应用及试验检测显示，弗维木可替代原始木材、复合地板、防腐木材、塑木型材等各类材料，加工成板材用于室外地面铺装或构筑游廊或制作成园林桌椅等户外家具，并具有极高的耐水性能、耐酸碱盐性能、耐低温性，以及抗紫外线性能，赢得了甲方的一致好评。

多年以来北京绿废科技对农林废弃物形成了：回收、运输、处理、应用等全产业链处理模式。2019年以来更是将"绿废"应用于北京的林下经济示范项目，用于林下食用菌、中草药种植等领域。

"来源于自然，还诸于自然"。绿废科技以农业秸秆及城市园林垃圾减量及资源化再利用为己任，根植于中国生态环保产业，公司利用自有专利技术与各大科研院校全面合作，推出"弗维木-Fotoff"生态透水铺装以来，更是成为生态海绵城市的热点企业。先后获得了：中国创翼三等奖、农业部全国双创三等奖、北京市优秀创业项目等，公司法人张玉强先生更是被评为2018年美丽乡村振兴先锋人物。

图4　蔺葡园城市森林公园

图5　CBD城市森林公园

图6　青年湖公园

图7　什刹海裸土治理项目

图8　京韵园城市森林公园

街景规划设计
专业教育篇

Streetscape Planning and Design—Professional Practice Education

前言

董芦笛

时代需求"街景重构"

随着中国城市化进程的高速发展,城市街道已逐步成为被汽车交通占据的空间。道路中的隔离栅栏,道路两旁被各种车辆占据的人行道,非人性化布置的服务设施,人不可进入的道路绿地,还有被墙栏所隔的道路红线,让城市街道空间名存实亡,成为有"道"无"街"的人行车行通道,不再是让人每天向往、期许会有故事发生的公共生活空间。今天的街道,也许只能说是道路,没有日晒雨淋的呵护,没有清风拂面的歇息,没有丽人徜徉的欣赏,却有暴雨过踝的跋涉,烈日炎炎的独步,望车兴叹的烦躁,更谈不上赏游街景的快意。让街道空间成为城市生活的美好场所,迫切需要"街景重构",重塑城市街道空间。

新时代的美好生活需求,让城市街道回归生活,让街道空间回归大众。这是当前城市建设更新的重大任务,也是风景园林专业设计的创新领域,风景园林的人才培养和专业教育面临新的挑战。

专业教育面向新的挑战

2018年6月2日,一个周六的下午,在西安建筑科技大学建筑学院东楼四楼报告厅,陈跃中先生带来一场主题演讲,题目是"聚焦街边带——街景重构的理念与实践"。作为易兰规划设计院创始人,他在设计实践的创作前沿,寻找重塑城市公共空间活力的新途径、新理论、新方法,提出了"街景重构"的实践理念和原则方法。

主题演讲,一石激起千层浪。通过对国内外案例的解析,探索街景改造的多种思路和手法,提出街景重构的5项原则,从慢行连通、突破红线、功能有序、文化记忆、多元统一五个方面进行解读。并从红线界面、种植排蓄、标识照明、线性空间、家具小品等要素提出设计要素的"五化",进一步阐释"街景重构"的必要性及实用性。强调城市公共空间设计需要关注人的感受与需求,以大众的生理心理需求为本,将活力与品质注入城市公共空间。特别关注街道线性空间品质性与丰富性的提升,尤其是对城市步行道的带状空间、道路红线外步行道的乱象梳理,城市绿地系统与市政街道交通系统职能部门之间矛盾的协调分析,提出有益于城市空间品质提升的规划设计策略。

在大家的热烈交流讨论中,引发了对当前专业教育问题的关注。城市街道空间活力的丧失,是人人都有的城市生活体验,也成为大众熟视无睹的城市空间现象,需要设计师的深度思考和创新,更需要成为专业教育中的新课题。如何面对时代发展中的现实问题,寻找设计实践新途径,培养创造性解决问题的设计思维,专业教育需要走出专业、走出课堂、走出校园,需要校企联合、多专业联合、多校联合,在设计实践第一线,面向现实问题前沿,开展设计实践教育和校企联合教学,培养风景园林人才,拓展专业领域。今天的专业教育面向新的挑战。

"设计实践教育"的探索

易兰设计院与国内多所知名院校及研究单位成立了城市街景研究中心（SRC），共同支持以"街景重构"为核心的设计实践教育活动。

自2018年暑期开始，各项教育活动相继开展。7月22日西建大—易兰"街景重构"工作营首次举办，来自西安建筑科技大学的学生老师和易兰规划设计院资深设计师们，面对北京上地街道的综合提升实际项目进行设计提案，在提案过程中共同探讨实践教育。

2018年10月9日，由西安建筑科技大学、北京林业大学、南京林业大学、哈尔滨工业大学、易兰规划设计院联合发起举办的"四校一企联合毕业设计"（简称风景4+1联合毕设）。以企业真题为导向，尝试建筑院校与农林院校的风景园林专业相结合，风景园林和城乡规划等多专业共同探索"街景重构"设计实践教育。

2019年3月4日上午，SRC风景 4+1联合毕设在北京易兰规划设计院举行开题活动，设计题目为"街景重构——北京大上地信息产业街区城市景观设计"。北京上地街道调研员张勇，实创总公司副总经理李宝山，上地街区规划师、北规院交通所所长张晓东、光大安石新光大中心设计总监刘颖等嘉宾，从政府代表、开发商、代建方、规划师等多角度共同聚焦"街景重构"设计实践教育。4月15日~17日，SRC风景4+1校企联合毕业设计在北京易兰设计院进行中期汇报交流，政府代表、开发商、设计院和学生们实地探讨设计方案的问题与创新。5月29日~30日，在西安建筑科技大学进行毕业设计答辩和SRC西建大街景重构论坛。由政府代表、开发商、易兰和陕西的设计院专家共同进行毕业答辩，针对"北京硅谷"大上地地区街景改造的实践问题和学生们脑洞大开的设计创想，进行了全方位的评判和探讨，共同分享设计创新的成果和经验，打破了院校间的界限，实现企业联合教育实践，将学生毕业设计的综合实践培养环节直接面向创新设计的实践前沿。

2019年7月15日，西建大—易兰"街景重构"杨光焰工作坊在北京易兰设计院举办。跨年级学生团队，以西安沣西新城丝路科创谷理想公社A板块街景设计为题，以实体模型为主导的设计方法，探索综合解决城市街景空间、全域海绵蓄排系统、底层架空开放街区的整体设计途径。

北京林业大学的郭巍工作坊，探索北京城市公共空间改造提升的参与式规划设计模式。参与式规划设计分为开放式概念方案征集和社区居民参与两个阶段，将征集到的优秀思路、创意通过社区居民参与的方式融入实施方案中。本科三年级学生团队以风景园林学科视角探讨北京老城更新建设的新途径，在"我们的街区——东城区崇雍大街沿线公共空间规划设计概念方案邀请赛"获最佳设计奖。

步行实践工作坊，孙子文、陈曦、李城润共同主持的山西运城案例研究，通过系统的调研方法挖掘街道研究中存在的"时间—空间—社会关系"关系结构，并以图绘（mapping）和叙事等设计实践的方式提出策略测试和回应问题，探索中国中小型城市的街道研究的跨学科研究方法和创新设计方式。学生团队由国内外高校不同专业（建筑学、城市规划、风景园林、平面设计以及纯艺术等）的16位学生组成。

展望

以"街景重构"为核心的设计实践教育活动开展，创新探索了风景园林专业的设计实践教育途径，推动了"城市公共生活空间"更新建设的设计研究，促进了设计实践理论和方法的推广普及，形成了全社会的多途径参与模式，积极为城市公共空间建设和更新培养跨学科实践型创新设计人才。

继续开展设计实践教育活动，实现"街景重构"的目标：
让城市街道成为我们的！成为能够承载人民日益增长的美好生活需要的城市公共生活空间。

第一章　SRC风景4+1"街景重构"校企联合毕业设计

- 课程简介
- 街景大事记
- 陈跃中先生西建大"街景重构"主题报告
- SRC城市街景研究中心成立
- 易兰—西建大"街景重构"工作营
- 风景"4+1"校企联合教育联盟成立
- 2018 SRC优秀城市街景项目专家评审会在京成功举办
- 风景"4+1校企联合毕业设计"开题
- 风景"4+1校企联合毕业设计"中期答辩
- 风景"4+1校企联合毕业设计"终期答辩
- 易兰设计"上地"街景重构实践项目落地
- "街景重构"——"西建大"论坛
- 中国风景园林规划设计大会 城市街景规划设计分论坛
- SRC风景"4+1校企联合毕业设计"作品
- 向往的生活——北京上地街区街景重构
- 基于公共健康视角下的上地街景重构
- 北京大上地信息产业街区再规划
- 街景重构——北京上地十八小时活力圈
- 上地向芯力——北京市大上地信息产业街区街景重构
- 上地潮汐录

课程简介
Brief Introduction of Studio

中国城市已经进入新的发展时期，街道成为承载人民日益增长的美好生活需要的城市公共空间。街道空间作为城市空间的核心要素之一，是城市空间最为基本的骨架，是城市道路交通功能和基础设施的重要承载空间，是城市公共空间活动最为频繁发生的场所，也是人们获取城市印象、寄托城市情感的重要对象。城市街景对城市的文化、生态环境和形象展示十分重要，是城市景观的重要组成部分。

街景重构理念是在国家政策的保障下，坚持"以人为本"和将百姓的生活带回街道的建设目标，打破了传统街道空间设计方式，提出的合理、科学的规划设计原则，通过政府、开发商、社区和设计师的共同努力与协作，推动城市街道的转型和发展。

设计基地"北京大上地信息产业街区"，位于北京市海淀区中东部大上地科技园区内。海淀区在北京城市的西北区域，建设有具全球影响力的中关村科学城，是全国科技创新中心的核心区。

2018年以来，上地街道已陆续开展了上地地区城市风貌提升规划、上地地区城市导向标识系统调研规划、上地公园地块和信息路地块景观提升、U型路（九街、十街）综合改造提升等规划项目的研究，成为提升城市整体景观风貌、营造创新创业营商环境的率先尝试和示范。

本次毕业设计课题"街景重构——北京大上地信息产业街区城市景观设计"是推动大上地地区城市公共空间品质活力提升建设的重要创新设计实践之一。

设计目标

全方位改造，多元化提升

打造有活力的城市街道需要遵循街景重构的五原则，对建筑界面、慢行通道、道路设施、道路绿化、广告标识和夜景照明等街景重构要素进行全方位改造，打造安全、节能、高效、便捷的街道生活场所。

回归到生活本质，充满生机与活力

城市街道空间价值的探究最终要回归到生活本质，既需要从大的范围着眼对项目进行宏观把控，又需要在微观层面上细致地打造充满生机与活力的开放空间，满足居民的互动交流需求，为城市生活带来无尽的可能性。

开放互动，满足人们交流需要

城市街景设计优先考虑慢性交通使用者，以便获得更多具有创造性的室外活动空间和一个更人性化的公共空间。在人与人接触、交谈等互动过程中达到深层次情感沟通，激发创意想象力，享受美好的城市生活。

精神地标，体现地域特色与时代性

应当保护并提升城市特有的建筑、街道、材质、地标和景观，为城市赋予特色。使人们可以通过对街道空间游览，了解城市的历史与精神，领略城市意象与文化脉络，创造场所感归属感。

延续历史记忆，体现文化内涵

街景设计需承载场地的记忆，延续场地的固有精神密码，对历史构建和场地特征进行抽象和再演绎，通过空间设计传达场所的精神。

设计任务

设计任务包括：（1）基地调研分析；（2）街区城市景观总体设计（框架方案）；（3）重点地段城市公共空间景观设计（策略方案）；（4）地块街景详细设计方案；（5）场地街景细部设计方案；（6）街道设施单体设计方案。

大组工作：基地调研分析，采取各校学生混合分成混合大组，在企业导师指导下完成现场调研和专题分析工作，进行大组调研成果汇报。

小组工作：各校宜分成设计小组，在指导老师和企业导师指导下，小组共同进行设计研究工作，提出整体街区（3.5m²）的城市景观总体设计框架方案，对街区城市公共空间进行地段或片区的划分，在此基础上，小组选择一个重点地段或片区提出城市公共空间景观设计策略方案。

个人工作：在小组设计的地段或片区中，每个人选择设计地块（2~5hm²）完成街景详细设计方案，并在个人地块中选择设计场地（0.2~0.5hm²）完成街景细部设计及街道设施单体设计方案。

设计成果：（1）基地调研报告；（2）整体街区（3.5m²）的城市景观总体设计框架方案；（3）重点地段城市公共空间景观设计策略方案；（4）地块街景详细设计方案；（5）场地街景细部设计方案；（6）街道设施单体设计方案。

易兰规划设计院　　Ecoland

陈跃中　　张妍妍　　叶　超　　王　斌　　刘　婷
首席设计师　项目合伙人　二分院院长　项目合伙人　项目合伙人

西安建筑科技大学　　Xi'an University of Architecture and Technology

董芦笛　　周文倩　　杨光炤　　陈　磊
教授　　　讲师　　　讲师　　　副教授

北京林业大学　　Beijing Forestry University

郑　曦　　张晋石　　李方正
教授　　　副教授　　讲师

南京林业大学　　Nanjing Forestry University

邱　冰　　杨云峰　　张　哲　　赵　岩　　崔志华　　王　慧　　张　帆
副教授　　副教授　　副教授　　副教授　　副教授　　讲师　　　副教授

哈尔滨工业大学　　Harbin Institute of Technology

余　洋
副教授

街景大事记

图1 主办方与陈跃中先生进工作餐并进行街景相关讨论交流

01 2018年6月2日
陈跃中先生 西建大"街景重构"主题报告

易兰规划设计院创始人陈跃中先生在西安建筑科技大学建筑学院四楼报告厅举行了"聚焦街边带——街景重构的理念与实践"主题演讲（图1）。

图2 "SRC城市街景研究中心"揭牌成立

02 2018年7月22日
SRC城市街景研究中心成立

由西安建筑科技大学、哈尔滨工业大学、易兰规划设计院联合发起举办的城市街景设计研究中心成立研讨会在京举行（图2）。"SRC城市街景研究中心"揭牌成立。研究中心聚集了国内知名高校与业内龙头企业，强强联合构建前沿产学研梯队，搭建国内一流平台，重新定义城市街景设计发展方向。

图3 西建大的老师与同学讨论方案设计

03 2018年7月22日—2018年7月28日
易兰—西建大"街景重构"工作营

西建大—易兰实习基地成立暨毕业课题选题会在7月22日举行，为期6天的街景重构首期工作营也正式开营。不同于以往工作营与论坛的单一讲座模式，本次工作营采用丰富多样的活动形式，包括现场环境调研、选题讨论、分组设计、成果汇报等（图3）。西安建筑科技大学的同学们在老师和易兰规划设计院资深设计师们的指导下，真正接触实际项目，对上地街道的综合提升提出自己的改造方案。

图4 参加会议的教师设计师合影

04 2018年10月9日
风景"4+1"校企联合教育联盟成立

由西安建筑科技大学建筑学院副院长李昊教授、风景园林系主任董芦笛教授、北京林业大学园林学院副院长郑曦教授、南京林业大学风景园林学院副院长邱冰教授、哈尔滨工业大学建筑学院景观系余洋副教授、易兰规划设计院创始人兼首席设计师陈跃中等联手发起风景"4+1"校企联合教育联盟，指出城市街景是城市景观的重要组成部分，对城市的文化、生态环境和形象展示十分重要，通过校企联合方式，将学生的综合实践培养环节直接面向创新设计的实践前沿，以"重构目标—街景问题—创新设计—品质活力"为创作设计实践过程导向，探索中国城市的"街景重构"创新实践（图4）。

05

2019年2月23日

2018 SRC优秀城市街景项目专家评审会在京成功举办

　　2018 SRC优秀城市街景项目专家评审会在北京林业大学成功召开。为了保证大赛的水准，坚持公开、公平、公正的评选原则，本次活动特邀李存东、李建伟、王向荣、王忠杰、朱祥明、朱育帆6位风景园林行业顶级大咖组成强大的评审团。经评委专家推选及大会审议，推选王向荣为评审会主席（图5）。

　　这次评选活动主要针对已建成项目，征集项目通知发出后，受到了国内外众多设计公司及机构的密切关注和大力支持，报名十分踊跃。自2018年9月20日至2019年1月31日，组委会共收到来自国内外参赛作品125份。经组委会初选，进入本轮正式评选环节的作品共80份。经多轮投票、热烈的讨论，各位专家最终以投票方式评出金奖5份、优秀奖10份、入围奖25份。

Robert L.Ryan

马萨诸塞大学阿默斯特分校风景园林与区域规划系系主任
美国风景园林师协会会士（FASLA）

Luis P. F. Ribeiro

葡萄牙里斯本工业大学农学院院长
TOPTARTS 事务所合伙人

Luca Maria Francesco Fabris

意大利米兰理工大学教授

李存东（Li Cundong）

中国建筑设计研究院副院长
中国建筑学会园林景观分会主任委员
享受国务院特殊津贴专家

李建伟（Li Jianwei）

东方园林景观设计集团（OL）首席设计师
东方易地总裁兼首席设计师
美国景观设计师协会会员
美国注册景观规划设计师

王向荣（Wang Xiangrong）

北京林业大学园林学院院长
教授、博士生导师
《风景园林》主编
《中国园林》副主编

王忠杰（Wang Zhongjie）

中国风景园林学会规划设计分会理事长
教授级高级工程师
中国城市规划设计研究院风景园林研究分院副院长

朱祥明（Zhu Xiangming）

上海市园林设计研究总院有限公司董事长
建设部风景园林专家委员会委员
教授级高级工程师
国家一级注册建筑师

朱育帆（Zhu Yufan）

清华大学建筑学院景观学系副系主任、教授、博士生导师
《中国园林》编委会委员

图5 国际国内专家评委

街景大事记

06 2019年3月4日
风景"4+1校企联合毕业设计"开题

SRC风景4+1校企联合毕业设计开题活动在易兰规划设计院举行。易兰规划设计院与国内多所知名院校及研究单位成立了城市街景研究中心（SRC）。此次"4+1校企联合毕业设计"由西安建筑科技大学、北京林业大学、南京林业大学、哈尔滨工业大学、易兰规划设计院共同举办。

开题环节特邀上地街道调研员张勇、实创总公司副总经理李宝山、上地街区规划师、北规院交通所所长张晓东、光大安石新光大中心设计总监刘颖等嘉宾，从政府代表、开发商、代建方、规划师等不同角度切入，共同聚焦海淀区大上地区域的街景重构。来自四校的几十余名同学和易兰设计师共同参与。此次，校企合作是国内首次将毕业设计聚焦于城市街景重构专题，以真题为导向的毕业设计，同时也是国内首次尝试以建筑院校与农林院校风景园林专业相结合，共同参与的毕业设计（图6、图7）。

图6 开题活动现场嘉宾合影

图7 开题活动现场

07 2019年4月15日
风景"4+1校企联合毕业设计"中期答辩

风景"4+1校企联合毕业设计"中期汇报交流活动如期举行，此次中期汇报，来自四所高校的6组同学针对"北京硅谷"大上地地区街景改造进行了脑洞大开的设计创想，提出了景观总体设计框架的初步方案和重点地段或片区设计策略的初步方案，并在各位导师和企业导师的指导帮助下进行了为期一周的深化、调整（图8、图9）。

图8 师生们在阳光房交流

图9 师生们在阳光房交流

08

2019年5月29日

风景"4+1校企联合毕业设计"终期答辩

此次终期答辩汇报，来自四所高校的同学针对"北京硅谷"大上地地区街景改造从不同的视角与方向进行设计创想，提出了景观总体规划思路和重点地段及片区的景观设计方案，四所高校的指导教师、易兰规划设计院设计师企业导师，以及政府、开发商、各大设计单位负责人出席答辩会并担任评委（图10～图12）。

图10　各位评委到场签到

图11　风景4+1校企联合毕业终期答辩活动师生合影

图12　风景"4+1校企联合毕业设计"终期答辩汇报展

09

2019年5月29日

易兰设计"上地"街景重构实践项目落地

由易兰规划设计院负责设计的上地原联想地块街区提升改造项目成功落地。该改造项目东至上地东路，南至上地五街，西至创业路，北至联想大厦，改造总面积9860m^2（图13、图14）。

图13　人行入口

图14　树荫广场

街景大事记

10 2019年5月30日
"街景重构"——"西建大"论坛

参加本论坛活动的各高校分别为西安建筑科技大学、北京林业大学，南京林业大学，哈尔滨工业大学；设计单位及设计机构分别为SRC街景研究中心，实创总公司，易兰规划设计院，方土环境规划设计，陕西水石合景观设计有限公司，西安圣苑工程设计研究院有限公司，陕西省城乡规划设计研究院和中国建筑西北设计研究院有限公司等。

本次"SCR街景重构西建大论坛"学术氛围浓厚、现场反响热烈，本论坛为我国城市公共空间建设发展与街景重构的一系列科研及教育活动，注入了新的活力，同时也为广大设计师提供了很好的学术交流互动平台（图15）。

"街道、流线与城市景观"
西安建筑科技大学　刘晖　教授

"日常生活视角下的一种城市开放空间评价方法——以广场为例"
南京林业大学　邱冰　副院长副教授

"街道会让我们更健康吗？"
哈尔滨工业大学　余洋　副教授

"社区微更新的设计介入探讨——以北京老城为例"
北京林业大学　郭巍　副教授

"自下而上——以原联想总部为例践行街景重构"
易兰规划设计院　张妍妍　项目合伙人、资深设计师

"街景的精神意义——小雁塔展示中心景观"
土方环境规划设计　周鹏坤　设计总监

"让爱与活力温润古城：关于西安北马道巷街区景观改造提升的思考"
陕西水石合景观设计有限公司　党晓娟　设计总监

"街景提升的西北践行"
中国建筑西北设计研究院有限公司　佟阳　景观所所长、所副总工程师

"西安街景重构设计实践探讨"
西安圣苑工程设计研究院有限公司　程尧　常务副院长

刘晖　　　　邱冰　　　　余洋　　　　郭巍

张妍妍　　　周鹏坤　　　党晓娟　　　佟阳　　　程尧

图15　论坛主讲人

11 2019年6月14日~2019年6月17日
中国风景园林规划设计大会 城市街景规划设计分论坛

　　主题为"传承经典·创新未来"2019年中国风景园林规划设计大会于6月14~17日在北京召开，会议由中国风景园林学会规划设计分会主办。参会有知名专家学者、行业嘉宾、风景园林规划设计人员、高校及企业代表等1000余人汇聚一堂。风景园林规划设计大会至今已举办20届，此次大会是历届规模最大的一次，是参会人数、交流项目最多的一次（图16~图18）。

　　在城市街景规划设计分论坛中，来自各高校、各设计机构的报告人分享了在各自研究和工作领域关于城市街景规划设计的前沿理论成果和实践探索。

陈跃中　街道是谁的——街景设计的思考与实践

董芦笛　街景重构与城市公园

李林　　长安街街景构成："华夏第一街"绿色空间的营造

余洋　　街道可以让生活更美好吗？

黄竹　　城街街道空间设计研究——以成都市蓝绸带社区为例

潘昊鹏　构成城市生态休闲复合街景空间——山东青岛连山通海休闲网景观设计

张璐　　见微知著——北京市石景山区城市街景微空间设计实践与思考

刘婷　　街景重构设计实践——上虞e游小镇街景设计（EPC）项目分享

郝云　　传统商业街区功能景观提升设计的思考——以乌鲁木齐市国际大巴扎景区"和平南路步行街"改造设计为例

图16　论坛现场

图17　论坛现场

图18　与会嘉宾合影

SRC风景"4+1校企联合毕业设计"作品

向往的生活——北京上地街区街景重构
Yearning for Life—Beijing Shangdi Streetscape Reconstruction

学校名称：西安建筑科技大学
学生姓名：霍良月　翟鹤健　晋　月　闫敬晗　刘　楠　刘英蕊　田恩宇
指导老师：董芦笛　周文倩　杨光焰　陈　磊

方案摘要：北京市大上地信息产业街区，位于北京市海淀区大上地科技园区之内，在科技创新功能和发展潜力方面占据中关村科学城的"半壁江山"。然而通过现场调研，发现场地存在着严重的交通问题，码农们没有户外活动空间，街道品质差。基于此，我们提出了"时移物换"的概念。通过"分时"的手段，对交通进行梳理，重构道路空间，增加道路连接度，疏导流线，规范并增加停车空间；通过"换物"的手段，将围墙打开，实现街道空间的置换、路权的转换；最后通过"构景"的手段在街道空间置入丰富多样的活动，实现码农公共空间的重构，提升景观形象品质。

霍良月　　　　　　翟鹤健　　　　　　晋　月　　　　　　闫敬晗

刘　楠　　　　　　刘英蕊　　　　　　田恩宇

01 **场地现状**　Site Analysis

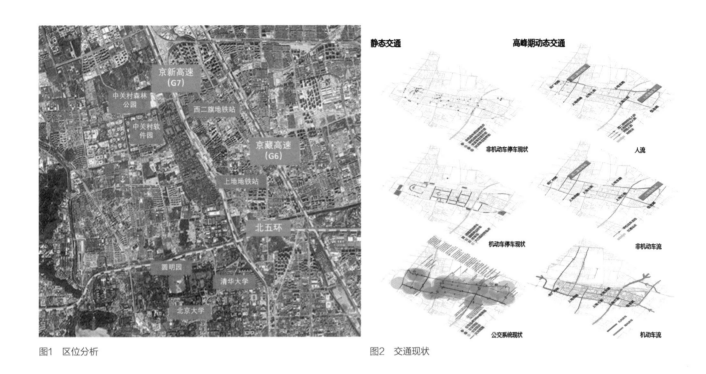

图1　区位分析

图2　交通现状

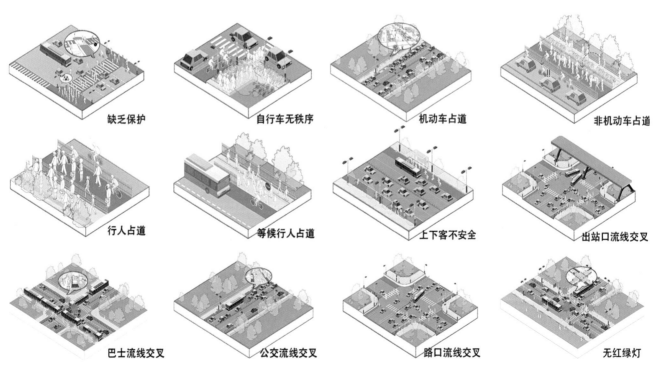

图3　道路现状问题

02 理念构思   Concept

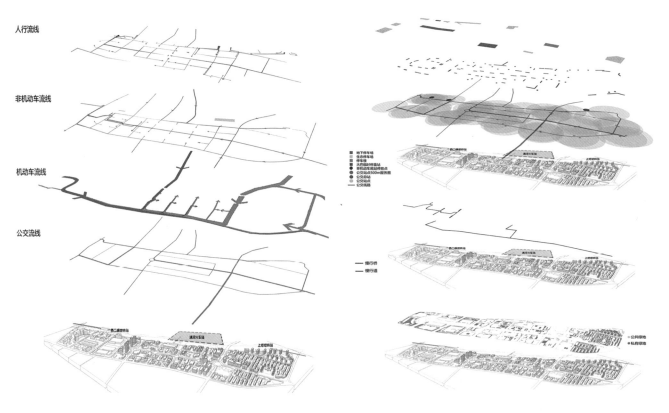

人行流线

非机动车流线

机动车流线

公交流线

图4 时移

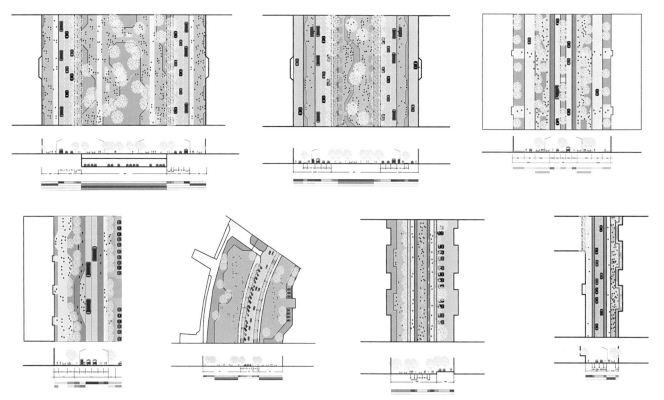

图5 物换

03　**总体设计**　General Design

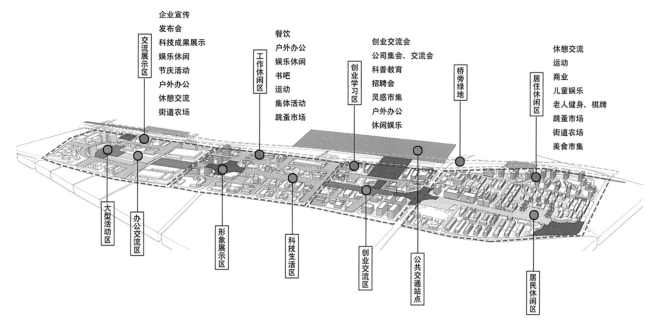

图6　户外生活重构

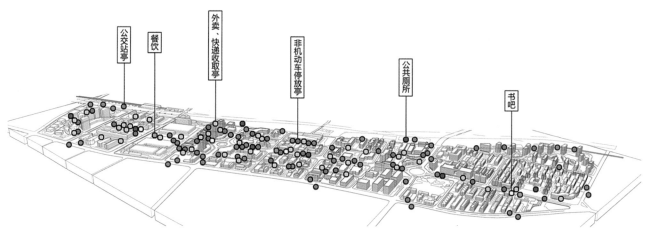

图7　街道设施重构

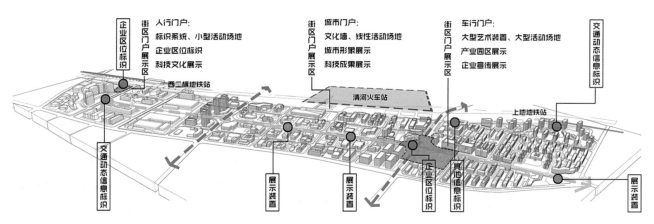

图8　街区形象重构

03 **总体设计**   General Design

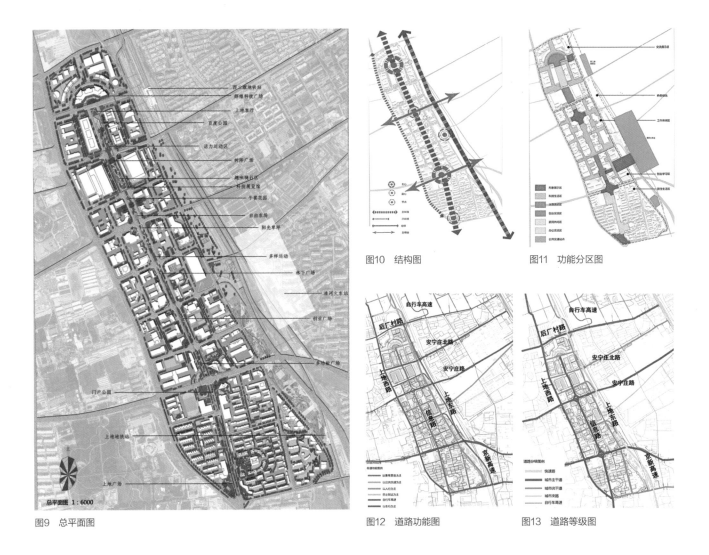

图9 总平面图

图10 结构图

图11 功能分区图

图12 道路功能图

图13 道路等级图

图14 鸟瞰效果图

街区慢行系统构建下的街道张弛

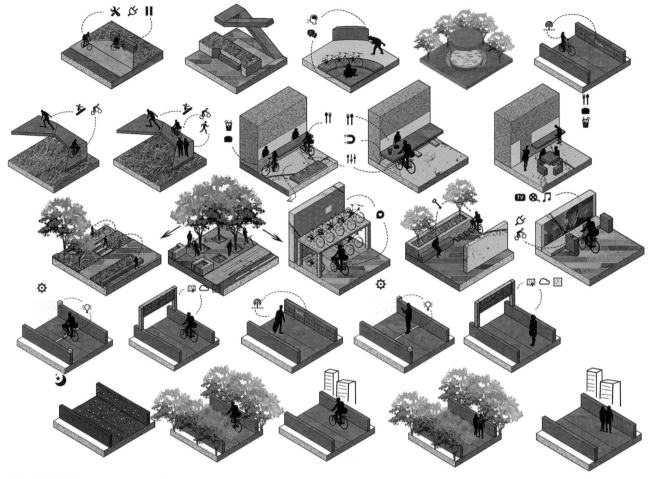

图15　设计模式图

图16　场景效果图

"WORK+" 街道生活圈

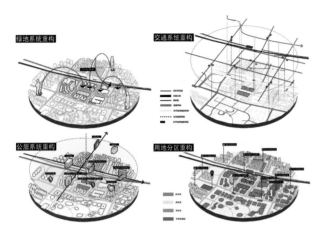

图17　街道生活圈重构

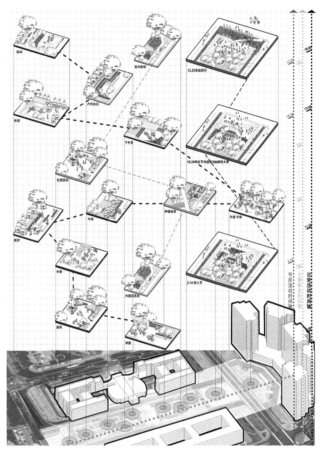

图18　分时活动策划

目前在我国许多大城市，都存在着上班族因职住分离引起的城市潮汐现象与工作生活剥离的问题，本设计便以此为切入点，试图寻求解决方法，为上班族们在工作之余充分利用街道空间进行休闲娱乐等活动提供条件。

通过"工作+"街道生活圈的构建，逐步完善他们工作生活一公里区域内的服务配套设施，置入多样化的功能与活动来丰富他们的工作生活，并建立完整的管理组织形成多样化的社区，最终形成"码农"们不同层级的情感共同体，找到他们作为"码农"的身份认同感和回归街道生活的社区归属感。

图19　鸟瞰方案

街道构筑物弹性空间设计
Elastic space design of street structures

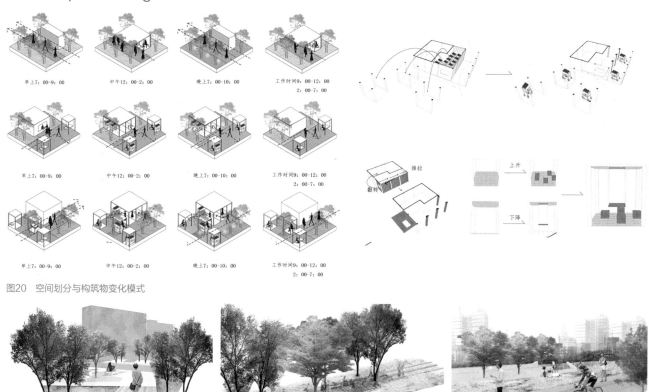

图20　空间划分与构筑物变化模式

图21　广场空间　　　　　　　　　　　图22　运动空间　　　　　　　　　　　图23　草坪空间

　　在对整个街区的总体设计中，我们重构了"码农"的户外生活，在场地中置入了丰富的活动功能。接下来，我将通过对场地构筑物空间进行设计，将这些功能合理置入，实现"码农"高品质生活的愿景。首先，对"码农"户外活动进行分析，得出设计愿景。根据设计愿景及街区现状要求将构筑物空间置入整个场地，并选择一个典型街区进行详细设计，然后再在其中选择三种构筑物空间进行弹性变化模式的探讨，并探讨构筑物本身的弹性变化模式，最后选择一种构筑物空间进行细部设计。希望通过对构筑物空间的设计，让"码农"能够到街道上去，高效、便捷地利用街道空间，希望能够为他们营造高品质的户外生活。

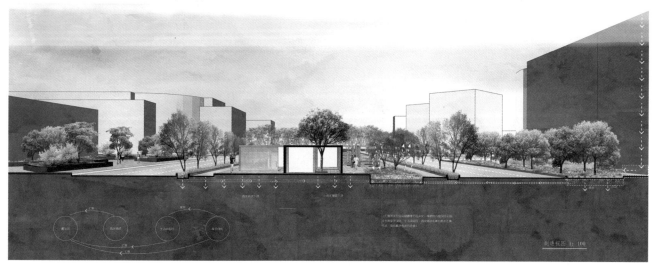

图24　剖透视方案图

"码农"街道生活
Programmer street life

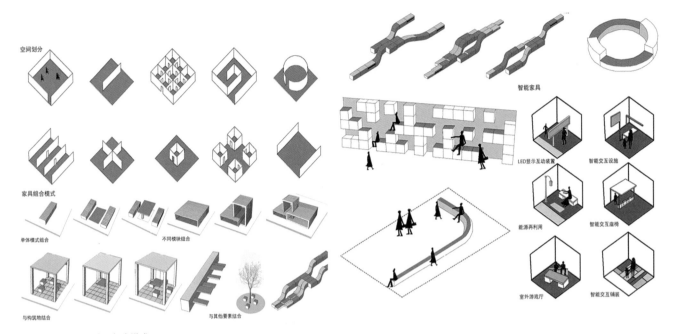

图25　空间划分与家具组合模式

图26　综合场景图

　　本设计位于信息路北段,介于七街和八街之间。设计考虑整合新的功能置入。基于企业红线退让,街道生活空间由街道本身向企业内部渗透,并形成完整的街道空间。首先考虑信息路步行友好功能,在设计中保证人群穿越功能,场地所涉及的信息路两侧企业入口与对应的路段作为入口空间来处理,并形成由中心广场向两侧入口渗透的关系。其次在对于地块功能进行研究时,考虑空间的合理利用,部分场地结合时间的变化以动态空间的形式达到功能上的转变。七街为主要通过场地的横穿道路,十字街道根据建筑功能以及出入口位置,设置对应的入口空间、街道生活和通过空间。

图27　鸟瞰方案图

共享街区
——从私有到开放
Shared block —— from private to open

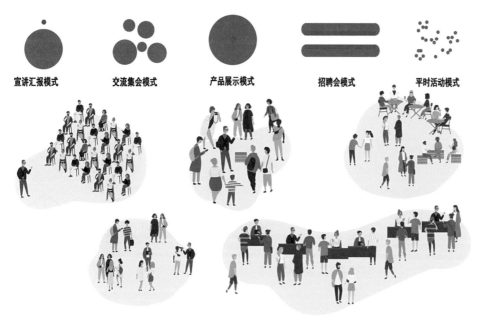

宣讲汇报模式　　交流集会模式　　产品展示模式　　招聘会模式　　平时活动模式

图28　共享街区多功能空间模式图

植物单体组合模式　　　　　　　　混合组合模式

座椅单体组合模式

图29　共享街区林下空间模式图

　　重点地块的设计选择在公共交通为主的东路边绿带上，主要打造生活性的景观，为IT从业人员提供下班后必经之路的放松与更多体验。在重点地块的设计中，主要使用植物等软性设计要素，与植物结合设计丰富空间，为他们创造时、分、秒不同的体验。通过设计，让"码农"走出办公楼，来到户外，突破街道的使用限制，在户外办公、休闲，进行餐饮、娱乐等各项活动，通过对街道重构，重构其户外空间，进而打造"码农"的新生活，以中国的硅谷——上地产业园为模范，打造令人向往的生活。

图30　拾光机

上地指环
Rings of Shangdi

文化之角

创业之角

游憩之角

创新之角

图31   上地门户公园设计模式图

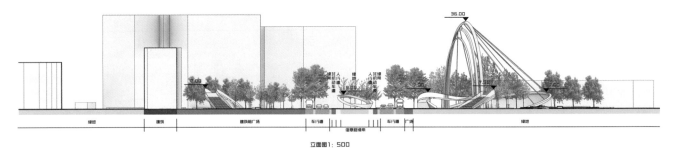

立面图1:500

图32   设计剖面图

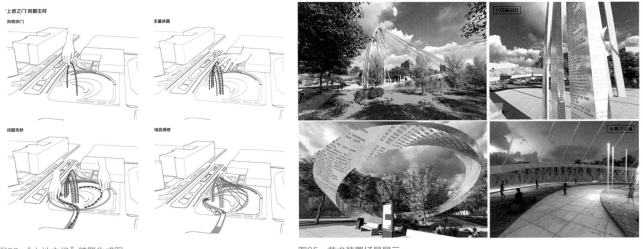

图33   "上地之门"装置生成图

图35   艺术装置场景展示

图34   "上地之门"艺术装置原理图

Rings
上地指环
Of Shangdi

图36   上地指环

基于公共健康视角下的上地街景重构
"Urban Street Scene Reconstruction"Based On Public Health

学校名称：北京林业大学
学生姓名：韩　蒙　刘丹丽
指导老师：郑　曦　张晋石　李方正

方案摘要：街道作为城市空间中的重要因素之一，是与市民日常生活密不可分的一部分，它在满足了交通通行、户外活动等使用空间的功能基础外，还从视觉、听觉、嗅觉等感知层面上影响着人们的生活质量。近年来，我国当代城市化进程遭遇到了普遍性的城市建设发展问题，危害着市民公共健康。而作为城市意象中人群感知的主体部分，更是城市社会经济文化发展水平的综合体现，街道景观对于城市发展的价值日益受到了更为密切的关注。因此，以北京市上地地区为例，秉承"以人为本"的原则，通过分析街道景观与市民公共健康的关系，充分剖析街景现有问题，深入探索街景重构的策略，通过弥合生态网络、构建慢行体系、升级眺望景观、完善户外活动空间设计等内容，完成街景重构，重塑城市公共空间，满足市民对于公共空间在健康层面上的需求。

韩　蒙

刘丹丽

问题诊断

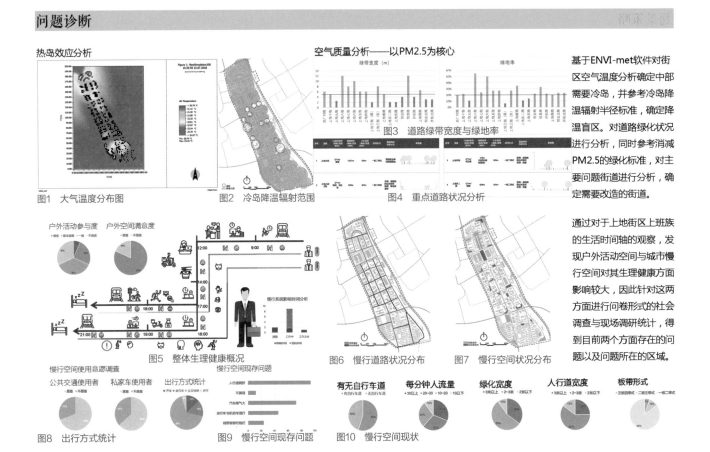

热岛效应分析

图1　大气温度分布图

图2　冷岛降温辐射范围

空气质量分析——以PM2.5为核心

图3　道路绿带宽度与绿地率

图4　重点道路状况分析

基于ENVI-met软件对街区空气温度分析确定中部需要冷岛，并参考冷岛降温辐射半径标准，确定降温盲区。对道路绿化状况进行分析，同时参考消减PM2.5的绿化标准，对主要问题街道进行分析，确定需要改造的街道。

户外活动参与度　户外空间满意度

图5　整体生理健康概况

图6　慢行道路状况分布

图7　慢行空间状况分布

通过对于上地街区上班族的生活时间轴的观察，发现户外活动空间与城市慢行空间对其生理健康方面影响较大，因此针对这两方面进行问卷形式的社会调查与现场调研统计，得到目前两个方面存在的问题以及问题所在的区域。

慢行空间使用意愿调查　慢行空间现存问题

公共交通使用者　私家车使用者　出行方式统计

图8　出行方式统计

图9　慢行空间现存问题

有无自行车道　每分钟人流量　绿化宽度　人行道宽度　板带形式

图10　慢行空间现状

心理健康问题诊断
景观特征与情绪相关性分析

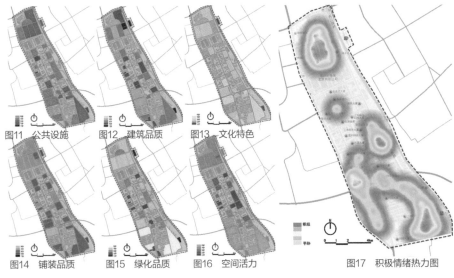

图11　公共设施

图12　建筑品质

图13　文化特色

图14　铺装品质

图15　绿化品质

图16　空间活力

图17　积极情绪热力图

本次数据分析基于微博大数据研究。微博中最为活跃的人群，即青年群体与中年群体，正是此次调研地区的主要活动人群，因而能为本次设计提供坚实的数据基础。

将上地街区内的地点名称对应于微博上的兴趣点（POI）统计签到人数，筛选出签到人数大于100的POI（截止至2019/3/21）标记其区域并收集对应的网络地址，进一步编写程序爬取得到微博文本。

公共设施、铺装品质、建筑品质，与积极情绪均只存在较小的统计学相关性。绿化品质、文化特色、空间活力，与积极情绪存在一定的统计学相关性，并且具有较大提升空间。

提升景观特征中的绿化品质、文化特色、空间活力，能够提升对应空间中的情绪情况。

愿景策略

区域健康层面改造策略

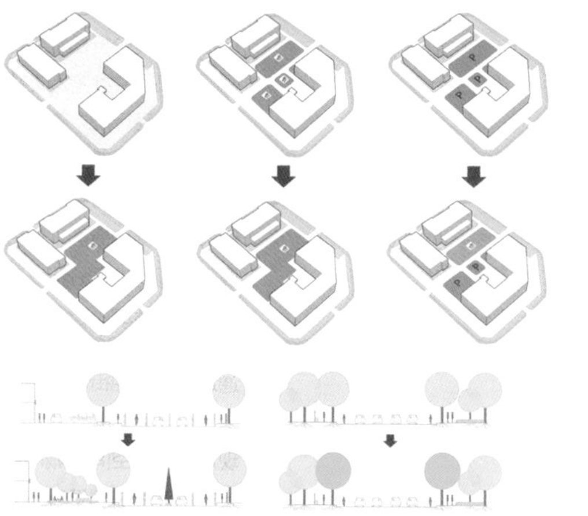

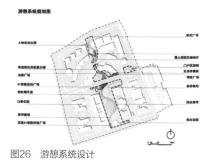

图18　区域健康层面改造策略图

生理健康层面改造策略

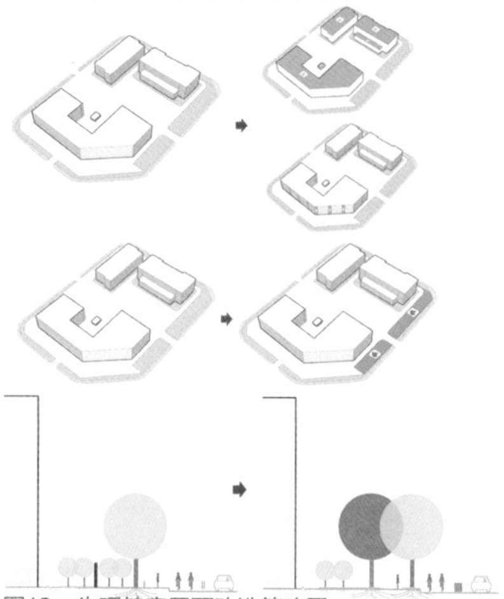

图19　生理健康层面改造策略图

心理健康层面改造策略

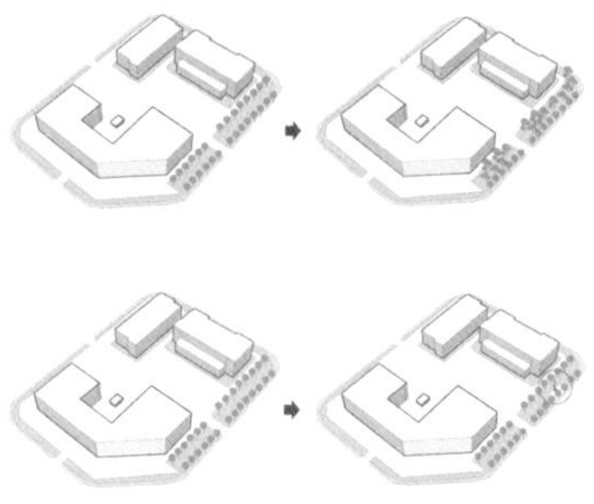

图20　心理健康层面改造策略图

基于前期公共健康三个层面的城市街景问题分析，制定了三个层面对于公共空间以及慢行空间的改造策略，分析地块改造潜力

行动计划

“慢城”计划

上地西路
信息路
上地东二路

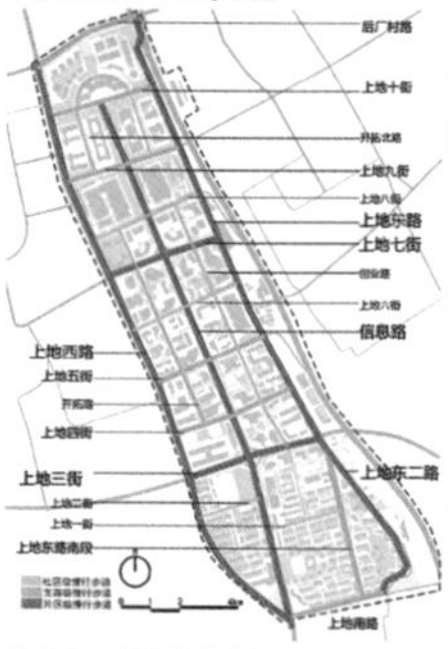

图21　道路分级

以慢行网络为核心，调整慢行空间尺寸与改善绿化品质促进人使用，在提升慢行环境健康的同时，改善人的生理健康与情绪状况

“城市森林”计划

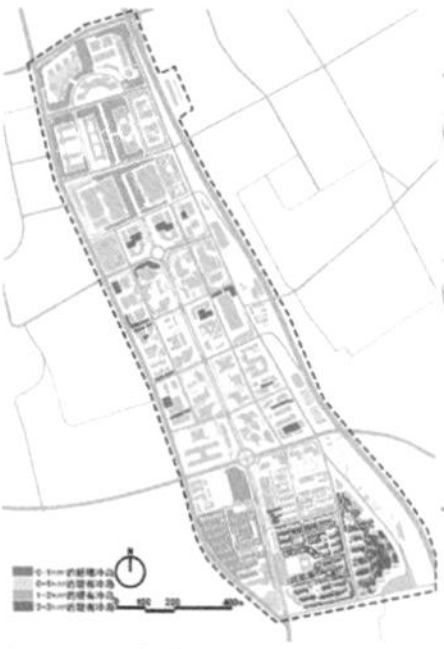

图22　冷岛分布状况

以区域生态绿地空间为核心在空间上形成“冷岛链”结构，成为缓解区域健康问题重要基质，同时形成更高品质的自然景观

“15分钟运动生活圈”计划

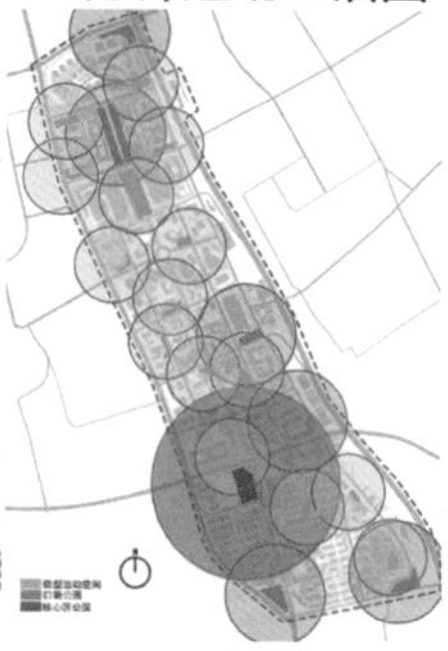

图23　运动型空间分布及服务范围

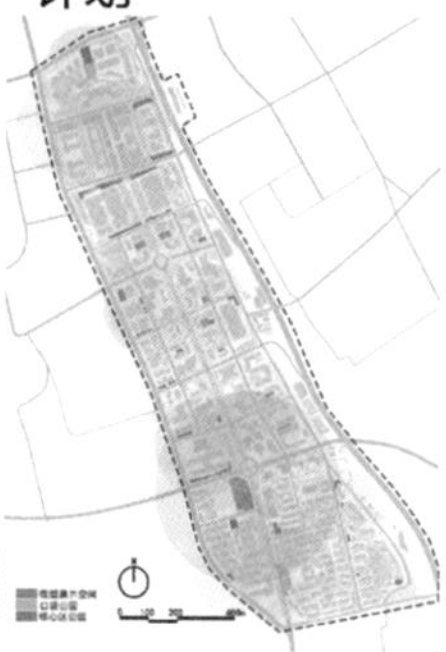

图24　康养型空间分布及服务范围

以公共空间为核心，采取设置不同级别的运动健身空间与康养休闲空间的手法，并对这些空间进行改造，提升人们参与到户外康养、运动的参与度，放松身心的同时，提升区域活力，改善人群的生理健康与心理健康

”一棵树“计划

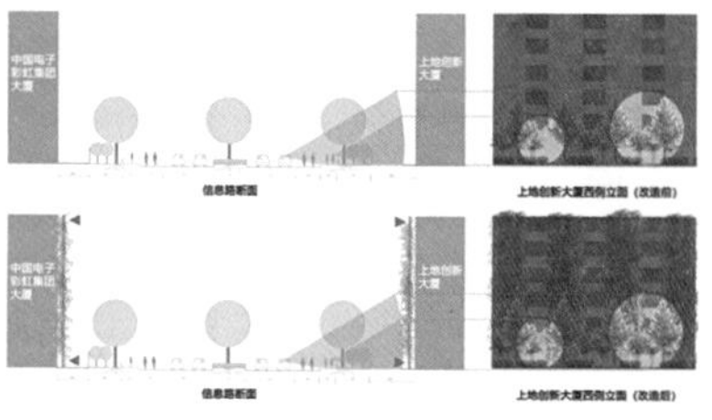

图25　垂直绿化策略

以城市风貌带为核心，采取垂直绿化以及屋顶花园的手法，在提升街道空间绿化品质、文化特色，以及室内空间眺望景观的同时，形成良好的生态城市风貌，调节人群的生理健康与心理健康

游憩系统规划图

图26　游憩系统设计

慢行系统规划图

图27　交通系统设计

上地街区北段设计
设计说明：通过对于街道人流（图1）、景观视域（图2、3）、户外活动空间（图4）的数据分析，得到游憩系统（图5）与慢行系统（图6）的规划设计，并结合周边条件深化设计方案，两个系统结合共同形成城市街景系统（图7-图13）。

图28　城市街景系统总平面图

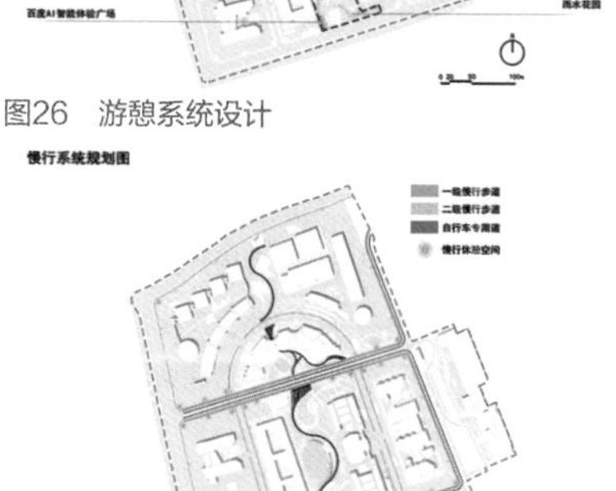

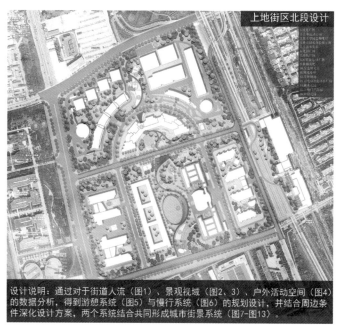

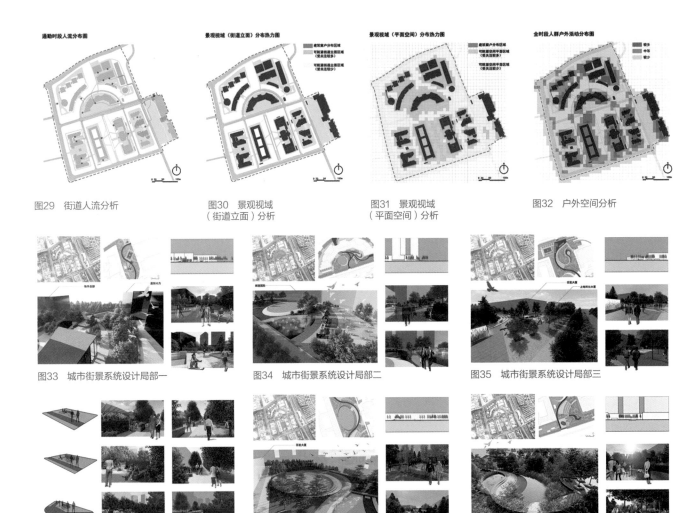

图29　街道人流分析　　　图30　景观视域　　　　　图31　景观视域　　　　图32　户外空间分析
　　　　　　　　　　　　　　　（街道立面）分析　　　　（平面空间）分析

图33　城市街景系统设计局部一　　　图34　城市街景系统设计局部二　　　图35　城市街景系统设计局部三

图36　城市街景系统设计局部四　　　图37　城市街景系统设计局部五　　　图38　城市街景系统设计局部六

北京大上地信息产业街区再规划

Beijing Dashangdi Information Industry Street Re-planning

学校名称：北京林业大学
学生姓名：陈婧依　姜　雪　兰亦阳　王瑶函
指导老师：郑　曦　张晋石　李方正

街道空间不仅承担着城市的交通功能，也曾经是人们主要的生活和交往空间。然而随着城市化进程不断加快，街道功能混乱、缺少活动空间等问题愈发严重。本研究希望通过对城市街景问题进行梳理剖析，提出有价值的街景改造策略，最终达到提升街区品质的目的。

弹性首先用于表示弹簧的特性，随着研究的深入和不同学科的引入，弹性理论不断地被拓展和延伸，研究的范围渗入到多个领域范围，城市规划、经济、社会等学科都从弹性角度进行研究，取得较为理想的成果。弹性城市也成为当前的热点研究课题，弹性理论主要概念可解释为系统有足够的抗冲击能力和受到冲击后能较快的恢复正常运转，并且保持系统结构和功能的能力。

如何将弹性理论应用于街景重构，我们进行了如下探索。首先进行了基地分析，包括区位分析、上位规划和场地现状分析三个方面。然后进行了问题总结和四维度的弹性策略总结。最后，得出了我们的规划结构并进行了方案细化。

陈婧依　　　　　　姜　雪　　　　　　兰亦阳　　　　　　王瑶函

设计说明

对于如何进行上地街区的街景重构，我们进行了如下探索。第一阶段，小组合作对上地街区现状进行了调研并进行汇报。

第二阶段，与本校同学组成四人小组，合作对上地街区进行了整体规划。首先，小组四人对此次研究的区块——上地街区进行了基地分析，包括区位分析、上位规划和场地现状分析三个方面。然后，进行了上地街区现状问题总结和策略总结。随之，一起确定了我们的规划结构。我们的规划将以人为本作为原则，以构建步行环境友好、资源节约、景观宜人的街景为目标，系统地解决街区的交通、环境与景观等多种问题，并充分体现街区地域特色与人文关怀。

整体的规划结构是"一轴一带两翼多核"。"一轴"即景观休闲轴——信息路，"一带"即沿上地东路的高架绿带，"两翼"即开拓路创业路两条景观休闲道，"多核"即辉煌国际、联想大厦和金隅嘉华大厦三个重点改造区域。

第三阶段，依照场地性质将场地分为四个区，分别进行个人上地街区改造方案设计。

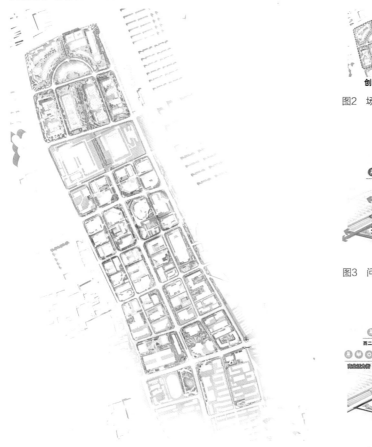

图1　总平面图

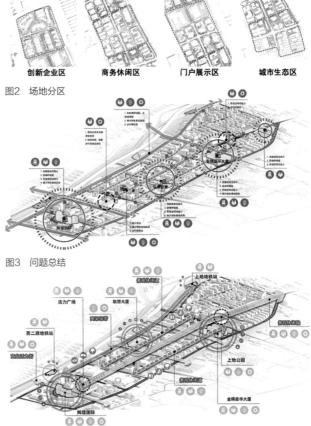

图2　场地分区

图3　问题总结

图4　规划结构

图5　鸟瞰图

街景重构解析
——门户展示区

　　个人所选地块南以上地四街为界，北以上地六街为界，西以上地西路为界，东以京新高速为界。地块总面积为37.87hm²，改造面积为10.23hm²。设计目标是与场地中在建的清河火车站对话，打造一个充满活力、绿色生态、展示上地科技文化和历史文化的街区——门户展示区。

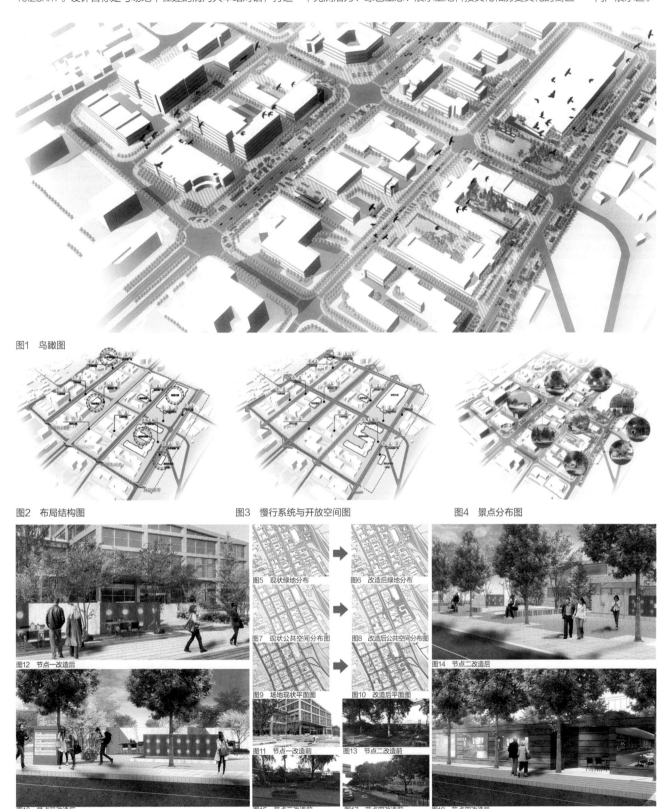

图1　鸟瞰图

图2　布局结构图

图3　慢行系统与开放空间图

图4　景点分布图

图5　现状绿地分布

图6　改造后绿地分布

图7　现状公共空间分布图

图8　改造后公共空间分布图

图9　场地现状平面图

图10　改造后平面图

图12　节点一改造后

图14　节点二改造后

图11　节点一改造前

图13　节点二改造前

图16　节点三改造后

图18　节点四改造后

图15　节点三改造前

图17　节点四改造前

街景重构解析
——商务休闲区

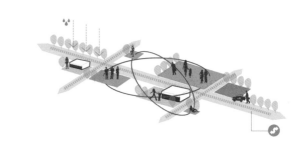

　　商务休闲区位于基地中部，上地六街与九街之间，红线内面积大约为49.6hm²。

　　延续"一轴一带两翼多核"的规划结构，改造公共空间活动体系、重构步行优先的交通系统、融合绿色街道技术，以实现上地景观品质的提升，使人们的日常生活回归街道，使街道重新充满活力。

图1　上地东路改造效果图

图2　信息路改造效果图

图3　开拓路改造效果图

图4　创业路改造效果图

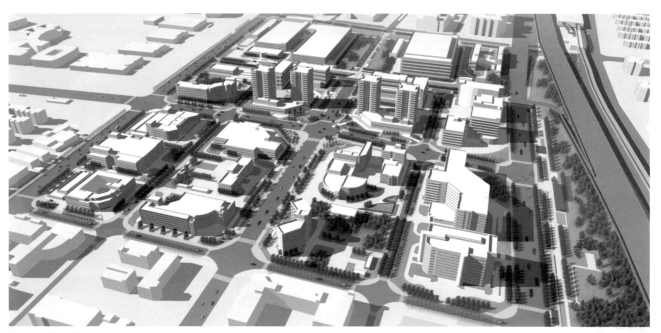

图5　鸟瞰效果图

街景重构——北京上地十八小时活力圈
Streetscape reconstruction—Beijing Shangdi's 18-hour vitality circle

学校名称：北京林业大学
学生姓名：宋依霖　田　敏
指导老师：郑　曦　张晋石　李方正

方案摘要：面对上地地区由其高度集中的互联网企业带来的潮汐通勤、停车过饱和、活动单一、街道秩序混乱等种种现象，我们提出打造十八小时活力圈——早六点至零点的街区提升计划。十八小时活力圈，旨在通过对街道及各企业红线退界绿地的改造，使街道变得宜人舒适，增加街区的活动空间和活动类型，提升整个街区的活力和吸引力，给在这里工作的人一个下班后可以逛一逛玩一玩的场所，从而把上下班高峰期摊平，从根本上解决街区通勤压力大、街道秩序混乱、活动场地及类型少的问题。在规划中，我们以开放空间植入及建筑功能复合、重构慢行系统、核心区域规划三个步骤来实现我们的愿景。

宋依霖　　　　　田　敏

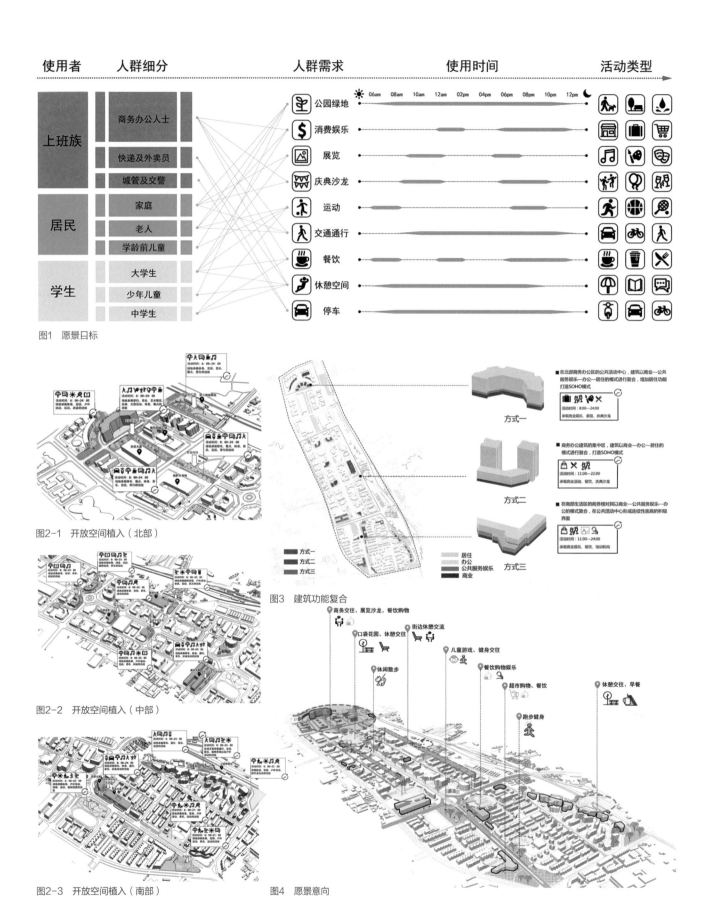

图1　愿景目标

图2-1　开放空间植入（北部）

图2-2　开放空间植入（中部）

图2-3　开放空间植入（南部）

图3　建筑功能复合

图4　愿景意向

街景重构
——上地街道活力街区南部设计

① 地铁休憩广场
② 街角花园
③ 数码广场
④ 商业广场
⑤ 活力休闲区广场
⑥ 街角安全岛
⑦ 泓源首著
⑧ 互动交流区

图5　总平面

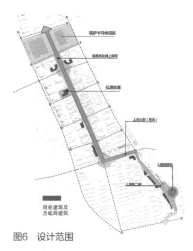

图6　设计范围

图7　户外餐吧

图8　集会休憩—水幕电影

图9　咖啡草坪休闲区

图10　智能立体自行车停放库

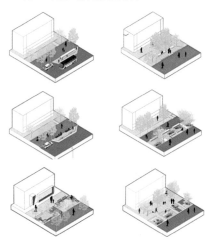

图11　设计策略

　　重点区域选择：一条以上地地铁站为起点，"码农"上班族进入场地上班办公的主要路线。

　　通过上地东二路、上地三街东段、信息路连接上地地铁站、泓源首著和信息路上延段穿过的瑞萨半导体园区几个重要节点。该重点地段解析主要对上地东二路、上地三街东段和信息路三条街道进行设计重构，上地地铁站、泓源首著和瑞萨半导体作为街道空间的扩展进行设计（图2）。

　　本次规划设计旨在聚焦"码农"活动，激发街区活力，提升街区使用的舒适度与幸福感。

图12　上地东二路效果图

图13　信息路上延段——户外书吧

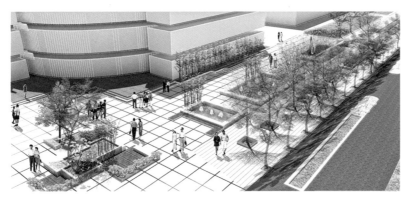

图14　信息路中段——泓源首著

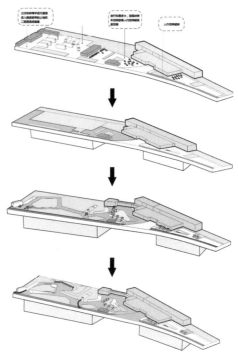

图15　上地地铁站周边区域方案推导

上地地铁站周边区域改造：将现状地面公交总站置于地下，局部设置智能自行车立体停车库；腾退地面空间设置广场绿地及活动停留空间；梳理公交、行人流线，确定地下公交总站的公交及乘客入口。通过设置建筑玻璃外廊连接两个公共交通枢纽；调整绿地及空间形态，对公交车的转弯半径进行控制，使其在进入道路前缩小转弯半径。

图16　上地地铁站入口效果图

上地向芯力——北京市大上地信息产业街区街景重构

Central processing unit - Beijing shangdi streetscape reconstruction

学校名称：南京林业大学
学生姓名：程晴晴　齐心怡　郭　喆　高擎天　李明慧
指导老师：邱　冰　杨云峰　张　哲　赵　岩　崔志华　王　慧　张　帆

方案摘要：在对上地信息产业街区的概况梳理之后，探讨封闭式街区所带来的"界"对场地的影响，先从整体视角下的分析上地信息产业街区的界面特征、空间特征和视觉特征，接着从人视角下分析了人与人的交往状况、人对场所的感知状态、人对绿色空间的感知以及资源服务于人的现状进行分析。

上地信息产业街区的核心问题在于封闭式的设计，在街景重构中考虑开放的设计，以提升街区的整体活力。如果把整个场地比作一个多功能的集成电路板，那么在场地中置入的核心景观即为整个场地的CPU，这样的CPU可以链接被阻隔的人与人、人与自然，形成上地信息产业街区的向心力。同时，这个心不仅是景观所形成的绿色的心，也是人们活动和交往的中心，更是能够体现上地信息产业街区的高科技、高端化特征的"芯"，形成一种地标性、特征化的核心，带动整个上地信息产业街区的活力发展。

程晴晴　　　　齐心怡　　　　郭　喆

高擎天　　　　李明慧

规划背景
上位规划解读

　　大上地科技园区中位于北京中心城区中轴线西北侧的海淀区，在科技创新功能和发展潜力方面占据中关村科学城的"半壁江山"，是海淀区的高端创新聚集发展轴上的上地发展极。

　　上地信息产业基地是以电子信息产业为主导的综合性高科技工业园，集科研、开发、生产、经营、培训、服务为一体的综合性高科技工业园。

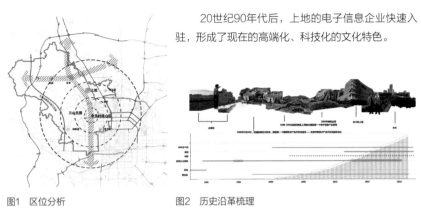

　　20世纪90年代后，上地的电子信息企业快速入驻，形成了现在的高端化、科技化的文化特色。

图1　区位分析　　　　　图2　历史沿革梳理

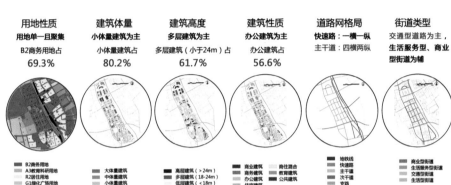

用地性质	建筑体量	建筑高度	建筑性质	道路网格局	街道类型
用地单一且聚集	小体量建筑为主	多层建筑为主	办公建筑为主	快速路：一横一纵	交通型道路为主，
B2商务用地占	小体量建筑占	多层建筑（小于24m）占	办公建筑占	主干道：四横两纵	生活服务型、商业型街道为辅
69.3%	**80.2%**	**61.7%**	**56.6%**		

　　在对上地信息产业街区的概况梳理之后，探讨封闭式街区所带来的"界"对场地的影响，先从整体视角下的分析上地信息产业街区的界面特征、空间特征和视觉特征，接着从人视角下分析了人与人的交往状况、人对场所的感知状态、人对绿色空间的感知以及资源服务于人的现状进行分析。

图3　基地情况

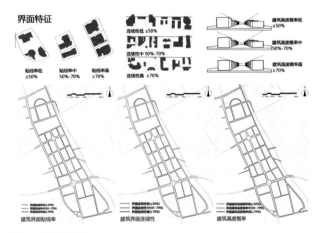

图4　街道整体评价

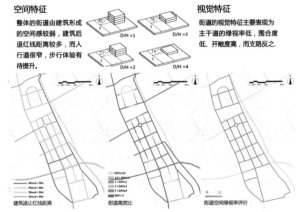

　　早高峰时段在地铁站节点及横纵向的交通干道聚集，而午餐时段人群散布于场地中，呈现出较为均匀分布的状态，晚高峰时期再次聚集于交通节点。

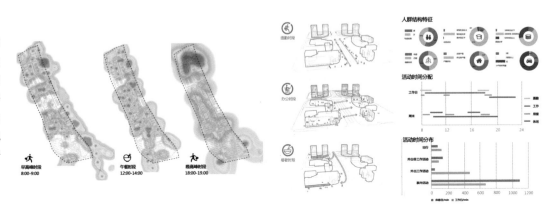

图5　人群分析特征

	必要性活动	自发性活动	社会性活动
上班族	通勤、吃饭、候车	抽烟、休憩、踢毽子、运动	交谈
居民	上学、上班	打乒乓球、打牌	儿童游戏、交谈
外卖快递	配送、等待	休憩	交谈

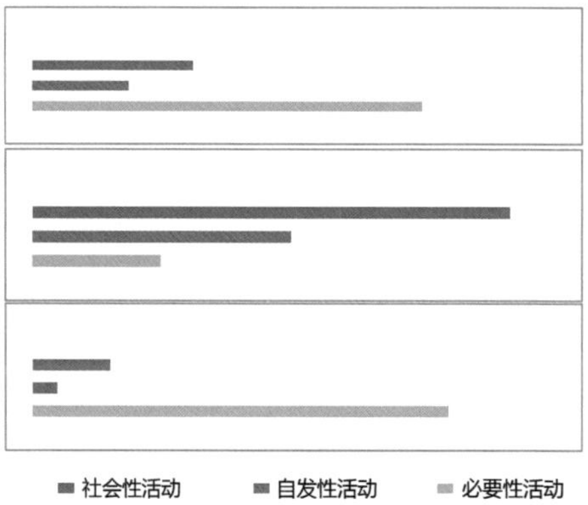

社会性活动
自发性活动
必要性活动

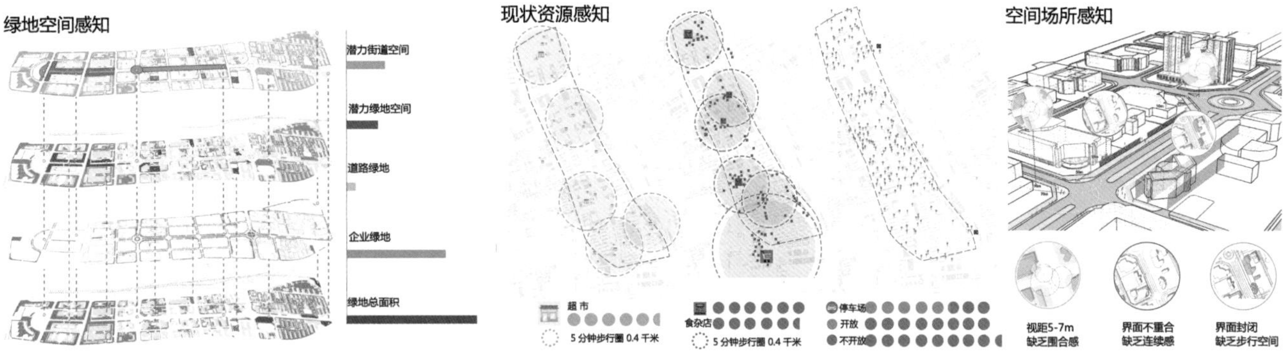

绿地空间感知
潜力街道空间
潜力绿地空间
道路绿地
企业绿地
绿地总面积
现状资源感知
超市
5分钟步行圈 0.4千米
食杂店
5分钟步行圈 0.4千米
停车场
开放
不开放
空间场所感知
视距5-7m
缺乏围合感
界面不重合
缺乏连续感
界面封闭
缺乏步行空间

图6 活动类型分布

问题聚焦

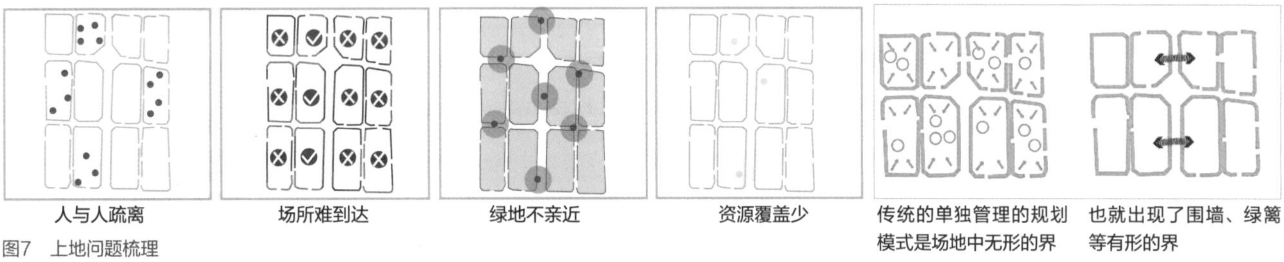

人与人疏离
场所难到达
绿地不亲近
资源覆盖少
传统的单独管理的规划模式是场地中无形的界
也就出现了围墙、绿篱等有形的界

图7 上地问题梳理

上地人的生活方式在网络时代逐渐变化，人与人、人与世界的联系靠网络来维系，我们作为景观设计者，希望置入一个以景观空间为核心内容的触媒，这个触媒就像CPU一样，将分裂的各个部分链接起来，将人与“生活”链接起来。

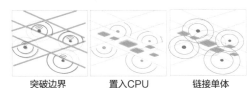

突破边界
置入CPU
链接单体

图8 概念提出

通过用地性质、建筑性质、空间尺度的信息与空间句法叠加分析，发现信息路的整合度最高，具有最便捷到达各企业，联通北部商务区，南部居民区的场所优势。所以我们依次定位了信息路CPU 以及不同的功能核元。用这些触媒去逐步激发场地的活力。

图9 场地空间分析

信息路特征分析
上地十街
上地九街
上地八街
上地七街
上地六街
上地五街
上地四街
上地三街
现存建筑纹理
用地性质
建筑性质
私有绿地
出入口密度
商业密度
交通设施
交通流量（一天/人）
建筑立面

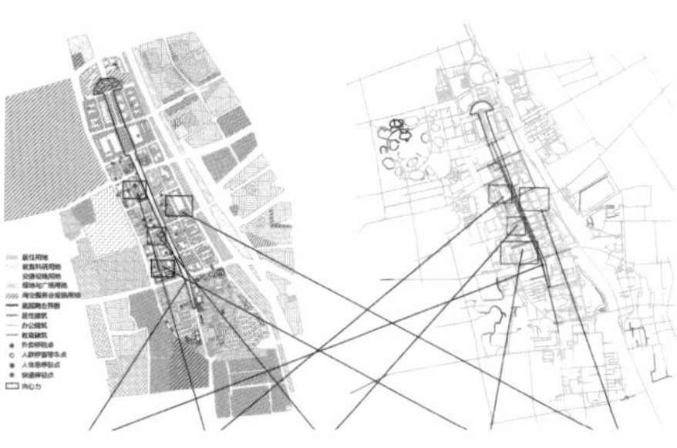

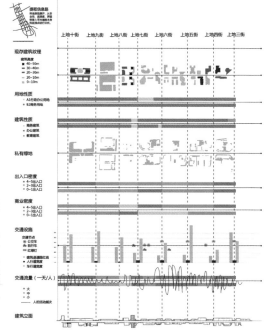

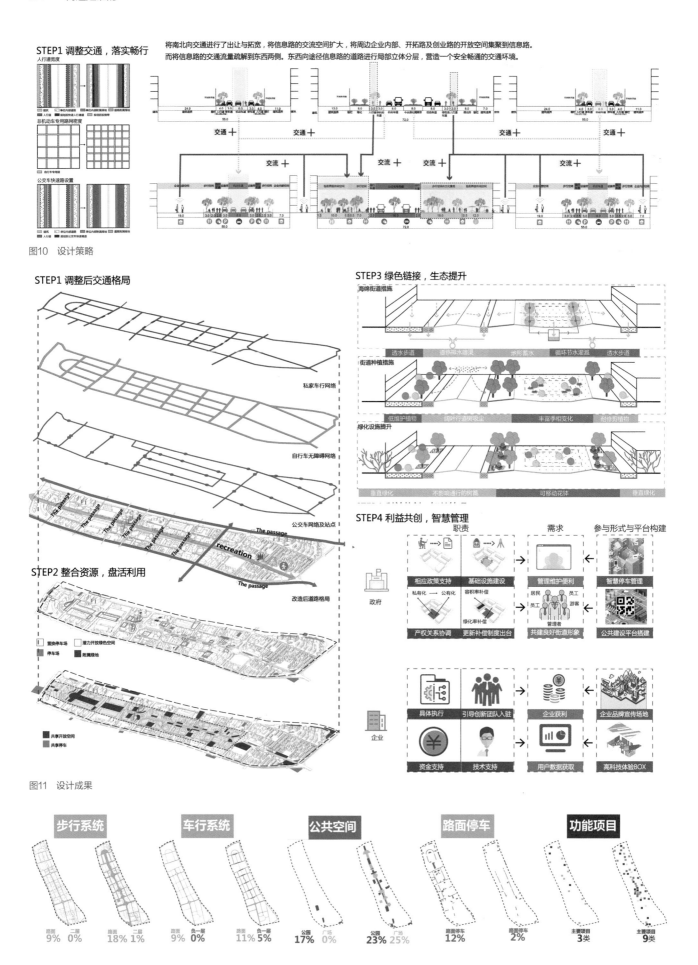

图10 设计策略

图11 设计成果

C——central

　　在整体的开放空间格局中置入休闲绿地、户外办公场地、展示空间、茶吧等多种功能，共同作为我们的多功能核芯；

P——processing

　　设计完整的步行系统将多个功能区串联，形成步行友好的街区交通网络；

U——unit

　　设计成果联合之前场地内分裂的各个元素而形成系统，链接上地与周围地区，形成上地向心力。

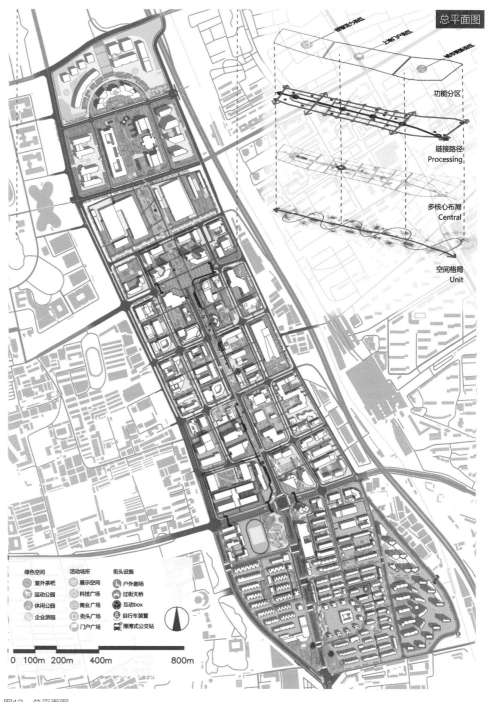

图12　总平面图

总体设计方案

　　上地信息产业街区的功能按照北部、中部、南部的特征有所不同。北部结合百度、烽火科技等公司，打造以科技为主导特征的"创智活力街区"；中部结合未来的清河火车站，应对未来的参观者涌入，设计将其作为"上地门户街区"，以展示上地特征形象为主；南部结合居住区进行定位，作为"城市更新街区"。

　　在上一步骤所构想的整体的开放空间格局中置入休闲绿地、户外办公场地、展示空间、茶吧等多种功能，共同作为我们的多核心布局，即CPU里的C——central；设计完整的步行系统将多个功能区串联，形成步行友好的街区交通网络，即为CPU里的P——processing；两者结合所形成的多功能活力空间即为CPU里的U——unit。

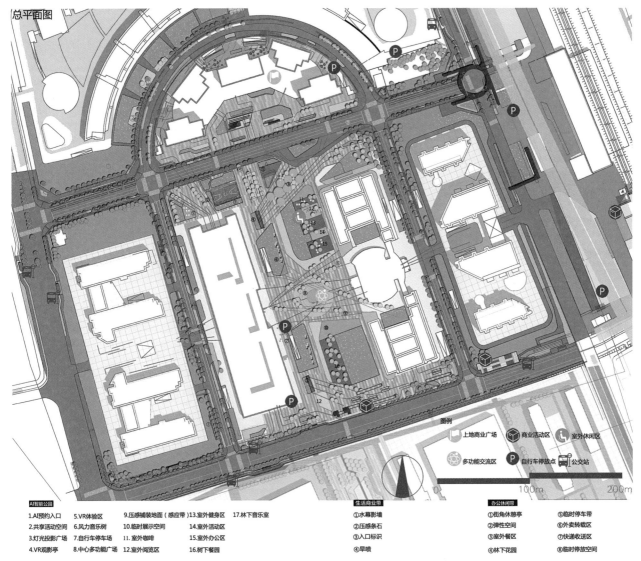

图13　创智活力街区北段平面图

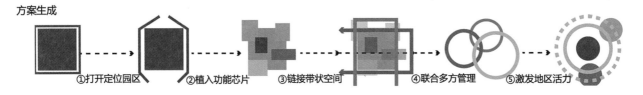

方案生成

①打开定位园区　②植入功能芯片　③链接带状空间　④联合多方管理　⑤激发地区活力

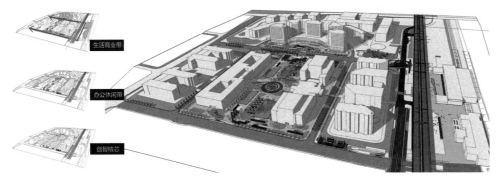

图14　创智活力街区北段结构分析图

创智活力街区

　　以百度和数码科技广场交界的地方为核心打造上地地标公园；联合纵向的开拓路和创业路,构建南北向U型路办公休闲带；联通东西向地铁站和上地九街,引入西二旗大街的商业,打造共享商业带。

　　最终形成一心两带的结构。以"芯"置入创智功能,以"带"链接南北与东西。

详细核芯设计　box park　光影广场
多功能广场　水幕电影　辉煌国际

展示空间
①林下餐园　②多功能广场
中轴节点游线
③光影广场　④水幕电影广场

5G

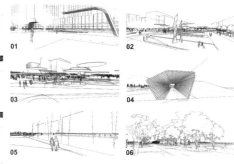

01　02　03　04　05　06

▲ 设计理念：AI技术与景观结合，探索公园与人新的互动方式

基于百度和神州科技的企业特色和文化，以AI智能设备在公园中的应用为主打特色，探索科技在景观中的应用形式。所用到的技术主要有百度目前可以支持的水幕投影技术、智能信息采集预约系统、百度对话式人工智能操作系统、VR技术以及百度Apollo无人驾驶技术、智能识别和网络平台管理技术。分别对应以下节点：水幕影墙（01）、AI预约入口（02）、灯光投影广场（03）、VR观影亭（04）、风力音乐树（05）、林下音乐室（06）。

01　02　03　04

引入移动box
链接点状业态；引入西二旗大街的商业，营造完整而连续的商业带。

05

图15　创智活力街区北段中轴线鸟瞰及游线

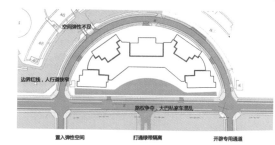

改造前

场地道路现状由于绿篱和围墙的阻隔，步行空间狭小，缺乏弹性空间，指导外卖车、快递车拥堵。缺乏街头空间，以私家车为主导的交通也产生了公共交通与私家车的路权争夺，导致步行环境品质低下。

置入弹性空间　打通绿带隔离　开辟专用通道

改造后

针对场地现状，主要提出以下几个方面进行改造。
其一，突破红线，向内拓宽人行道，置入弹性空间以供外卖车、快递车以及自行车停车使用。
其二，打通上地十街连续的带状绿带，采用树篱的形式，增强上下联系。
其三，双边自行车道变单边，节省出的空间增设机动车和非机动车之间2米的隔离带。其三增设过街天桥，在重要节点分流，提高过街安全与效率。

置入弹性空间
打通绿带隔离
突破边界红线　开辟专用通道

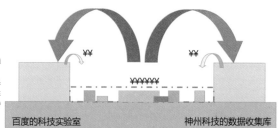

¥　¥

¥¥¥¥¥

百度的科技实验室　　　　　神州科技的数据收集库

链接周围的上地影响力

图17　街区管理目标

▲

其一，权属问题方面。在突破红线，拆除原始围墙后，企业管理精确到楼，开放园区权属百度和神州科技双方企业。车行道路权属市政管委，人行道路权属路政科。

其二，资金来源问题，政府和企业为建设主体，百度和神州科技企业本身为建设的资金来源和技术支持。

其三，管理方面，作为园区开放的交换条件，百度和神州科技的管理费由政府承担一定的补偿，并进行绿地率指标补偿，如园区内部与园区外部的置换。

取餐机器人等待区　转轴

图16　创智活力街区北段重点地段改造前后对比

售卖空间

滑轮 餐椅收纳空间 餐饮空间

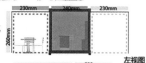

230mm　240mm　230mm
260mm

230mm
左视图
260mm

后视图

230mm　370mm
260mm

前视图
6000mm

单体装置设计

以便捷集装箱为空间载体，可以根据需求植入不同的功能，进行不同的模式组合

BOXPARK

图18　创智活力街区北段设施单体设计

01 创智活力街区南段

Ⓐ 休闲娱乐广场
▢ 创业者交流平台
△ 企业展示平台
⬇ 下沉式展览空间
✿ 创新技术展示区
Ⓛ 交流互动草坪
🅗 过街天桥

0   100m   2

图19 创智活力街区南段平面图

位置：上地七街至上地九街
功能：为上地创业者提供交流平台、为上地所在企业提供高科技产业展示平台
主要服务人群：上地创业者、工作者、游客
功能区：主要为创新技术展示、创业者交流平台、休闲娱乐广场

03 重点地段鸟瞰图

①加入展示空间，提升企业文化展示
②增添交流广场，打破人与人的隔阂
③丰富的高差变化，增强场地的空间感

02 设计生成

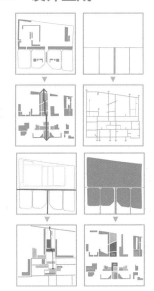

第一、整合现有绿地，改变绿地格局，将信息路开放，生态主要放置在开拓路和创业路的企业两侧。

第二、增加路网密度，各个场地具有更高地可达性，使人们可以更加便捷地享受信息路开放的资源。

第三、在开放共赢的基础上开放瑞萨半导体的内部道路，将片段化的场地塑造成一个整体。

第四、开放企业附属绿地，每个企业共享出自己的场地，从而使上地工作者享受更加多元化的场地。

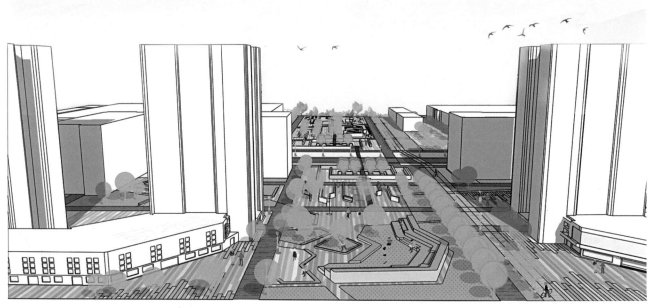

图20 创智活力街区南段鸟瞰

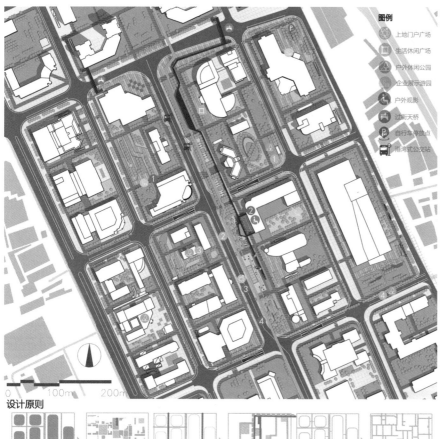

设计原则

①重新布局场地，提高功能的多样性　②设置多种路径，增加交往的可能性　③增加步行密度，实现共享的有效性

图21　上地门户街区北段平面图

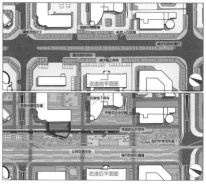

重点地段改造前后对比

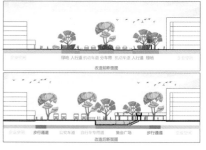

改造前

改造前的平面图中可以看到企业与企业之间，企业与公共空间之间，都通过绿篱和围墙阻隔，形成了一个个相对较为封闭的院落式空间，出入口往往小而狭窄，院落内仅能布置企业内部的停车位，空间难以充分使用。公共空间以机动车道为主导，人行区域仅有2m宽，不能满足上下班高峰时段的行人通行，且街头没有完整的公共空间。

改造后

在设计中首先改变车行主导的模式，打造完整而畅行的步行网络，如图红色区域即为设计后的4m宽的步行通道，将车道缩窄且以公共交通主导，分流信息路中轴线上的机动车，减少信息路的机动车通行，以营造步行友好的街道，鼓励步行的回归。接着，拆除企业间分隔的围墙，整合绿色区域，让出开放的公共空间、畅行的步行通道和开放的企业空间，同时还设置了自行车专用道，鼓励人们使用自行车出行。最后，用立体分层式的交通避免南北向人车流线与东西向的车流交叉，打造畅行的上地信息产业街区。

上地门户街区作为应对未来清河火车站的挑战而存在，其最主要服务的人群除了目前的上地工作者之外，还有未来可能会进入本地块参观的大量游客，因此设计面临三个方面的挑战：

第一，如何体现上地门户的科技特征？

第二，如何降低游客的涌入对上地工作者的影响？

第三，如何在这样的信息产业街区适合游客参观的景观。

图22　上地门户街区北段剖透视

❶ 参观游览

❶ 团队活动

❷ 企业开放日

❷ 桥下咖啡

❸ 户外演讲

❸ 休憩娱乐

❹ 互动灯光

❹ 户外办公

图23　上地门户街区北段效果图

重点改造地块

参观者路线

所对应的空间分为两类：一类是"上地近距离"空间，另一类是特色活动空间。

上地企业文化展示园+企业开放日
游客从清河火车站出发，向北直行，从上地七街进入上地信息产业街区，可以参观上地企业展示园，然后沿信息路中轴线向南，在中轴线上参观地的特色企业，同时每个月设置固定日期为企业开放日，游客可以近距离体验到上地高端企业。

上地门户广场+互动灯光广场
与清河火车站所对应的位置设置上地门户广场，在门户广场中可以进行特色活动，上班族可以在其中参加户外演讲活动，而游客可以参观周末举办的音乐喷泉活动，也可以体验互动式的灯光。一方面使得上地夜归的工作者在街道上更有安全感，从而倾向于在街道上停留，感受街道作为公共空间的特殊氛围；另一方面，也使得未来参观者通过互动灯光广场体验上地科技魅力。

上班族路线

团队活动空间
第一类为上班族而设计的场地为团队活动空间，可以进行一些企业的团建活动，形成良好的团队氛围，增强企业的凝聚力，从而能够激发活力，提高员工的工作效率。

桥下咖啡
第二类为桥下咖啡空间，利用设计的连接企业的二层天桥的桥下空间，结合下沉场地，形成一个街头的桥下咖啡厅，半开敞的室外空间有利于人们更好地参与户外的公共交往，促进街头活力的复兴。

休闲娱乐空间
第三类空间为位于企业一侧的户外休闲空间，人们在这些场地中可以做一些简单的运动或者坐着休息、晒太阳等活动，在工作之余获得片刻的放松。

户外办公空间
第四类场地是户外办公空间，利用联想企业楼前的绿地，设置阶梯状的户外办公空间，上地工作者可以在户外的草阶上办公，获得不一样的办公体验，为工作带来新的灵感。

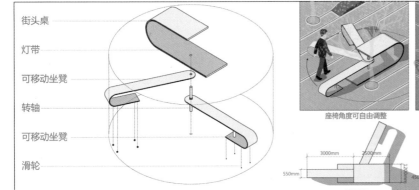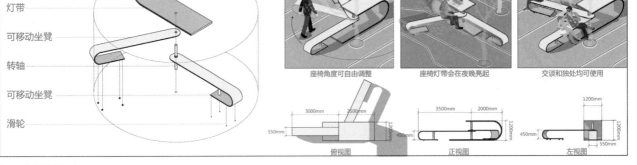

图24　街头装置设计

本街头装置的功能也需要设计，首先想要在解决上地街头独处者基本需求的前提下，增加人与环境、人与装置的互动性。街头装置由一个较高的横"U"形为街头桌，与两个较低的横"U"形作为可以移动的坐凳，组合在一起。街头桌固定于地面，坐凳下设有滑轮，可以手动固定，也可以根据需要，沿着轴线旋转调整角度，不仅可以随着阳光的角度变换角度，也可以根据使用者的心情和使用者数量进行调整。

同时，在这样效率至上的科技产业园区，两个可移动座椅就像时钟的时针和分针一样，沿着轴线旋转，寓意着时光的流逝，提醒人们慢下来，在一天的快节奏中稍作休息，从而能够进入更好的工作状态。

　　本设计范围在规划总平面中被定位为上地门户街区南段，其位置是上地三街至上地五街，这是一个专注于为上地工作者服务的设计，它提供了一个让人们在户外休闲、工作、健身或喝一杯下午茶的机会。设计的重点放在了人们如何与场所互动，希望创造一种不同企业员工可以相遇、交流、学习的体验。设计思路主要是首先从需求分析，要打破壁垒，为人群提供丰富的户外办公休闲空间，其次通过增密步行通道和改造可利用空间为集散节点的设计手法，达到以节点间的联系串连成线路，吸引人群来到场所的效果。

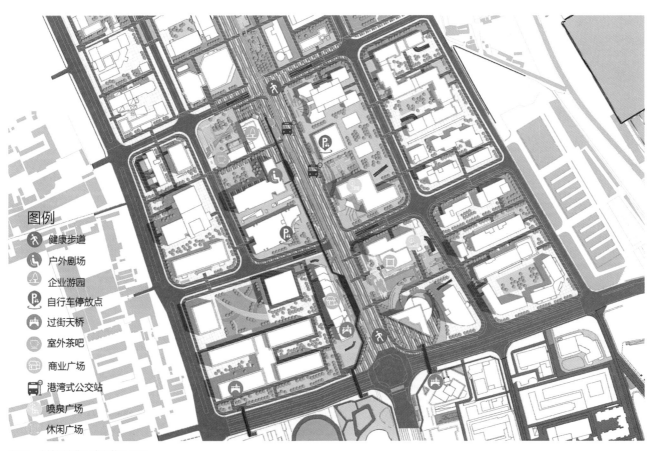

图例
🧗 健康步道
👤 户外剧场
🌳 企业游园
🅿 自行车停放点
🚶 过街天桥
☕ 室外茶吧
🏢 商业广场
🚌 港湾式公交站
⛲ 喷泉广场
🏛 休闲广场

图25　上地门户街区南段总平面图

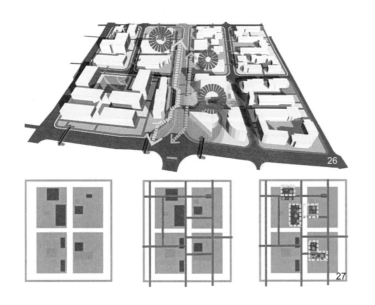

　　设计根据场地现状及改造需求划分出可利用的若干地块，再以过街天桥、健康步道串联成可供上地工作者户外办公、会面、休闲的路线。设计面临的挑战主要是要针对不同企业建筑的出入口，增设便捷的步行通道；整合场地资源，规划重点改造地块；调配硬软质空间比例，使场所同时满足人群活动与绿色生态需求。

图26　上地门户街区南段设计路线分析
图27　上地门户街区南段面临的挑战

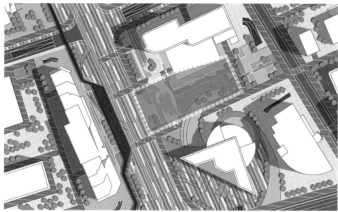

图28　上地门户街区南段休闲广场定位

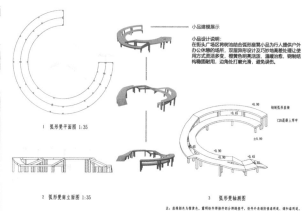

图29　上地门户街区南段小品设计

实创大厦地段的设计是改造的重点地段之一，可以分为三个区，首先是户外休闲广场，设计将原场地的大块绿地改造为户外休闲广场，在保留部分绿地资源的基础上，适当增设硬质活动空间，在其中置入双层弧形圆凳、树池座椅等功能性小品设施，其中小品单体的设计特色在于与树池结合，利用两层高差供人们或靠或卧，或作为桌椅，场所整体满足人群户外办公、跑步健身的需求，为周边企业服务。

图30　上地门户街区南段休闲广场效果图

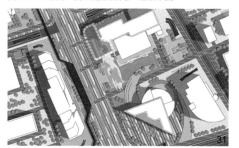

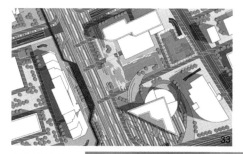

图31　上地门户街区广场南段街头广场定位
图32　上地门户街区广场南段街头广场效果图

图33　喷泉广场定位
图34　喷泉广场效果图
图35　下凹式雨水花园

其次是街头广场区，将原场地的停车场改造为街头广场，在保留部分硬质场地的基础上，适当增设绿地资源，设置生态树池、长条坐凳等功能性小品设施，生态树池的改造主要为结合透水铺装，设置入水口，从而消纳路面雨水，减轻地表径流负担，场所整体满足人群户外休闲、会面交流需求的同时，改善生态小环境，易于人群亲近绿色，为周边企业服务。

最后是喷泉广场区，利用场地高差设置下凹式雨水花园，其原理是雨天有效收集储蓄周边雨水径流以避免内涝灾害，晴天时水分蒸发，滋养植物，再结合音乐喷泉、座椅等设施，满足人群户外休闲的需求，同时营造较好的植物景观效果。

设计策略

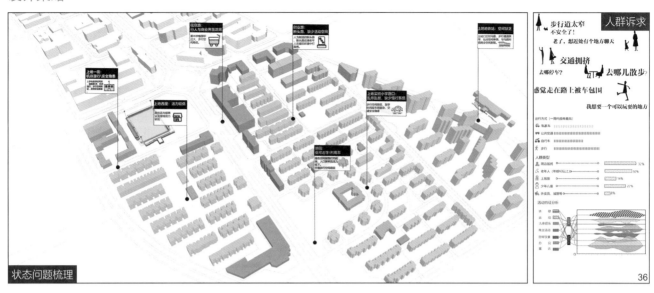

城市更新片区位于整个基地南侧。设计面向在这里生活工作与学习的人群，通过调研发现，这里的街道空间日常使用者多为老年人和少年儿童，步行与公共交通为他们的主要交通方式，而现状步行满意度普遍较低，步行环境呈现空间割裂，品质较低功能单一的现象。公共空间与邻里交往有较为明显的萎缩现象。所以设计最终定位为走向步行友好街区！

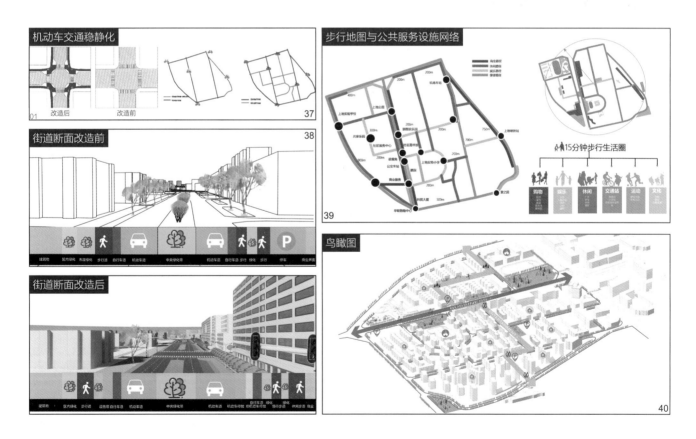

图36　机动车交通稳静化处理——引入了泡式交叉路口设计，缩短行人过街距离
图37　打通社区间的非机动车网络——疏散其拥堵时间段的逃逸路径
图38　优化步行系统——分别从可行性、可达性、安全宜人与步行愉悦性进行重构
图39　打开创业路隔离栅栏，减少断头路与绕路行为，打通道路微循环，设计步行地图
图40　健全周边生活服务设施网点——使居民步行15分钟满足其各类生活娱乐需求

详细地段平面图

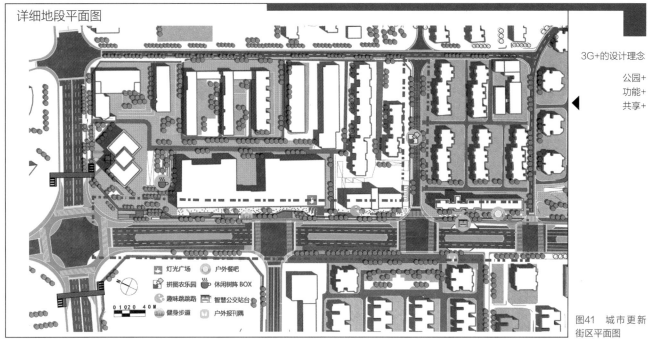

3G+的设计理念

公园+
功能+
共享+

图例：
- 灯光广场
- 拼图农乐园
- 趣味跳路
- 健身步道
- 户外餐吧
- 休闲树阵 BOX
- 智慧公交站台
- 户外报刊廊

0 10 20   40 M

图41　城 市 更 新
街区平面图

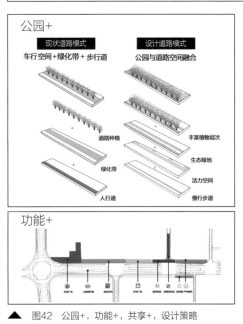

公园+

现状道路模式　车行空间+绿化带+步行道

设计道路模式　公园与道路空间融合

道路种植　　丰富植物层次
绿化带　　　生态绿地
人行道　　　活力空间
　　　　　　慢行步道

功能+

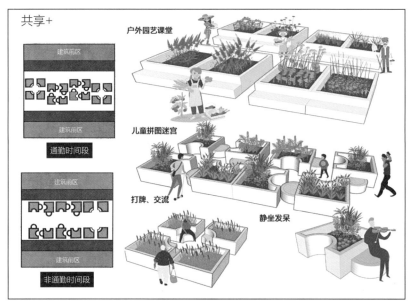

共享+

户外园艺课堂

建筑前区

通勤时间段

儿童拼图迷宫

打牌、交流

静坐发呆

非通勤时间段

▲　图42　公园+，功能+，共享+，设计策略

公园 +　将公园与道路空间融合，设计便捷慢行通道，用丰富的植物层次提高空间郁闭度。营造公园慢行感。在临商业界面侧分段种植透性植物提高行人与建筑界面交流，使其兼顾通达性与休闲功能。

功能 +　根据居民需求设计灯光舞池，趣味跳路，户外报刊角与拼图农乐园等多功能设计，丰富步行活动。

共享 +　在上地一街的组团路上设计弹性空间。置入拼图种植池，设置移动轨道。根据通勤时间段与非通勤时间段需求。

▼　图44　城市更新街区效果图

图43　拼图农乐园效果图
▲

居民可以认领属于自己的小花园，进行户外园艺交流。种植池也可自由变换，形成不同的迷宫地图。根据老年人多数喜欢围坐的行为特点，设置座椅满足其打牌聊天的需求。希望此设施设计加强步行趣味性。加强居民间交流。让街道空间中带有声音与记忆！

上地潮汐录
Record of the Shang Di Tide

学校名称：哈尔滨工业大学
学生姓名：黄思铭　余　畅　何　曦　郭佳瑞　张　持　罗朝君
指导老师：余　洋

方案摘要：上地信息产业基地作为中关村科技园的第一发展组团，1991年正式成立至今短暂30年，经历三个重要阶段的飞速发展，成为全球科技创新核心区。用地现状无法形成产城融合的组团关系，基地的潮汐现象成为典型文化表征，交通的潮汐疏导、活动的时序管理、生态的潮汐组织，赋予上地地区无限的可能性。可以说，这样的潮汐文化城能够成为世界上最有特征的城市。因此，我们的设计将科技信息文化特色作为文化标杆，成为"催化剂"，催动场地复杂的交通、活动、生态组织。"潮汐之城"是顺应潮汐规律，梳理矛盾，降低潮汐变强的同时提升基地的韧性，改善二者间相互关系，化潮汐问题为潮汐优势，重构基地街景，构建智能生态、文化宜人、充满活力的高科技新型街区。

黄思铭

何　曦

张　持

余　畅

郭佳瑞

罗朝君

上地潮汐录

打造一个有序交通、永续发展、科技生态、宜人活动的上地街区。

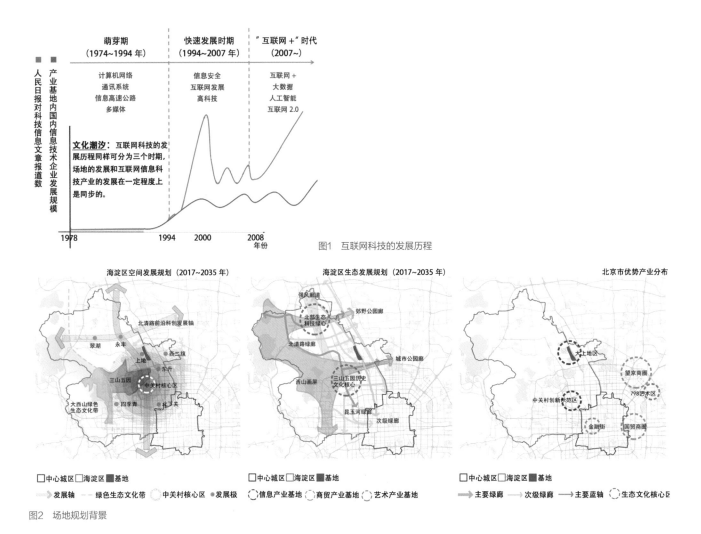

图1 互联网科技的发展历程

图2 场地规划背景

设计基地"北京大上地信息产业街区"，位于北京市海淀区中东部大上地科技园区内。海淀区在北京城市的西北区域，建设有具全球影响力的中关村科学城，是全国科技创新中心的核心区。中关村科学城的北部地区是大上地科技园区，在科技创新功能和发展潜力方面占据中关村科学城的"半壁江山"，如图1。

从个海淀区空间发展规划来看，场地位于两横一纵三轴，一带一核多极格局。上地位于两条创新发展轴上，在中关村核心区辐射范围内，是最重要的信息发展基地，属于上地发展极。生态上，以西山画屏向城市内核延展两条重要绿廊。上地位于城市公园廊上，在三山五园历史文化核心辐射范围内，其中一条次级城市绿廊穿过基地。除此之外，上地属于信息优势产业，联合绿地资源，有发展为绿色科技产业中心的潜力，如图2。

上地地区建设规模的不断扩张由于国内外信息企业的参与分为三个阶段并影响了上地地区发展定位的变化。同时，互联网科技的发展历程同样可分为三个时期，场地的发展和互联网信息科技产业的发展在一定程度上是同步的。场地的发展也示意着中国互联网产业的发展。

文化潮汐

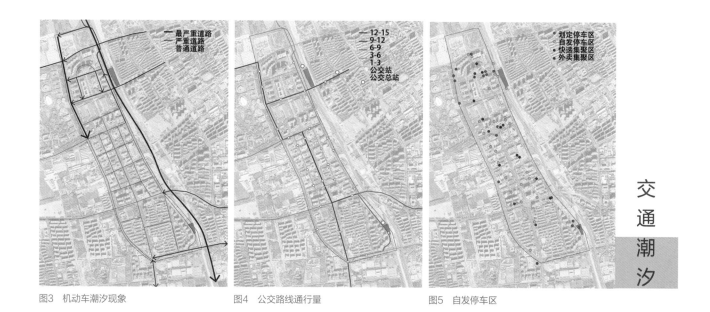

图3　机动车潮汐现象　　　　　　　　图4　公交路线通行量　　　　　　　　图5　自发停车区

我们将交通部分前期调研再次进行了梳理，按照交通方式的不同，分为人、非机动车、公共交通和私家车四种，总结了这四种交通方式的潮汐分布地点，如图3、图4、图5，为下一步规划设计做出指导。

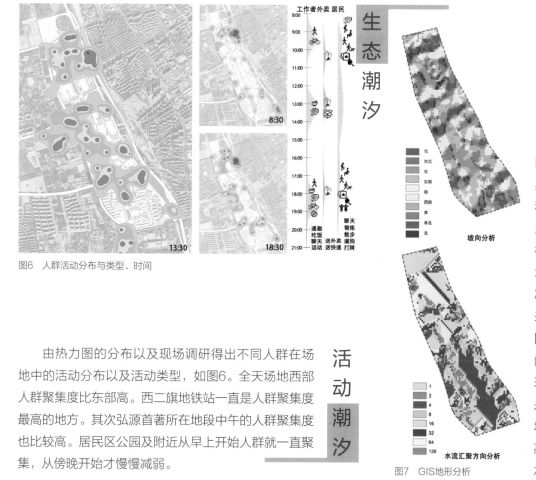

图6　人群活动分布与类型、时间

由热力图的分布以及现场调研得出不同人群在场地中的活动分布以及活动类型，如图6。全天场地西部人群聚集度比东部高。西二旗地铁站一直是人群聚集度最高的地方。其次弘源首著所在地段中午的人群聚集度也比较高。居民区公园及附近从早上开始人群就一直聚集，从傍晚开始才慢慢减弱。

图7　GIS地形分析

根据GIS分析，如图7，基地的地形条件易导致中部易发生大面积积水且不易排出；因此针对中部需特别设置相应的排水设施。而基地为已建成场地，故为减少地形的剧烈改变带来的大量的施工及对周围建筑物、户外活动空间的影响，不改变基地现状纵坡排水方向，而是通过改变横坡方向和坡度，利用周围绿地提高渗透率等方式提高排水效率。

什么是上地的潮汐文化？如何对待现有的潮汐文化？

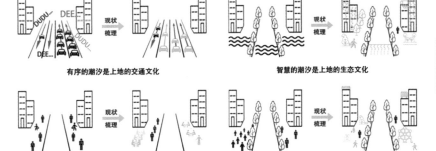

有序的潮汐是上地的交通文化　　　智慧的潮汐是上地的生态文化

宜人的潮汐是上地的活动文化　　　永续的潮汐是上地的产业文化

图8　现有问题

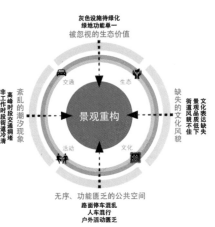

灰色设施待绿化
绿地功能单一
被忽视的生态价值

交通　　生态

景观重构

交通　　文化

无序、功能匮乏的公共空间
路面停车混乱
人车混行
户外活动匮乏

SWOT

S 优势 STRENGTH	**W** 劣势 WEAKNESS	**O** 机遇 OPPORTUNITY	**T** 挑战 THREAT
科技核心 TECHNOLOGY CENTER	活力缺失 LACK OF VITALITY	文化标杆 ICONIC CULTURE	特色缺乏 LACK OF CHARACTERISTICS
交通发达 TRANSPORTATION HUB	潮汐紊乱 TIDAL DISORDERED	活力中心 VITALITY CENTER	时序管理 TIMING MANAGEMENT
空间容量 SPACE CAPACITY	空间无序 SPACE DISORDERED	联动发展 INTERACTIVE DEVELOPMENT	权属复杂 COMPLEX OWNERSHIP

图9　SWOT分析

上地地区作为科技核心活力缺失，有机遇成为文化标杆，需要应对的挑战是特色缺乏。交通发达的同时潮汐紊乱，需要我们进行时序管理；科技园区内部空间容量充沛，外部公共空间匮乏，需要突破红线联动发展。这些矛盾构成了一个复杂而又充满潜力的上地街景系统。

无序交通+缺失文化+破碎生态+紊乱活动　➡　有序交通+永续文化+科技生态+宜人活动

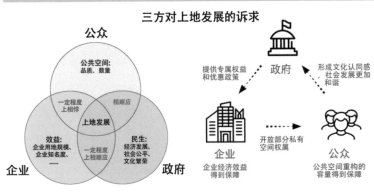

三方对上地发展的诉求

上地地区的潮汐文化特征

对特有的潮汐文化进行重构以形成

潮汐分压
良性疏导

交通潮汐重构

潮汐文化引领　　潮汐文化引领

时序控制　活动潮汐重构　景观重构　生态潮汐重构　智慧植入
注入活力　　　　　　　　　　　　　　生态营造

潮汐文化引领　　潮汐文化引领

科技潮汐重构

修补起点
永续发展

打破
红线

与上地空间有联系的三方对上地未来发展各有诉求：

公众——更高品质更大容量的公共空间

企业——更好的企业效益

政府——更加平衡合理的民生发展

它们之间的顺应关系为政府在其中扮演协调角色提供了条件

专属权益——打破红线形成的开放公共空间的冠名权

——提升企业知名度、宣传企业文化和产品

优惠政策——企业购地优惠政策、税收减免……

图10　概念生成

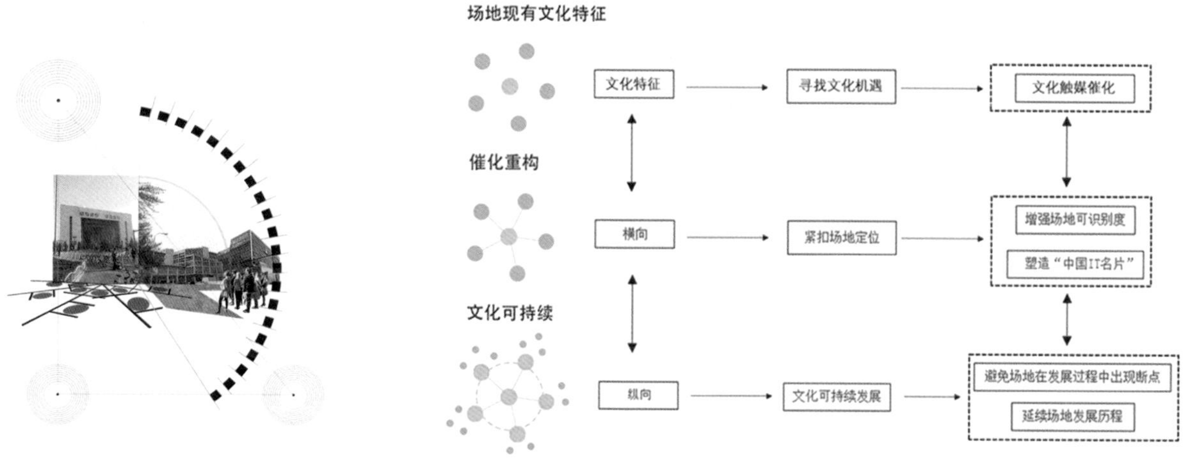

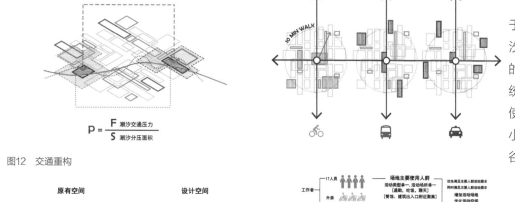

图11　文化重构

文化重构，利用场地现存的科技文化和潮汐文化作为催化剂，催生出经济、文化、社会综合价值。

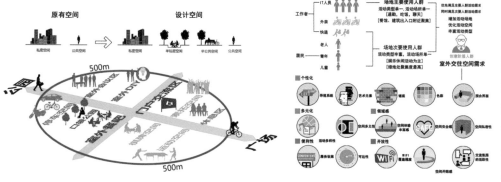

$$P = \frac{F \quad 潮汐交通压力}{S \quad 潮汐分压面积}$$

潮汐的交通压力集中于潮汐爆发点时，增加潮汐的分压面积，创建完善的交通换乘系统和集散系统，快速疏散人流车流，使单位面积的潮汐压强变小，降低潮汐现象波峰波谷的数值。

图12　交通重构

以十分钟朋友圈为活动重构的概念，旨在公园和广场间十分钟的步行距离内，在场地中再增加多种类型的小空间，丰富使用者的体验。也调查了场地人群对空间的使用需求，为下一步设计做准备。

图13　活动重构

图14　生态重构

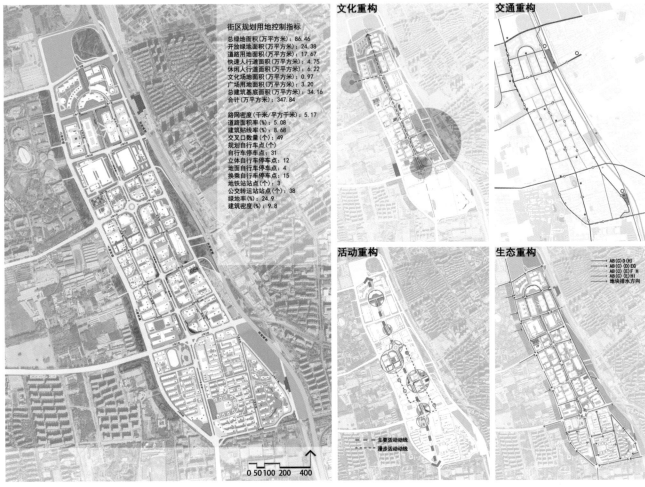

街区规划用地控制指标
总绿地面积(万平方米)：86.46
开放绿地面积(万平方米)：24.38
道路用地面积(万平方米)：17.67
快速人行道面积(万平方米)：4.75
休闲人行道面积(万平方米)：6.22
文化场地面积(万平方米)：0.97
广场用地面积(万平方米)：3.20
总建筑基底面积(万平方米)：34.16
合计(万平方米)：347.84

路网密度(千米/平方千米)：5.17
道路面积率(%)：5.08
建筑贴线率(%)：8.68
交叉口数量(个)：49
规划自行车点(个)
自行车停车点：31
立体自行车停车点：12
地面自行车停车点：4
换乘自行车停车点：15
地铁站站点(个)：3
公交转运站站点(个)：38
绿地率(%)：24.9
建筑密度(%)：9.8

文化重构

交通重构

活动重构

主要活动动线
漫步活动动线

生态重构

AB(C)D(H)
AB(C)(D)EG
AB(C)(E)F H
AB(C)(E)HI
地块排水方向

图15　规划平面

在前面的基础上，我们顺应现状从四个方面对场地进行重构，每个方面使用工具箱，将之对应到场地上。

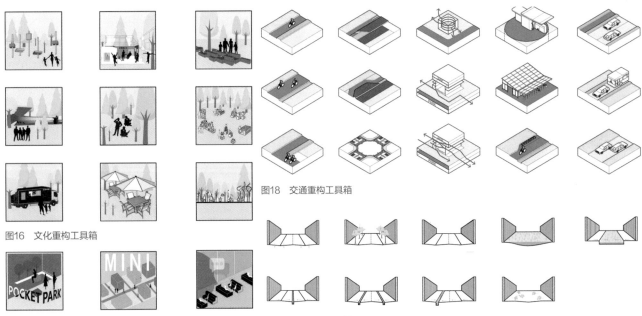

图16　文化重构工具箱

图17　活动重构工具箱

图18　交通重构工具箱

图19　生态重构工具箱

大型企业聚集区
Business activity gathering area

交通枢纽——西二旗
Transportation hub

行人安全街道
Safe street

智能家具展示街道
Smart furniture display street

沿高速绿带
High speed green belt

商业活动聚集区
Business activity gathering area

门户展示区
Portal display area

交通枢纽
Transportation hub

文化发展轴
Cultural development axis

文化轴线起步区
Cultural axis starting area

图20　方案鸟瞰

图21　六个节点方案

在规划之后确定了场地的重点片区，选择六个相对应的重构场地进行设计，根据上地人的工作作息依次介绍场地内容，以表达场地的潮汐特征。

3D Streets —— 竖向开发模式下西二旗地铁站潮汐立体街道设计

经济技术指标：
总设计面积：37802.11 ㎡
空中步道面积：1381.35 ㎡
桥下快速通道面积：8352.75 ㎡
地面广场面积：21463.04 ㎡
地面绿地率：9.35%
下沉广场面积：7986.32 ㎡
下沉广场绿地率：4.89%
地下班车停车位数：50个
地下私家车停车位数：300个

图22　3D Streets

　　西二旗地铁站是北京市轨道交通的重要一环，典型潮汐现象已成为其亟待解决的问题。

　　本次设计依据前期交通规划潮汐分压的原理，以立体分层的开发模式解决潮汐时间段大量人流快速通过的问题，构建"3D Streets"改善西二旗地铁站的街道环境。并且整合公共交通系统，利用轨道的便利性提高。

上地安全岛

图23　上地安全岛

　　城市街道安全是安全城市中一个重要的议题，由于中国交通基础设施的滞后和缺少对于行人和非机动车的关注，带来了无数的交通安全隐患。上地地区也存在着这样的问题，因此该详细设计的选址为上地社区U形路中具有安全问题的3个地点，分别为：上地西路与上地十街的交叉口、上地西路与上地九街的交叉口和上地九街和创业北路的交叉口。

　　本设计以行人和非机动车为先，希望可以创造出零事故损伤的安全街道，以"零交通事故"、"零犯罪行为"和"零活动损伤"三大策略重构街道。以U形路上的交叉口为突破点，创造出城市中的安全岛，改善上地街道安全环境。

联想盒子

设计说明：
　　顺应上位规划中对场地的定位，本方案旨在对未来上地文化博览综合体（原联想企业原址）提供室外功能空间。本方案以建筑与室外空间一体化、界限模糊化为原则，通过"The Box"系列装置等特色展览空间的营造，打造了一个以联想企业历史发展与现今上地科技文化博览为主题的特色博览园区，以作为未来上地门户展示区的核心区域。

图24 联想盒子

图25　上地宜家

设计说明：

　　该设计选址为规划方案的智能家具示范街道，即瑞萨半导体公司街块，作为世界十大半导体供应商，挖掘公司半导体文化内涵作为设计概念。半导体——介于导体和绝缘体之间的临界转换，在空间上有多重关系的转换，如开放与私密、交往与独立、明晰与消隐、多元与单一。

　　基于半导体的线性传播属性，线形作为主要设计元素，以框架式为基础搭接不同功能属性的家具，在智行辅助、生活便利、安全保障、环境智理方面提供智能家具服务。半导家具城作为半导体园区的文化窗口，提供室外信息博物馆的科技体验，实现太阳能、动能、势能与电能的转化，保障低碳环保、绿色生活的品质。

图26　你好，上地者世界

设计说明：

　　实体空间缓慢的发展速度，往往难以匹配同一时间虚拟空间的程度，而在当下IT高速发展的信息化街区，"完美"的虚拟世界和滞后的现实世界形成的巨大鸿沟已破坏传统人地关系，传统的街道景观已不对IT街区的使用者构成足够的吸引力。

　　打破红线，重构整体街区空间体系后，本方案试图构建上地平行实境游戏以连接虚拟世界和现实世界。通过利用游戏的实衬反馈，丰富交互和连续叙事性，创造特色的体验吸引的街道使用者，提高认同感和归属感，促使他们自发的维护秩序，创造活力有序、舒适有趣的上地街景。

感　言

哈尔滨工业大学——余洋

本次联合毕设的不同之处是针对街景主题的专项研究，与其说是教学过程，不如说是所有参与者共同研究和探索的过程，它集合了不同背景和学科的院校师生，以及相关的政府管理和规划设计部门。这个集合的过程，让问题越来越明晰。虽然，正确的方法依然在不断发展，但是正确的方向是指引前行的路标。很开心我的学生们喜欢这个题目，跟他们在一起总是会发现新世界。

哈尔滨工业大学——罗朝君

这个毕设其实应该说是开启了我对街道的认知和挑剔感，甚至在结束之后和同组的人也会对身边的街道评头论足。同时也开启了心里的很多疑问，我们的毕设方向是不是真的是现实的问题？是不是真的能解决我们设想的问题？这些问题是设计师能解决的吗？我想，即使目前不再做街景设计，这些问题也会伴随着我，也会提醒着我去感受身边的街道。所以我觉得毕业设计并不是标志着阶段性的结束，反而象征着一种新的学习之路吧。在这个总结性的节点，也和组员及老师相处得很愉快~

西安建筑科技大学——周文倩

通过"街景重构"这个题目让我们重新聚焦所忽视的公共交往空间与实际社会问题，直面城市发展进程中的"痛疾"。这是一个不断发现问题，化解问题，去伪存真的历练过程。而在这个过程中结识众多心系城市幸福指数的同伴们是最大的收获。把街道还给它的"主人"，我们要做的事还很多。

易兰规划设计院——张妍妍

城市的发展变化让街景设计走到了行业前沿，越来越受到行业专家与城市建设者的重视。在此背景下选择街景重构为本次4+1的联合毕设课题，大家以问题为导向不断探索解决城市问题的方法。很荣幸以企业导师的身份参与到同学们的毕业设计之中，从选题、开题到毕业答辩全程参与，见证了同学们的拼搏奋斗与成长，也见证了老师们辛苦的付出！

第二章　课程设计教学实践

我们的街区——东城区崇雍大街沿线公共空间规划设计概念方案

作品概况: "我们的街区——东城区崇雍大街沿线公共空间规划设计概念方案邀请赛"是北京发改委"城市公共空间改造提升"的试点项目。结合东城区崇雍大街沿线的磁器口大街、珠市口东大街(桥湾段)、前门东小街、雍和宫大街4条街道周边公共空间建设工作,征集用于交往、休憩、接驳的街区"界面"公共空间规划设计思路和创意。参与式规划设计分为开放式概念方案征集和社区居民参与,征集到的优秀思路、创意可融入实施方案中。

设计单位: 北京林业大学园林学院 郭巍工作室

指导老师: 郭巍、钱云

团队成员: 郭旭、薛永强、顾越天、郑艾佳、张静波、代晓祥、王婕、刘怡凡

设计构思: 本案以风景园林学科视角对北京老城更新的方式进行探讨,从整体环境解析、设计定位和节点设计入手,并结合共享理念、艺术介入等元素进行探讨了各种更新途径的可能性。

设计地块包括:雍和宫大街、前门东小街、珠市口东大街(桥湾段)、磁器口大街。

雍和宫大街节点场地复杂,有传统的胡同院落、邻近重要的地铁站、周边又有雍和宫、国子监等重量级的历史文化建筑,我们尝试通过院落整改、艺术介入的手段提升公共空间。

前门东小街绿地节点以现状居民参与为出发点,引入"城市农业"的概念,创建共建、共享的社区可食性景观;

珠市口东大街(桥湾段)交通导向明显,通过添加绿地,清理空间,创造活动场地,提供休憩设施,增强文化氛围对公共空间进行改善。

磁器口大街是一条步行游园体系,设计通过数字技术的介入,将花园串联,提高开放性与趣味性。

团队成员均是本科三年级风景园林专业的学生,经初赛、复赛、决赛的三轮选拔,最终荣获竞赛的"最佳设计奖",一同竞争的参赛者包括全国各个高校的研究生、本科生以及设计公司的青年设计师。

郭 旭

薛永强

顾越天

郑艾佳

张静波

代晓祥

王 婕

刘怡凡

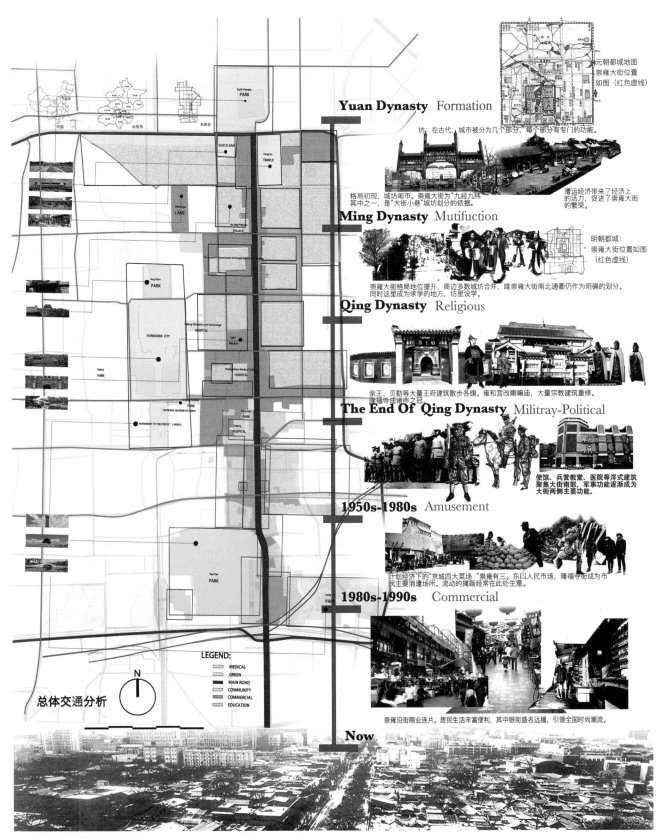

图1　区域整体研究

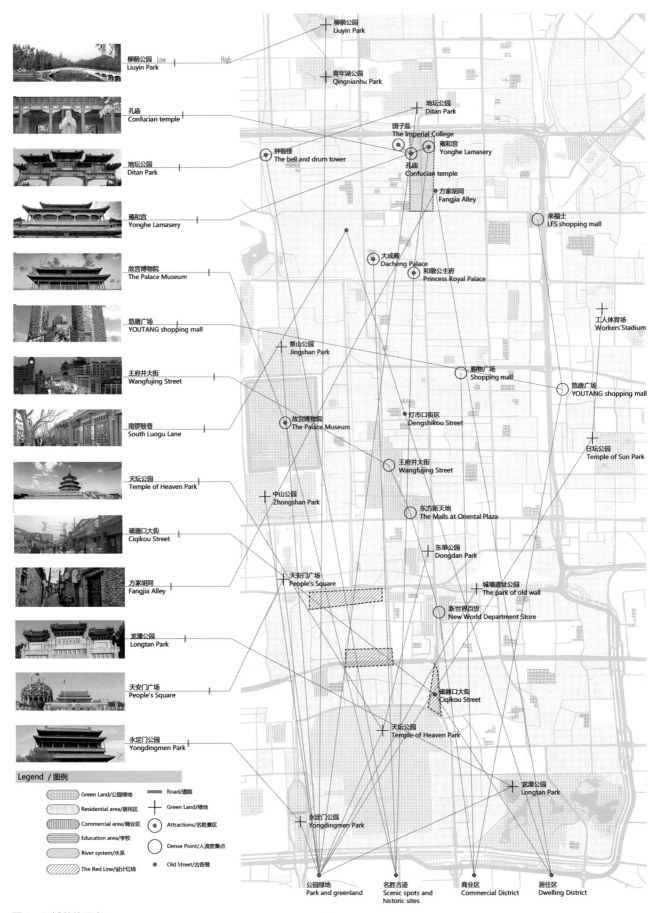

图 2   区域整体研究

胡同里的博物馆
——雍和宫大街周边公共空间改造提升

佛教文化 BUDDHIST CULTURE

雍和宫是我国规模最大的佛教寺院，是藏传佛教的圣地。雍和宫大街因受到雍和宫佛教文化的影响，其佛教商业氛围一直长盛不衰，如今已成为感受北京皇室文化、宗庙祭祀之旅一条街。

胡同文化 HUTONG CULTURE

与雍和宫大街相接为北京的老胡同，胡同建筑均为古建，历史悠久，有着传统文化和记忆留存的建筑，如松堂博物馆和北京老物件陈列室；还有许多朴素且不平庸的店铺点缀着古朴的街道。

礼制文化 CONFUCIAN CULTURE

雍和宫大街附近有一座孔庙，孔庙是祭把儒家学派创始人孔子的场所，清康熙二十九年，为了表示对孔子的尊敬，在孔庙大街东西两侧路北，立下两座汉白玉的下马碑，意为文官到此下轿，武官到此下马，礼制文化氛围浓厚，对孔子尊崇备至。四合院也是礼制文化的一种体现。

图3　地块文化背景

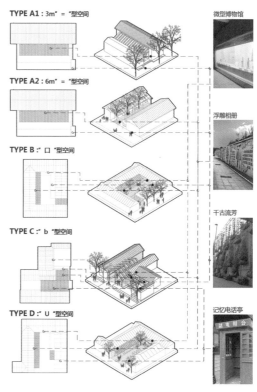

图4　雍和宫大街周边现状问题

图5　雍和宫大街周边实地访谈

设计概念

设计通过"廊"的演化，引入多样的"博物馆"空间，唤起游客、居民对雍和宫大街过往与理想中的记忆。

中国园林中的"廊"，起到园林建筑的穿插、联系的作用，又能陈列各类书画作品，提供休憩空间。记忆博物馆整体形态由"廊"展开，保留檐柱、檐檩、椽，创造文化展示和休憩交流空间。

中国园林长廊

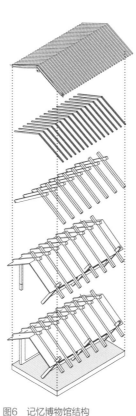

图6　记忆博物馆结构

图7　记忆博物馆设计原型

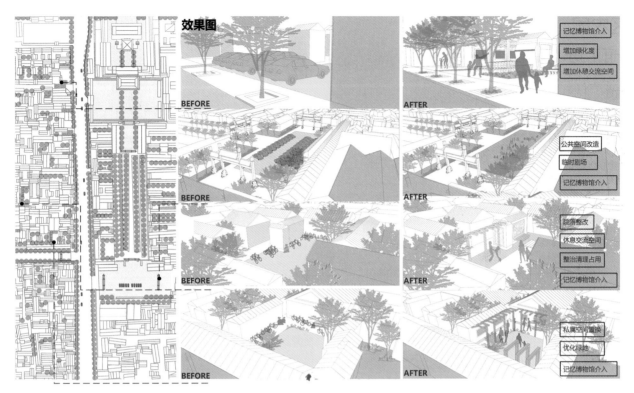

图8　雍和宫大街周边提升策略

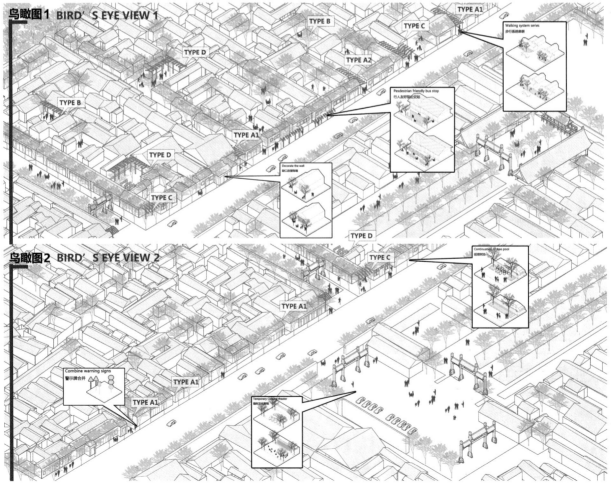

图9　雍和宫大街鸟瞰图

社区农园
——前门东小街社区绿地更新

场地位置							
现状照片							
现状问题	自行车随意停放	开放性可达性差	设施陈旧维护不佳	大树挡路	建筑基础绿化不足	汽车停占人行道	违章建筑影响容貌	堆放个人杂物
解决策略	规整自行车停车位	打开南向入口	维护更新设施	道路南移	增加绿化带	增加树池座椅挡车	拆除违建	开放、利用小空间

图10　前门东小街社区绿地现状

方案以人的需求为出发点，充分考虑社区内老人和儿童的活动，通过引入城市农业的方法，创建一个由附近居民共建、共享的社区公共空间。

人群分析

图11　前门东小街社区人群

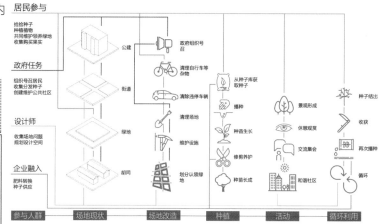

图12　前门东小街社区绿地更新策略

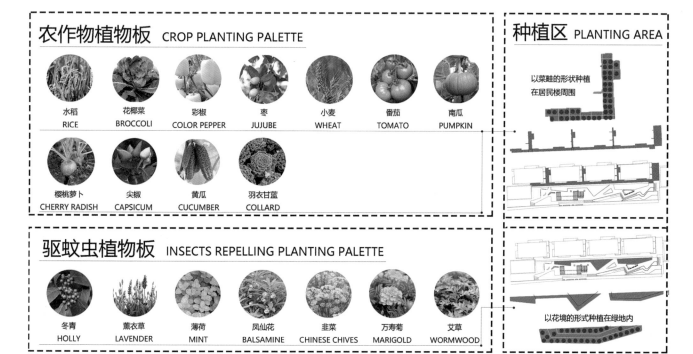

农作物植物板 CROP PLANTING PALETTE

水稻 RICE　花椰菜 BROCCOLI　彩椒 COLOR PEPPER　枣 JUJUBE　小麦 WHEAT　番茄 TOMATO　南瓜 PUMPKIN

樱桃萝卜 CHERRY RADISH　尖椒 CAPSICUM　黄瓜 CUCUMBER　羽衣甘蓝 COLLARD

驱蚊虫植物板 INSECTS REPELLING PLANTING PALETTE

冬青 HOLLY　薰衣草 LAVENDER　薄荷 MINT　凤仙花 BALSAMINE　韭菜 CHINESE CHIVES　万寿菊 MARIGOLD　艾草 WORMWOOD

种植区 PLANTING AREA

以菜畦的形状种植在居民楼周围

以花境的形式种植在绿地内

图13　前门东小街社区绿地更新植物选择

平面图 PLANAR GRAPH

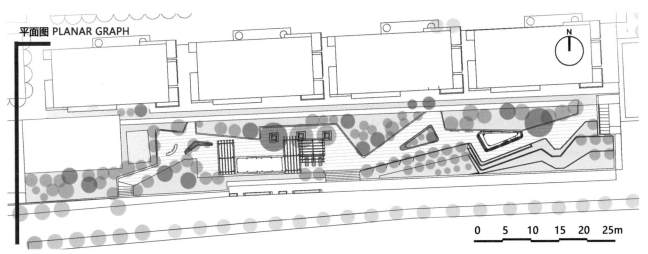

0   5   10   15   20   25m

效果图 DESIGN SKETCH

改造策略 REFORM STRATEGY

设计定位 Design positioning：

可食性景观共享共建 Urban agriculture is built through Shared development

保留场地原有要素进行翻新改造 The original elements of the site are retained for renovation

充分利用原有绿地和行人可达性 Improve pedestrian accessibility

增设装置体现文化氛围 Reflect the cultural atmosphere

解决高差问题合理利用空间 Rational use of space

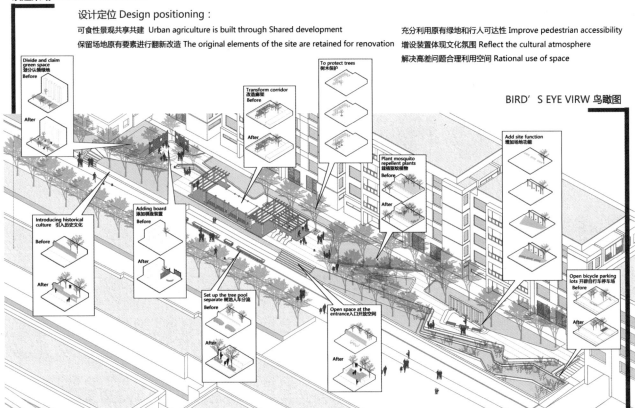

图14 前门东小街社区绿地更新设计成果

空间回归

——珠市口东大街公共空间改造提升

图15　珠市口大街公共空间现状

　　设计节点位于珠市口东大街北侧，桥湾地铁站B出入口及五粮液大厦周边，设计范围面积8500m²。作为去往草厂地区与古三里河遗址公园的重要交通枢纽，桥湾地铁站周边的景观提升意义重大（图16）。

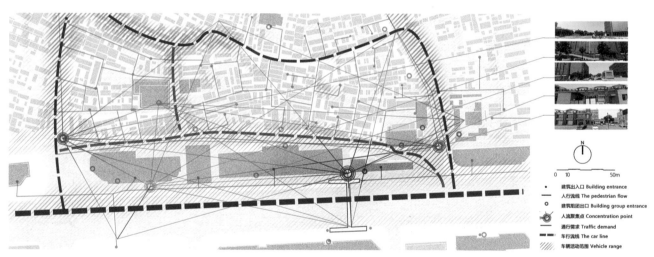

图16　珠市口大街公共空间现状分析

图17　珠市口大街公共空间更新实体模型（一）

图18　珠市口大街公共空间更新实体模型（二）

设计策略

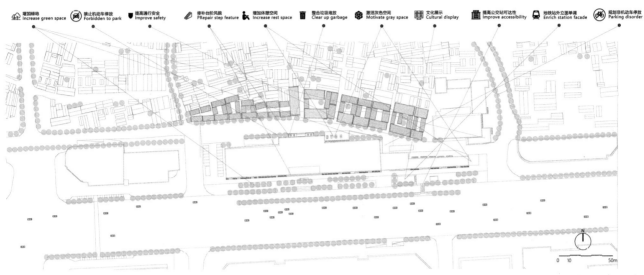

图19 珠市口大街公共空间更新策略（一）

图20 珠市口大街公共空间更新策略（二）

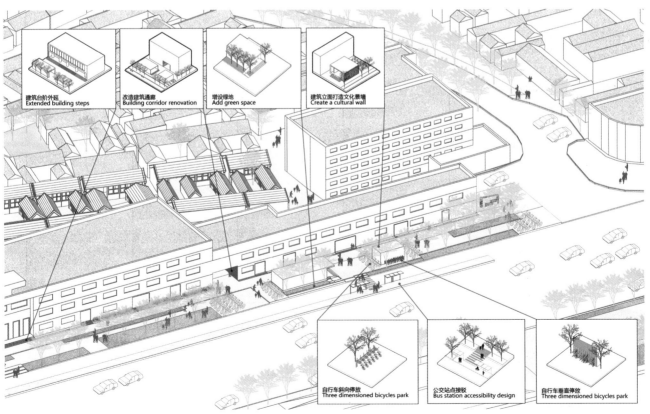

图21 珠市口大街公共空间更新鸟瞰图

数字花园
——磁器口大街公共空间改造提升

磁器口的历史

Mongol Dynasty
元朝时，这里地处文明门（崇文门）外，是元大都东南部进城的惟一通道。明朝嘉靖年间修建北京外城后，这一带便成了城里，从万历至崇祯年间及清代乾隆年间，被称为蒜市口，形成南北走向的街道后称蒜市口街。

Qing Dynasty
此后在街道的北口有"景德轩"和"精品阁"两家瓷器店先后开张，且买卖兴隆，到了清朝宣统年间便改称瓷器。以后陆续又开了几十家瓷器铺，街道两旁还有许多瓷器摊儿，成为名副其实的"瓷器一条街"

1950s to Now
因"瓷"和"磁"相通，新中国成立后被命名为磁器口大街。尽管这条街道只有500m长，却曾是崇文区东西、南北的交通要道路口，上个世纪80年代成为农贸市场，有"农副产品一条街"之称，而今也是北京东南城区繁华的地带。

图22　磁器口历史背景

周边资源分析

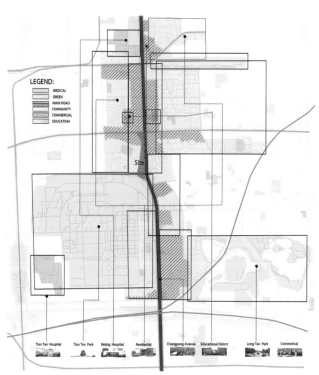

图23　磁器口大街周边资源

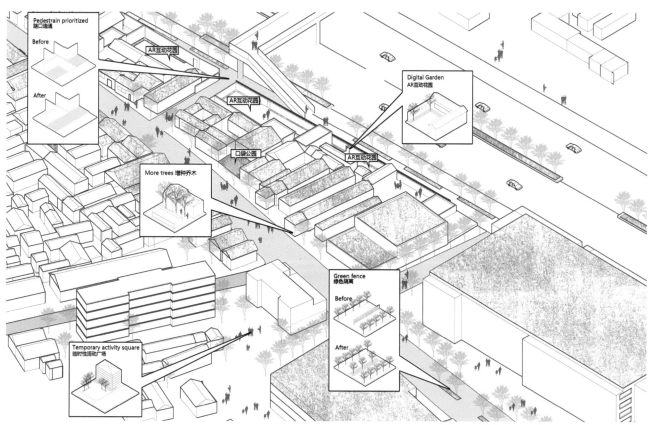

图24　磁器口大街更新鸟瞰图（一）

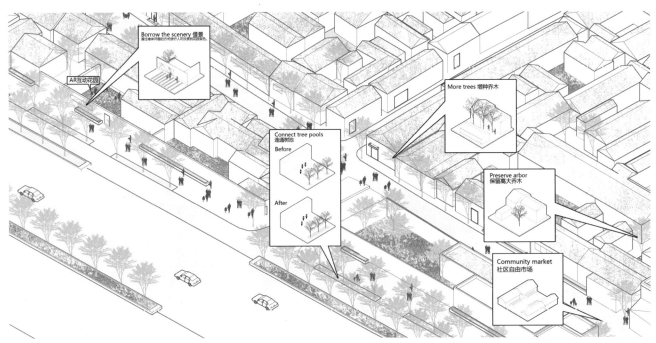

图25 磁器口大街更新鸟瞰图（二）

AR技术应用

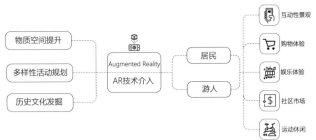

图26 增强现实技术介入策略

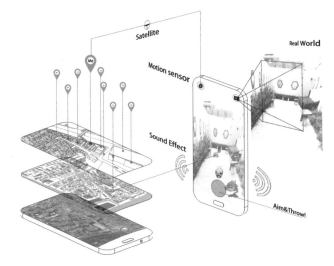

    游人通过手机扫码参与游戏，人物可匹配一种瓷器，每通过一个花园，可获得一个瓷器卡片，卡片上简要的写有瓷器的历史和在游戏中的优缺点。收集多种卡片，即可针对性地选择多种瓷器来攻击植物妖怪。该游戏将瓷器的历史和游戏结合，让人们在游戏体验中感悟瓷器文化，塑造场所精神（图28）。

图27 增强现实技术

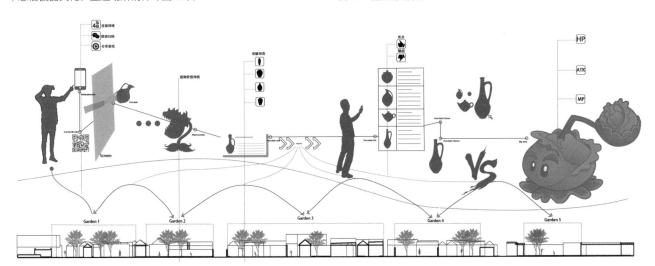

图28 结合游园体系的增强现实技术介入

第三章　街景设计实践工作坊

- 实体模型介入方案工作坊——模型结晶创意
- 山西运城步行实践工作坊——探索中小型城市街道的日常空间生产

实体模型介入方案工作坊
——模型结晶创意

图1   工作坊开营合影

不论建筑还是景观设计都是在三维空间这个容器中尝试建立秩序、解决问题。对于两个专业学生而言，在校期间的学习也是一个三维空间建立想象、组织强化的过程。同学们在课程设计中，设计方案的推演比较多是开始于在草图纸上进行方案构思，在平面中方案推敲结束后由于受时间、场地等条件制约，更多的时候同学们选择直接到计算机上进行模型表现制作与相应的图纸表达。这种始于二维平面思考终于二维图纸表现的设计学习方式不利于在设计过程中创造空间与主动发现探寻未知空间的可能性。对于在职场中的设计师在真实项目中由于受到设计周期短、节奏快的影响，放弃了用实体模型来进行空间推演与深化。面对这些问题，易兰设计

院创始人陈跃中先生的提议与同样具有海外留学经历的杨光炤老师，结合自身学习工作体验，主导策划了由西安建筑科技大学与易兰校企联合街景设计工作坊通过实体模型推导设计方案。探索一种既适应高校教学又能满足企业面对真实项目解决实际问题的实体模型制作介入设计方案推演的设计工作方式。

2019年7月15日，西建大&易兰校企联合街景设计暑假工作坊正式开营（图1）。在工作坊人员选择上采取不同的知识构成、不同专业背景组合的探索方式。学生有本科生与研究生，设计师团队、高校教师共同构成了这次工作营人员。此次工作坊采用"真题真做"+"专题研究"的教学方式与"学以致用"的实践方式，探索通过实体模型

推导解决真实项目所面临的实际问题。

工作坊依托沣西新城丝路科创谷理想公社A版块城市街景及公共开放空间的真实项目展开研究与实践。项目位于西安市沣西新城丝路科创谷理想城西部，是理想城八大组团中率先启动区，承载着片区总部服务小镇的功能。致力于建设小密路网开放式街区形态的实践，营造创新城市发展模式并达到理想城市街区典范作用。

作为一个新城区城市规划设计，涉及规划、建筑、景观多专业多团队集群协作。本项目最大的特点是景观专业从规划阶段提前介入，承担规划中的街景和城市公共空间的统筹工作。通过场地竖向的梳理，道路海绵设施的组织确立，从人的使用和城市生活空间的角度，突破以往道路红线的限

制，与建筑设计、城市设计融合，提出建筑退线、建筑高度，整体打造街道的U型界面。公园开放空间系统中以雨洪安全为前提，结合周边用地性质确定各个公园的定位，运用丰富的活动场地、再生材料、海绵设施、智能模数化小品等，与街景空间共同打造理想城A版块的城市生态、活力的开放空间系统。因此，给工作坊创造了很多研究、探讨实际问题的机会。

工作坊在三周内主攻方向，一是全域海绵系统（明沟排水）在街景空间的设计模式；二是不同建筑首层功能与街景之间关系的处理方式；三是围合式住宅开放式街区的设计模式；四是社区公园在以雨洪安全为前提实现雨洪调蓄功能基础上，兼顾社区公共空间使用需求探索。

工作坊主要通过项目前期资料解读及相关案例资料研读，在上位规划的前提下结合方案特点，提出针对项目面临的实际问题展开研究，主要以手绘草图分析与实体模型创作相配合，二者演绎推导、分析构思、相互转换、反复对比，同时结合数字化剖析表现的方式，以科学、严谨的态度深化研究方案中各个阶段所面临的不同问题。首先企业导师刘婷对项目的前期研究做了整体介绍，并在宏观尺度下分析了项目片区与整体城市之间的关系。其次引导学生在1：500图纸比例下就其中一个片区展开深入研究。结合建筑底层功能探讨片区内每条街道的形式定位，1：500比例下将整个片区以实体模型的方式呈现出来用以观察整体关系。在制作过程当中边制作边观察调整设计方案。最后选取场地内其中一条街道在1：200比例下进一步深化，深化建筑首层功能与街道之间关系的从空间功能划分到场地高差处理以及种植方式呈现。结合模型深入推敲了全域海绵系统（明沟

排水）在街景空间的设计手法。这期间易兰设计师还带领同学就已建成项目现场讲解参观学习，更直观地理解设计流程当中应该思考的问题与实际之间关系。模型制作本身也是设计过程中结合现场实际方法之一。

通过实体模型介入真实项目推演方案的设计方式，带来了一种全新的体验。模型推演也同手绘作图一样，都是在不同比例尺度下的解决不同的问题，而模型通过动手制作研究探讨观察的内容不同，采取制作方式也不尽相同。建筑师教育家保罗·拉索在他的著作《图解思考：建筑表现技法》所表述的运用徒手画草图图解技来辅助建筑设计思考。其中画好每一张分析图，准确传递所要表达的信息本身也是一种设计。模型制作在满足观察的同时，要观察什么、探究什么、怎么才能有效准确地反映问题，如何制作，这其中思考制作过程本身是一种设计也是辅助设计思考一种方法。

设计是一种思维活动，很多最初的创意来自于人的潜意识思维。实体模型推演设计方案具有不可替代的优势。首先，它可塑性强、便捷度高，可以快速捕捉设计师转瞬即逝的灵感，记录潜意识的设计想法，及时更新。因此，设计师可以在实体空间中更好的观察、比对、分析、判断、取舍、提炼、完善，将模糊的设计构思精准地表达。

其次，可以在立体演绎的过程中推敲方案，多角度地深入思考。模型工作不仅仅是做模型这件事本身，而是强调用过程模型的方式推敲方案，多角度观察，全方位思考。用模型的方式将方案中的不确定性直观体现，发现更多的可能，提炼出科学合理的设计模式。其立体演绎的过程对于设计师来说也是一种全新的体验，将会带来更多的方案可能以及更好的设计

创造体验。培养学生与设计师对于空间变化敏感性，在日后设计工作中具备在实践调研中对空间、对事物、对观察对象具有敏锐洞察力感知力。

最后，可以在不同尺度比例下探讨各类问题，全流程介入设计。大尺度空间城市整体大关系的把握，中尺度空间场地内节奏韵律的掌控，小尺度空间细节的推敲，探索各个设计阶段的所面临的问题。

在设计中，手绘草图是设计师快速表达想法的方式，但仅仅停留在平面，缺乏立体空间的观察。草图思考之初可以结合大尺度的实体模型，进入立体空间观察、推导、验证整体大关系，从而层层深入，进入中观、微观层面的设计。而计算机作图、建模的方式是数字与命令的输入和数字公式的计算，理性而精确，但设计之初，设计的灵感是模糊感性而不确定的，通过模型制作创意瞬间的火花凝固记录下来。结合不同尺度的模型进行推敲、验证，再回到真实项目用计算机精准表现将会更加有效。从而实体模型推到设计方案的方式具有"承上启下"以及"检验"的作用，能更好地辅助设计师充分体现由感性渐入理性的意图表达。

因此，实体模型推导方案设计无论对于学生还是设计师，都是一种快速上手可观的创新指导设计方式。就学生而言，首先，帮助其认识到设计更多的是思考与深入过程，是艺术的感性与科学的理性相结合，通过实体模型引导学生在立体、三维的空间中多角度探究，从而塑造空间想象能力，培养严谨的设计态度，包括图纸解读、表现能力。其次，引导学生自我定位。一方面，设计专业实践性很强应注重培养应用型人才，在走上工作岗位后能尽快适应社会角色。带领学生用实体模型的方式探讨参与真实项目，亲自动手、设计成本低、在

很短周期内快速见效果，引进企业设计师的建议和指导，引入社会评价机制，为学生创造提供综合训练的学习的方式。另一方面，考虑到研究在设计的每个环节中必不可少，指导学生进一步参与研究性工作，锻炼学生发现问题解决问题的能力，培养学生初步研究能力，为日后研究成果的严谨性和科学性打下良好基础。最后，学生在真实项目的参与中，能获得直接的项目操作经验和学术的研究经验。在教学与企业导师的双重指导下以及实体模型推导方案的设计方式中，更能提高学生的参与度，从而获得真实项目从设计到落地的真实经验，为日后从事设计积累宝贵经验。

对于在职设计师而言，由于时间成本等，思考深度有限，往往以手绘草图和计算机作图、建模是主要的设计方式。而实体模型推导方案的设计方式，能更在较短的时间内就一个点聚焦式深入思考得到结论。在模型快速创作的过程中探究方案更多的可能性。

作为第一届校企联合暑假工作坊，重在探索高校设计专业的教育方法与社会企业项目实践设计的关联性。尝试以实体模型推演设计方案的非定式、创造型的设计方式研究解决实际项目中的具体问题。模型制作本身是一种设计方法同时也是设计创作的过程，综合培养了学生的空间思维设计能力与设计师的实践研究能力，为广大相关专业人士呈现一种独特的方案设计途径，以供探讨。

工作坊工作记录

工作坊周期虽短短三周，但无论是对学生还是设计师，在设计生涯中都是不可替代的学习经历，独特而又创造性的方式将影响设计生涯。

01　工作坊开营项目启动会

2019年7月15日上午，西建大&易兰校企联合街景设计暑假工作坊——实体模型推导设计方案，在北京易兰设计院正式开营。企业导师刘婷详细介绍此次项目的前期资料，杨光焰老师分析场地并为同学们细心讲解，与同学们热烈讨论接下来的工作安排（图2）。

图2　工作坊开营项目启动会

02　工作坊实践项目设计阶段

首先进行项目前期资料及上位规划内容阅读整理，在模型空间中理解体会上位规划内容（图3）。

图3　通过模型制作方式解读上位规划内容，直观而清晰

2.1　A地块整体设计分析

企业导师刘婷、杨光焰老师在上位规划的基础上分析A地块，指导学生用1：1000的图纸探讨分析空间的整体关系，引导学生们在真实项目中首先应如何思考（图4）。

图4　A地块整体设计分析

2.2　A地块居住片区设计分析

在1：1000比例尺度工作基础上，用1：500的草图推敲片区内每条街道的空间形态（图5）。图纸模型制作交替进行（图6）。

图5　1：500图纸上研究推敲设计

图6　图纸模型制作交替进行。方案讨论沟通、模型制作比对已经成为工作坊每天都能看到的风景。

2.3   A地块居住片区街道定位设计

进一步分析A地块中居住区内各街道特色，用模型制作来观察讨论街道空间的开合，边制作边修正调整。在方案中尝试打破一般城市道路由行道树所构成的单一、封闭、线性的构图特征，以非线性的、开放融合公共空间取而代之，加强社区内部空间与道路之间的渗透性（图7~图10）。

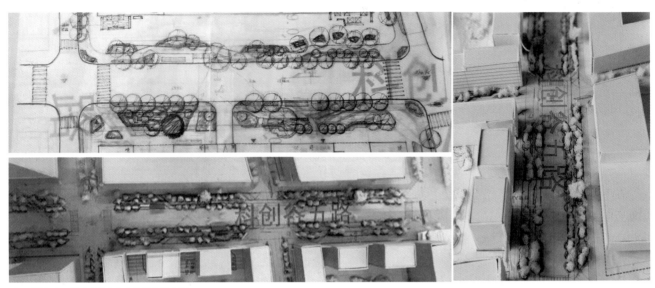

图7   城市主干道底商为商业空间的街道空间

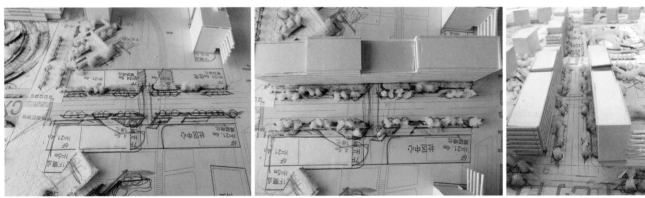

图8   片区内部道路底层建筑为居住街道空间

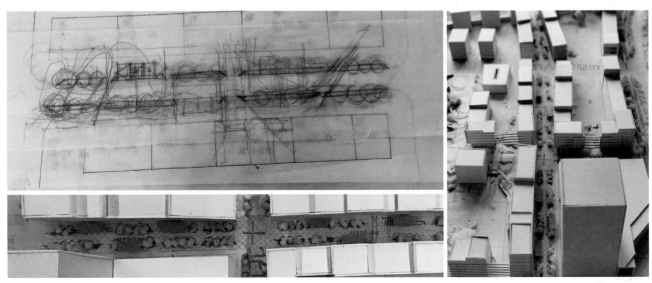

图9   片区内部道路底层建筑为商业满足特定时段特色步行街道空间

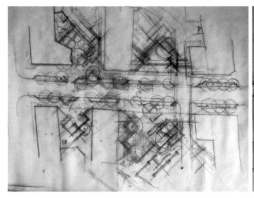

图10　片区内部道路。在社区出入口与街道形成口袋空间

2.4　模型制作在专项方案设计中的作用

在不同比例下探讨空间的工作模型，并非以表现效果为目的。这其中可以涉及不同专项设计帮助设计者思考。例如场地竖向关系（图11、图12）、功能空间划分（图13）、景观植物种植设计（图14）等。模型制作目的和重心还是呈现探讨空间节奏和暴露方案过程中的问题，为下一阶段设计工作做铺垫。

图11　1：500街区中心花园设计。通过胶泥着重推敲公园地形空间关系

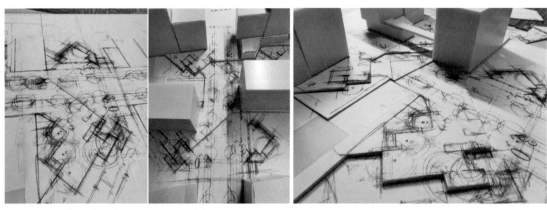

图12   1∶200模型推敲街道场地竖向关系排水走向

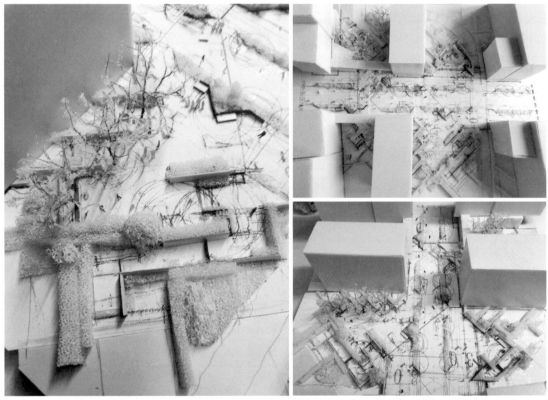

图13   社区入口景观植物种植设计

图14   1∶200模型推敲社区街道景观植物种植设计

2.5　街道设计研究性分析模型结合计算机辅助设计

老师指导学生对街道设计模式深入剖析研究，包括通过植物不同的种植方式深入探究二次空间的划分、景观设施小品排列组合方式等（图15）。

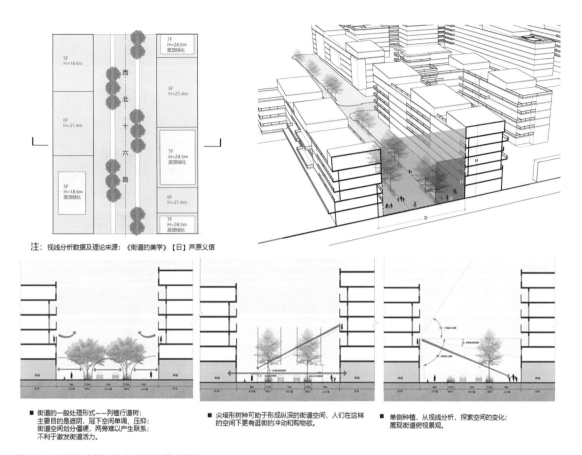

注：视线分析数据及理论来源：《街道的美学》【日】芦原义信

■ 街道的一般处理形式——列植行道树：
主要目的是遮阴，冠下空间单调、压抑；
街道空间划分僵硬，两旁难以产生联系；
不利于激发街道活力。

■ 尖塔形树种可助于形成纵深的街道空间，人们在这样的空间下更有逛街的冲动和购物欲。

■ 单侧种植，从视线分析，探索空间的变化；
展现街道俯视景观。

图15　不同植物位置形态对于街道所带来影响

朱莉梅同学绘制图15表明所选街道的D/H等于1，东西走向处于阴影区，因此可以采用竖向的树，例如银杏，以增加街道进深感，保证街道视线通透，增强空间的节奏感和趣味性（图16）。

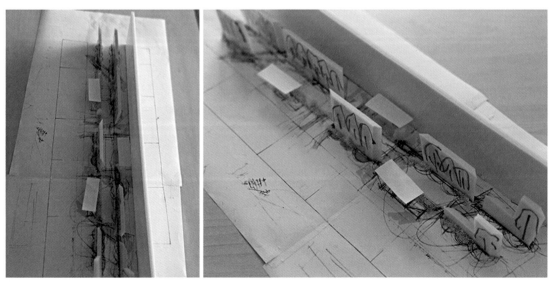

图16　通过模型快速表现特色商业街空间空间节奏的探讨（制作时间30分钟）

图17　城市家具探讨手绘、计算机辅助表现（日间及夜晚照明）

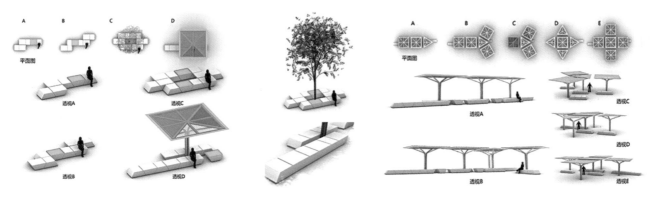

图18　城市家具单元组合方式

　　赵虎宸同学绘图（图17）探讨基本单元城市家具组合方式（图18）。包括平面组合，与绿化、座椅的组合方式，增加了场地适应性。

03　工作坊花絮

3.1　设计师带领讲解建成设计项目

　　易兰许联珠设计师带领工作坊成员参观她所负责的北京海淀区上地原联想地块街区提升改造项目（图19），置身于空间中探究设计从图纸到施工过程中碰到的实际问题，帮助同学们更好地理解城市街景空间的设计（图20）。

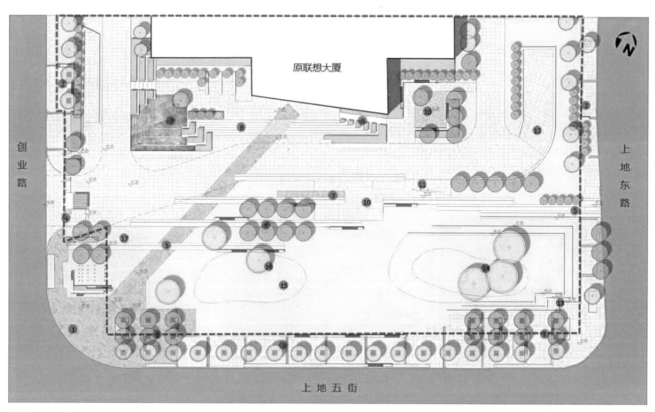

图例：　1.街角广场　2.临街休闲　3.林荫街景　4.车行入口　5.人行入口　6.树荫广场　7.特色水景　8.台阶　9.坡道　10.休闲空间
　　　　11.旗杆　12.车库入口　13.台地景观　14.现状雪松　15.现状草坪　16.现状银杏　17.门房

图19　上地原联想地块街区改造设计平面图

图20　许工讲解整体项目设计，同学们认真拍摄记录学习

3.2　实体模型创作流程

　　ˊ实体模型是一种辅助设计方法，同时也是设计创作的过程，需满足设计师在三维空间中的观察比对、分析判断、提炼完善（图21），因此实体模型容不得半点含糊，精准的创制更能帮助设计师将模糊的设计构思精准地表达（图22、图23）。

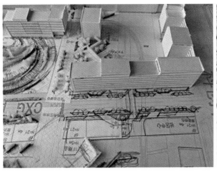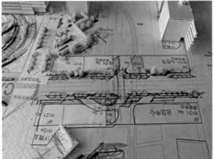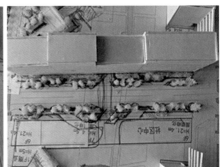

图21　实体模型设计流程

图22　以小见大通过模型制作培养认真严谨的工作作风

图23　每个环节的严谨才会成就一个设计

04　模型工作坊交流

　　陈跃中先生、董芦笛老师以及杨光炤老师一起就实体模型方案设计所直观展现的问题进行探讨。陈跃中先生建议可选取重要节点，在地形地势上以雨洪安全为前提的雨洪调蓄功能社区公园方案的深入设计。董芦笛老师提出真正的开放街区是视觉的通达而非街道的连通，可借用建筑形式的错落感协调街区的开放与节奏，住宅区设计部分商业空间营造社区活力，将雨洪真正地生活化（图24～图28）。

　　一致肯定工作坊以实体模型制作介入设计方案推演的设计工作方式，既适应高校教学培养学生面对真实项目解决实际问题实践能力，又能满足企业对项目设计问题的深入研究剖析需求。

图24　1:500城市片区模型顶视照片　　　图25　1:500城市片区模型鸟瞰照片　　　图26　易兰设计院创始人陈跃中先生现场交流

图27　西安建筑科技大学董芦笛教授现场交流

图28　西安建筑科技大学杨光炤老师介绍工作坊进展情况

工作坊人员感想

杨光焰
西安建筑科技大学讲师

模型结晶创意。实体模型制作介入方案设计是一种设计方法的探讨没有一种绝对的定式。学以致用，在实践中检验从教学走向实践。希望通过本次工作坊探索，寻找到一种与践活动。面对真实的设计项目，既有图纸上的方案的讨论，又有电脑中的研究与分析，还有实际模型动手制作。

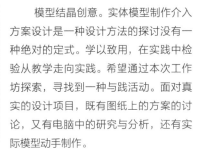

管慧慧
西建大研一学生

更多认识到了设计是深入思考、反复对比，多因素叠加发酵而产生的综合体，并非一蹴而就。而实体模型全流程介入方案的设计方式，可以让初学者全方位对比分析，层层深入思考。

刘 婷
易兰设计院企业导师

易兰·西建大模型工作室以实际项目为依托，采用设计师与师生携手创作模型的模式，完成了以实体模型的方式推敲设计方案的既定目标，并凝练出设计创新亮点，实现了从研究到实践全方位的立体设计模式研究，全面展现了易兰规划设计院以研发为重点导向的设计企业特质。

张丽萍
西建大研一学生

在参加本次暑期模型推导工作营中，老师和易兰设计师的指导下，不仅学习了以模型推导的方式做设计，更重要的是养成了认真严谨的学习生活态度。

廖晓惠
易兰设计师

很荣幸能参与到模型工作营当中，期间我们通过实体模型的制作对街道进行深入推敲，利用景观去重新定义街道空间。其中主要探讨树形以及其分支点高度对街道空间划分的影响，对方案设计起到了重要指导作用。

倪安然
西建大大四学生

让模型介入方案设计过程。重在推导，在于以一种感性的灵活的方式去指导设计。对于街景设计来讲，不只是关注地面道路，还要整体打造街道的U型界面，通过实体模型中植物的树形、树高、疏密等因素来改变U型空间的高宽比，营造出不同的空间类型，将存在多种可能性清晰直观地表现来。

连 萌
易兰设计师

实体模型介入方案设计，是工作三年以来的第一次尝试。工作后习惯了用计算机去做方案的深化，而这次的工作坊带我回到了大学时代，回归设计的本心——用我们理性的思路和感性的思维，去做出人性化的、真诚的、好的设计，用实践去检验真理。

朱莉梅
西建大大三学生

参与工作坊从期待、志忑到迷惘、质疑，最后若有所思：如果说大一大二做的模型是序章，那么经历这次工作坊，就像是正文的开始，摸索"模型"在设计过程中的位置。总之上下求索，为更进一步。

杨 耿
西建大研一学生

实体模型介入方案设计，在不同尺度下推敲空间的关系、节奏与细部，把设计中的感性与理性结合，将不确定的构思呈现出来，推进方案深化。在模型底框制作过程中，由于工作态度的出现问题，导致底框尺寸比模型底板长出2cm，不得不返工。因此，模型的制作过程当中，不仅是草图方案的二次设计，还培养了设计从业者认真严谨的工作态度、吃苦耐劳的工作作风及把握细节的能力。

赵虎宸
西建大大三学生

一转眼工作营就要接近尾声了，看着我们的方案从图纸变成1：500的概念模型再到1：200的细节推敲，最终到1：100的节点放大。从模型的角度推演方案，实现了真正三维设计，perfect！

山西运城步行实践工作坊
——探索中小型城市街道的日常空间生产

孙子文　陈曦　李城润

1. 引言

　　本文通过第二届步行实践工作坊（山西运城）的过程和成果，展现了如何通过系统的调研方法挖掘街道研究中存在的"时间–空间–社会关系"关系结构，并以图绘（mapping）和叙事等设计实践的方式来提出策略测试和回应问题。通过本案中的个例剖析我们可以看到，中国中小型城市的街道研究是可以系统地结合跨学科研究方法和创新设计方式，来回应当下中国社会大规模城市发展后亟需面对的潜在的街道管理和设计更新的问题。

2. 研究背景

　　习近平总书记的"厕所革命"所带来的影响非常深远，深刻体现了"人文城市"、"市民城市"的重要性。2017年2月习主席对北京城市规划考察时明确提出"城市规划建设做得好不好，最终要用人民群众满意度来衡量，要坚持人民城市为人民"的重要指示。再次确定了新时代的城市工作要以市民的日常生活为核心，也将城市规划和设计中"大而全"的视角重新拉回到了小型日常空间的思考和分析中，并使城市街道改造设计成为了不可回避的主角。而剖析我国城市街道的设计和管理模式，目前存在如下问题：（1）依照城市规划编制过程中的断面设计方法，容易形成"一刀切"的僵硬控制方法，忽视街道是市民生活的承载空间，具备社会学的"社会关系"及"权力构成"的属性。（2）街道设计和改造的方法停留在"宽度"、"尺度"的范围内，忽略了"日常生活"中街道设计的复杂性和趣味性。（3）街道尺度的研究对象有所局限，对于街道上的多种非行走型空间等历史遗留问题等方面没有考虑到位。（4）街道研究表现形式受限，街道的深层次形成机制，需要叙事性的市民化表达，才能做到多样而实际，做到编制"老百姓看得懂"的规划、调研报告、设计导则等内容。

　　本次调研工作采用设计工作坊的工作模式，对于街道和街道承载的市民日常生活进行了深度剖析和观点提取，采用多样化的城市调查表达模式，力争呈现不一样的街道调研成果，对于城市街道的多样性采取积极接触、驻地研究的方法进行解读，体现城市微型空间中的深层形成机制，以期改造对于"城市双修"等上位规划政策提供工作思路和设计见解。

3. 街道调研细节

　　2017年7月8号，为期十一天的第二届步行实践工作坊在山西运城正式展开。此次工作坊调研有两大特征：流程设置的系统性以及成果探索的多样性。首先，系统性呈现于两部分：一，基于具体的方法观察与访谈，进行数据采集；二，通过系列专题讲座与研讨（seminar），并基于实际数据进行批判反思。其次，多样化的成果得益于工作坊的参与成员的广度，其中包括国内外高校不同专业（建筑学、城市规划、风景园林、平面设计以及纯艺术等）的16位学生。在3位老师（本文笔者）带领下，学生被分成甲乙丙三组针对三个各自特点鲜明的街道进行研究（图1）。

内容	第一步：背景介绍		第二步：观察、访谈、理解、提问						第三步：发展、行动、反思、展望			
日期	7.8.	7.10.	7.11.	7.12.	7.13.	7.14.	7.15.	7.16.	7.17.	7.18.	7.19.	7.20.
地点	线上	工作室	三个基地	基地工作室	基地工作室	基地工作室	基地工作室	基地	基地工作室	工作室	工作室	工作室
活动	抵达运城	参观场地	现场调研	现场调研	现场调研	现场调研	现场调研	现场调研	现场调研	整理图绘	图绘表达	测试反馈
讲座	背景介绍、案例-孙子文	田野调查和案例- Iain SCOTT	调研方法-孙子文	往期成果回顾-李城润	图绘-陈曦	空间生产-李卓璋	参与性设计-孙博	休息	中期汇报	拼贴-李卓璋	行动-聂小依	终期点评-Simon BELL
结构	概念基础的认知		方法应用和分析						实践探索和反思			
讲座进程	当代步行性的含义、国际研究进展和困境、日常生活视角	讲解田野调查在城市与建筑设计中的实际运用	定点观察具体操作、半结构式访谈问题、街道物理要素	了解工作坊大致方向和目的	图绘（mapping）的基础指示和技巧讲解	Henry Lefebvre 关于不同历史时期的空间类型和认知、当代社会的空间生产逻辑	参与式设计的基本概念、方法介绍、实操案例		总结调研所观察到的问题，提出的独立见解，思考导师点评	眼镜蛇画派、情境主义国际、漂移、心理地理学、及对Archigram、Team10的影响	两个艺术实践案例启发想象特定空间的行动可能	分三组进行评图
实践进程		自我介绍	分配调研场地	初步绘制基地平面图、轴测图、立面拼贴和访谈路径等	学生汇报对于场地的理解	结合场地物理要素分析空间的社会关系和生产逻辑	步行类型归类和细分-编码系统（GIS）		整理一周调研内容、确定进一步的研究问题	理解建筑图绘和拼贴的各种可能性，应用于测试问题	图绘和政治集合结合后的诸多可能	工作坊存档

图1　工作坊流程和课程安排，结合了线上远程讲座和线下现场调研

　　三个调研街道的空间属性和社会关系各有特点，呈现了各自街道中不同的"时间"、"空间"和"社会关系"。甲组地点位于槐东路和槐豫中路的交口处。由于胡同里有两座小学，周边拥有大量的底商和商贩，以学生用品和杂食居多。乙组地点位于槐豫东路槐东花园南门口的街道。由于连接胡同车辆较少，此空间类似于"广场"，混合了通勤、泊车和沿街商贩等各种功能。丙组地点（图2）位于东郊区张家坡村村口。由于周边逐渐被开发成为高档住宅小区，此街道空间把附近居民、工地工人、村民、打工者以及商贩紧密联系在一起。

图2　丙组场地，摄于7月15日下午7点。"商贩一步行"空间，典型的中国城市发展中，流动人口利用空置地所自发组织的市场

　　每个不同特征的街道都蕴含其特有的空间生产逻辑，具体表现在社会大众对空间的使用（use）和调配（deployment）的手段中。这些又关联到大众在日常生活中的智慧创造、社会关系、规则秩序、冲突阻力、和习俗文化等。那么，是什么样的空间特性吸引了步行者/商贩的到来？这些（没有经过设计训练的）人们是怎样利用各种物质元素和社会机制来生产这一空间？又是怎样的力量来维持这个空间持续存在？工作坊的调研以这些问题为基准出发。

4. 调研方法

　　针对以上复杂现实的大问题，调研采取了进阶方法："基础任务"-"预期分析"-"探索反思"，从细节突破（图1）。"基础任务"：严格按照规定的方法来调研，主要体现在绘制街道地形、行为映射定点观察以及半结构访谈。"预期分析"：基于规定的方法调研后，进行深度访谈、总结场地中的日常规律与行为类型、推测各种可能性。"探索反思"则是聚焦具体问题或主题，通过自我反思进行图绘——结合前两个阶段揭露场地中的生产力，针对具体问题或空间关系，以叙事和图绘等设计形式整理逻辑并进行思考（图3）。

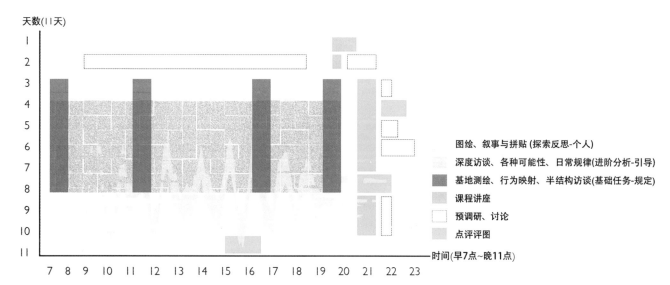

图3　三阶段调研模式的执行比例。如街道测绘（红）等"基础任务"是第3到8天必须完成的任务，也是在场学习观察和分析的重要手段之一；在场访谈和分析（灰）等"预期分析"是穿插在基础任务之间完成，需各组导师和学生讨论；而设计环节（蓝）作为"探索反思"则是在理解了场地之后，后期所尝试的设计绘图

4.1　规定方法和数据收集

　　工作坊制定了四个必须执行的系统方法，通过发掘和收集街道中可见与不可见的数据，形成了一个社会空间所应该具备的基本因素：物理状况、人为事件、客观环境、主观感受。方法如下：

　　●街道地形测绘：基于CAD地形图，通过观察地面、路边、华盖、建筑墙体四个方面总结与绘制场地中影响居民行为活动的物理要素。

　　●行为映射法：选择高于3m的观察点位。观察者视域可覆盖整个街道，减少遮挡物，并尽量隐藏起来，不影响街道人群活动。确定四个差异较大时段（07.00～08.00、11.00～12.00、16.00～17.00、19.00～20.00）。每时段，拍摄13组街道照片（每5分钟一组），用以记录人群信息和空间位置；拍摄10分钟视频，用以校对照片和理解活动轨迹；以及填写1份主观评价表。

　　●主观评价表：每时段主观记录个人感知：1. 基本信息（日期、时间、天气状况——晴天、雨天等）；2. 体感指标（体感气温、日照强度、可见度、噪声大小与来源等）；3. 场地状况（步行人数、停留人数、骑车人数、商贩人数、汽车数量与速度）；4. 场所描述。

　　●半结构访谈：访谈对象分为商贩、行人和停留人群三类。针对不同的人群特征具体设计了访谈问题、访谈时间、和访谈方法。访谈记录包含：1. 基本信息（日期、时间、地点、年龄、性别、工作类型），2. 访谈内容，3. 主观分析。每组随机访谈人数30～50人（三类人群各15人左右），每次10分钟以内。

5. 分类、合并与推测

三个研究组在收集数据的同时，通过集体研讨对街道物理要素、活动类型、人口特征等进行分类和聚类分析，推测分类和聚类原因并进行深度访谈。比如总结与绘制街道的四种物理要素（图4）："地面"针对CAD平面图绘制；"华盖"针对微气候分析（如阴影和光线）；"路边"针对空间边界和障碍物；"建筑墙体"针对人群特性、出入口人流和障碍物等。以及分类三种街道具体活动人群的信息（图5）：年龄（0~18、19~35、36~45、46~60、60+）、性别、活动种类（商贩、客户、特殊人群、具体活动）。

地面	华盖	路边	建筑墙面
宽度/间隙	遮阳/遮雨棚	绿化带/行道树	用地性质
绿化带/行道树	行道树	路灯/标识杆	首层后退
侧石	标识	流动商贩	建筑高度
坡道	阳台	报亭	建筑后退
地面划线	首层后退	已泊车辆	门前绿化
路灯/标识杆	建筑高度	自行车道	建筑门窗
道路铺装/材质/纹理	建筑后退	自行车停放位置	建筑出入口
街道家具	路灯/照明	街道家具	非街道停车
废弃物品	地标	废弃物品	
报亭/摊位		消防栓/挡车柱	
消防栓/挡车柱			

图4　街道物理要素归纳——地面、华盖、路边、建筑墙体

年龄分类：0-18、19-35、36-45、46-60、>60
性别分类：男、女
活动分类：

a.流动商贩类型	b.购买人群类型	c.特殊人群类型	d.具体活动类型
卖蔬菜	买蔬菜	交警、保安	遛狗
卖水果	买肉	城管	带孩子散步
卖肉	买水果	清洁工	孩子玩耍
卖熟食、小吃、馒头	买熟食、小吃	送外卖	下象棋、打扑克
卖生活用品、杂货	买生活用品	发传单	休息、坐着、吃饭
修理自行车、配锁等服务			站立
			步行

图5　行为映射法编码系统：人群信息提取归类

三组通过行为映射的照片开始萃取人群信息种类和具体空间位置，叠加并与街道地形地图合并，分析不同活动类型的具体空间位置，从而总结人群活动与建成环境的关联性。以丙组为例（图6）：

1. 由于街道周边拥有刚开发的高档住宅，观察到主要活动人群为36~60岁（收入较高），在晚饭后19:00~20:00期间步行人流剧增（时段占比73%）。

2. 不同类型的流动商贩有着明显的空间聚类和领域。例如，卖熟食是为了满足日常基本需求（郊区缺乏便利设施），持续时间较长（四个时段，19:00~20:00达到峰值）、类型占比较大（44%）、并长期占据路口最佳空间（可达性较好）。卖蔬菜针对购买目的明确的人群，时间较为集中（每天从16:00~17:00开始到19:00~20:00结束），聚集在街道与建筑之间较大且独立的空地上。他们重构划分了此空地来引导步行人流，供客户方便对比与筛选。然而卖水果则针对即兴购买（不是日常必需品）。这一类型大多属于临时商贩（例如果农），灵活的分布在步道两侧（较次/夹缝空间），时间较集中在步行人流剧增时段（19:00~20:00）但经常被城管赶走。

3. 场地中部分领域具有性别特征。例如，下棋以男性为主，聚集在建筑附近。减少人来人往打扰的同时，可临时借用餐厅桌椅使用；而买菜以女性为主，与我国家庭文化和消费文化也有着直接联系。

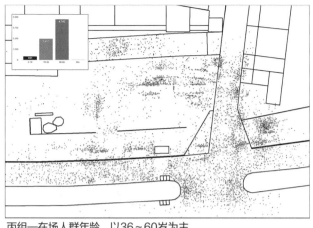

丙组—在场人群年龄，以36~60岁为主

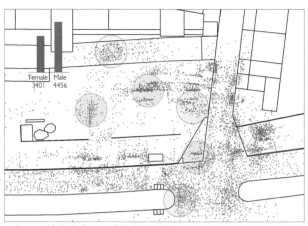

丙组—男性为主（57%）与性别领域

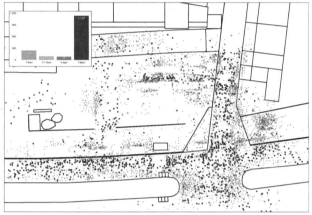

丙组—步行行为时段（主要7~8pm,73%）

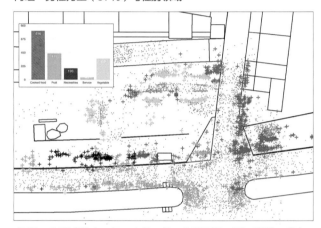

丙组—商贩（熟食—红，水果—绿，生活用品—黑，蔬菜—蓝）

图6　以丙组为例，合并街道地形测绘与行为映射法

6. 图绘（mapping）与叙事设计

在基于聚类分析的结果和深度访谈分析数据的同时，也发现了各自场地的具体问题，并尝试用叙事方式去设想未来场景或解决方案。例如，乙组集体设计了一个城市更新故事，讲述了一次政府主导的城市更新战略（strategies），是如何在通过个体日常实践的小策略（tactics）下逐步实现。

乙组街道场地被城中村和若干小区包围，类似于"混杂型广场"。初期最直观的问题集中在该区域现实物理状况，并认为糟糕的卫生环境和基础设施需要一定的改善（图7）。经过系统调研后，逐渐发现了看似杂乱无章的场地，其实在城中村居民与政府联手管理下自发运作。其中一些不可见的社会和政治关系网，更是决定了空间现状和实际使用之间的差异（图8）。

因此特意针对脏乱的问题，乙组试图构建出一个由"政府搭台，学者唱戏"的组织实践模式，上下并行的手段进行场地更新故事。故事中的政府通过雇佣学者深入场地里的商贩群体，实地勘察来进行改造建议的提出。在不破坏原本存在的空间权力构成的情况下，被雇佣的学者作为整改策划者需要通过访谈法、问卷法等调研方法诱导摊贩主动作出改变图9。真正做到政府牵头、专家领衔、公众参与、科学决策的城市规划原则。

以此故事为大背景，乙组还进行了细节场景的渲染。例如无菌餐车的设计，是为了保证食品从被烹饪到递给食客的时间里都处于无菌环境中。这一改善是由潜入的研究学者深入摊贩内部后以摊贩的身份推荐给其他摊主，最终实现改善商贩生产品质且不打乱街道活力的目的（图10）。

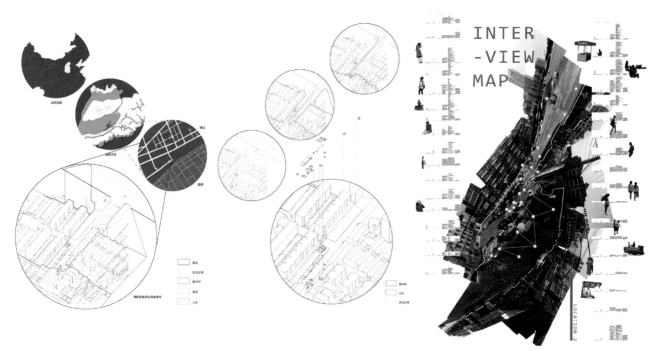

图7   三张图绘，调研街道位置以及周边状况：山西运城城区，槐东花园南门外混杂型"广场"，被城中村和若干小区包围（左图，中图）。通过采访和观察发现了街道最直观的问题（右图）：商贩卫生状况堪忧难以保证食品卫生；多数商贩每日需要从较远的地方至此；缺乏公共设施（如厕所）；摊车的商品存储摆放混乱，在干燥等特殊时节容易出现安全隐患；这一围合空间吸引违章停车；缺少人群休息的空间等

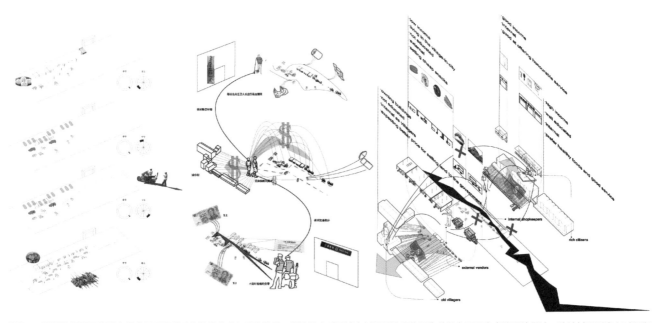

图8   三张图绘揭示了街道空间中不可见但决定性的社会与政治关系。当地政府对于城中村居民的贩售行为并没有采取完全清理的做法。该地村民则雇人对沿街的固定商贩收租，并维持交通秩序保证摊位摆放合理（左图）。此外，这个空间中也承载着政府督管机制，比如每日有公卫人员进场地清理，更有交警定时巡逻和排查违章停车（中图）。场地中融合了各类人群的日常生活。比如周边的房价较低，吸引了较多的非本地人口租住（甚至来自外省）；而周边的教育机构带来了较多儿童和家长等（右图）。场地中的商贩摊主是直接与不同人群交流的主角；城中村居民既是富有的地主又是低端消费者；城中村租户是主要低端消费者；小区居民嫌弃卫生状况很少消费，是高端服务的消费者；小区门市里的商贩提供着高端消费

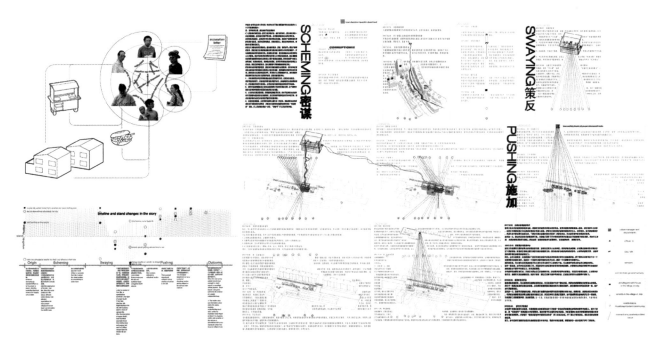

图9　图绘故事轴与关键场景。左上图是空间更新所涉及的权力主体以及他们的关系链，主角包括政府部门、当地商贩、设备供应商以及被政府委聘深入了解此社区的学者等。左下图的时间轴设想了每个关键时间节点所发生的事件。比如学者开始乔装当地商贩，并开始引导他们合理地使用新的干净的摆摊设备。右上图则是对应的关键事件节点所触发的具体场景

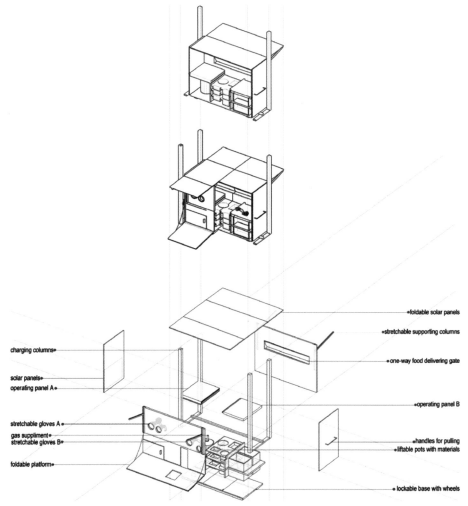

图10　无菌食物手推车的设计，得到政府赞助后大力生产，并借由乔装商贩的政府委托人推广给当地商贩，所谓对原商贩集团的"说服"，一种由内部展开的空间更新计划

7. 展望

在较短的时间内，工作坊从调研分析到叙事与图绘，解读出了一系列"商贩—步行"空间的生产机制和权力结构的同时，也是从"时间—空间—社会关系"的角度重新阅读中国中小型城市的街道空间。工作坊所基于的"基础任务"—"预期分析"—"探索反思"三阶段差异式调研，不仅系统地采集了相关数据，也运用多种创新实践方式探索空间机制和生产逻辑，并批判和测试现存的场地问题。这样系统性的方法将为此后其他相关中小型城市的街道研究提供参考。

本文作者

孙子文　爱丁堡大学建筑学博士生、教师（Tutor）、英国高等教育学会会士（Fellow of the Higher Education Academy）、苏格兰皇家建筑师协会会员（Associate of the Royal Incorporation of Architects in Scotland）、Cities & Heath期刊专家评审。研究课题为中国步行城市主义：概念、生活阶段、步行商贩空间。曾获爱丁堡大学人文社科学院2018年特威迪探索学术奖和2016年校长海外研究基金等。
　　电子邮箱：Ziwen.Sun@ed.ac.uk

陈曦博士　在纽卡斯尔大学完成创造性实践的博士研究后，现于伦敦布鲁内尔大学担任博士后项目助理研究员。他一直在英国和中国教授和实践另类建筑，并感兴趣于通过参与式设计和批判性空间实践来重新思考城市和公民身份。他热衷于探索建筑师/设计师的角色，为跨专业、政府、学术界和公众的合作建立网络。
　　电子邮箱：Xi.Chen@brunel.ac.uk

李城润　哈尔滨工业大学学士，谢菲尔德大学硕士，现任黑龙江省城市规划勘测设计研究院创研中心副主任。参与主持多项黑龙江省城市规划编制任务，业余时间执教基于社会联系网络的城市空间分析和改造的学术工作营，并基于工作营研究成果成功申请住房和城乡建设部的年度科研立项，致力于将深度的城市分析手法应用于实际的城市空间改造设计中。
　　电子邮箱：Waterlcr2@163.com

致 谢

感谢SRC城市街景设计研究中心成员在编写工作中的辛勤付出，对城市公共空间和街景设计的关注，使大家凝聚在一起，共同思考与合作。作为风景园林设计师，我们编写本书的愿景是在城市更新的背景下，共建被忽视的街道空间，积极促进和推动城市街景带给人们有趣而舒适的生活场所，让每个人在街道中共享幸福的生活。

这本手册是街景研究中心在理论研究、设计实践和专业教育三个领域内的成果集合。易兰规划设计院的设计团队、西安建筑大学、哈尔滨工业大学的老师们都参与其中，没有多方的共同努力，就没有如此丰富的内容。在本书的写作过程中，更是体现了团队协作的力量：哈尔滨工业大学负责编写了理论研究的内容，易兰规划设计院负责编写了设计实践的内容，西安建筑大学负责编写了专业教育的内容。

在成书的过程中，感谢孟兆祯院士、王建国院士、IFLA主席James Hayter教授和王向荣院长为本书题词作序，他们的思考蕴含着对街景议题的智慧；感谢提供设计案例和产品的设计单位和企业，这些鲜活的素材生动地展示了街景的魅力；感谢朱红女士、李珊女士分享多年项目管理的经验；感谢郭巍老师、杨光炤老师和孙子文博士分享以街景为主题的优秀教学成果和工作坊研究。

感谢中国建筑工业出版社的戚琳琳主任和相关编辑，他们的协调和沟通保证了本书的顺利出版。最后，还要感谢阅读本书并认真思考的读者们，街道与由此而生的街景设计是一个伴随城市更新永远开放的话题，期待无数有识之士的持续关注与参与。

附录一：国外街景相关标准

1. 街道设计

《纽约市街道设计手册》
Street Design Manual 2009
《美国城市友好街道设计指南》
《更好街道规划》
Better Streets Plan
《完整街道规划指南 2017》
Complete Streets Guidelines 2017
《旧金山街道设计手册》
SF better Streets – A guide to making street improvements in San Francisco
《波士顿完整街道指南》
Boston Complete Streets Design Guidelines
《洛杉矶活力街道设计手册》
Model Design Manual for Living Streets
《亚特兰大区域自行车与步行规划》
Atlanta Regional Bicycle and Pedestrian Plan
《城市街道设计指南》
NACTO Urban Street Design Guide
《加州完整街道法案》
the California Complete Streets Act
《伦敦街道设计导则》
Streetscape Guidance：A Guide to Better London Streets 2004
《街道设计手册》Manual for Streets, 2007
《街道设计指南工具箱》Streets toolkit
《城市道路的设计》（斯洛伐克标准学会）
Design of urban roads STN 73 6110-2004
《阿布扎比街道设计手册》
Abu Dhabi Urban Street Design Manual
《印度城市街道设计手册》
Better Streets，Better Cities：A Guide to Street Design in Urban India
《新德里街道设计导则》
Street Design Guidelines
《爱尔兰城市道路及街道设计手册》

《莫斯科街道设计手册》
《全球街道设计指南》
NACTO Global Street Design Guide
《夏洛特城市街道设计指南》
Urban Street Design Guidelines（Charlotte Department of Transportation）
《连接亚特兰大规划 |街道设计指南》
Connect Atlanta Plan | Street Design Guidelines
《2010年纽黑文完整街道设计手册》
New Haven Complete Streets Design Manual 2010
《圣地亚哥市街道设计手册》
The City of San Diego Street Design Manual
《街道手册》（英国交通部）
Manual for Streets（UK Department for Transport）
《公共街道改善设计指南》（波特兰）
Design Guide for Public Street Improvements（Portland）
《邻里街道设计指南》（Salem）
Neighborhood Street Design Guidelines（Salem）

2. 街道交通设计

《中心城市车道报告：车道设计指南（基督城）》
Central City Lanes Report: Lane Design Guide（Christchurch）
《行人安全指南》（萨克拉门托）
Pedestrian Safety Guidelines（Sacramento）
《设计可步行的城市大道：文脉敏感的方法》
Designing Walkable Urban Thoroughfares: A Context Sensitive Approach,（Washington, D.C.: Institute of Transportation Engineers, 2010）
《"载货和交付管理"，更好的商业街——现有条件和最佳实践》
"Loading and Delivery Management," Better Market Street — Existing Conditions and Best

Practices,（San Francisco: City of San Francisco, 2011）

《德国自行车交通设施指导建议》（ERA09）2009

《德国自行车与步行设计导则》

《城市自行车道设计指南》

NACTO Urban Bikeway Design Guide

《公共交通街道设计指南》

NACTO Transit Street Design Guide

《步行环境改善计划》

Improving Walkability: Good Practice Guidance on Improving Pedestrian Conditions as Part of Development Opportunities 2005

《伦敦骑行交通设计规范》

London Cycle Design Standards, TfL 2005

《伦敦步行计划》

London Walking Plan

《设计和工程手册》

Design and Engineering Manual（Washington D.C.: Columbia）

《巴士站设计指南》（贝尔法斯特）

Bus Stop Design Guide（Belfast）

《交通与健康在伦敦》

Transport and Health in London

《快速公交标准》

The BRT Standard（New York）

《快速公交：规划指南》（纽约）

Bus Rapid Transit: Planning Guide（New York）

《国家自行车手册》（都柏林）

National Cycling Manual（Dublin）

《在新西兰社区投资自行车的好处》（奥克兰）

Benefits of investing in cycling in New Zealand communities（Auckland）

《住宅区：挑战我们街道的未来》

Home Zones: Challenging the future of our streets（London）

《欧洲和新加坡的利用道路收费减少交通拥堵和为交通提供资金》

Reducing Congestion and Funding Transportation Using Road Pricing in Europe and Singapore

《慢行街道资料》（伦敦）

Slow Streets Sourcebook（London）

《交通安宁措施：设计指南》（加纳）

Traffic Calming Measures: Design Guideline（Accra）

3. 街道可持续设计

《芝加哥绿色街巷手册：创建更环保、可持续发展的芝加哥行动指南》

The Chicago Green Alley Handbook: An Action Guide to Create a Greener, Environmentally Sustainable Chicago,（Chicago: Chicago Department of Transportation, 2010）

《绿色街道计划》（波特兰市）

Green Streets Program

《圣马特奥郡可持续绿色街道和停车场设计指南》

San Mateo County Sustainable Green Streets and Parking Lots Design Guidebook

4. 街道活力健康设计

《伦敦健康街道》

Healthy Streets for London

《健康街道说明》

Healthy Streets Explained

《健康街道:设计特点和优势》

Healthy Streets: Design Features and Benefits

《活力街道 | 多伦多协调街道家具计划设计和政策指南》

Vibrant Streets | Toronto's Coordinated Street Furniture Program Design and Policy Guidelines

《健康街道证据审查》（多伦多）

Healthy Streets Evidence Review

5. 公共空间设计（街道专篇）

《包容性城市设计:创建易访问的公共空间指南》（英国标准学会）

Inclusive Urban Design: A Guide to Creating Accessible Public Spaces BIP 2228-2013

《老人和残疾人指南——移动性协助用公共空间听众指南》（日本工业标准调查会）

Guidelines for older persons and persons with disabilities — Auditory guides in public space for

mobility assist JIS T0902-2014
《无障碍建筑——设计原则——第3部分：公共流通领域和开放空间》（德国标准化学会）
Construction of accessible buildings — Design principles — Part 3: Public circulation areas and open spaces DIN 18040-3-2014
《城市货运案例研究》
(Washington, D.C.: USDOT, Federal Highway Administration Office of Freight Operations and Management, 2009)
《多模式走廊和公共空间设计指南》
Multi-Model Corridor and Public Space Design Guidelines (Indianapolis MPO)

《高效基础设施指导手册》（纽约市）
City Infrastructure Improvement Guidebook
《通向公园的小路》（旧金山）
Pavement to Parks (San Francisco)
《建设健康场所工具箱：在建筑环境中增进健康的战略》（华盛顿特区）
Building Healthy Places Toolkit: Strategies for Enhancing Health in the Built Environment (Washington, D.C.)
《部署公园业务手册》（葡萄牙）
Manual Operacional para Implantar um Parklet Secretaria Municipal de Desenvolvimento Secretaria Municipal Adjunta de Planejamento Urbano

附录二：国内街景相关标准

1. 街区风貌类

《城市容貌标准》GB50449——2008
《特色商业街评价指南》SB/T 11011——2013
《城市街容标准》（浙江）DB33/T1001——2003

2. 交通规划类

《城市综合交通体系规划标准》GB/T 51328——2018
《城市轨道交通线网规划标准》GB/T 50546——2018
《城市道路交通组织设计规范》GB/T 36670——2018
即将实施（2019.07）
《休闲绿道服务规范》GB/T 36737——2018
《城市道路路线设计规范》CJJ 193——2012
《城市道路管理条例》（国务院）
《绿道规划设计导则》（住房城乡建设部）
《城市步行和自行车交通系统规划设计导则》（住房城乡建设部）
《江苏省城市步行和自行车交通规划导则》（省住房和城乡建设厅）
《重庆市山城步道和自行车交通规划设计导则》（重庆市城乡建设委员会）
《深圳市步行和自行车交通系统规划设计导则》（深圳市规划和国土资源委员会）

3. 道路工程类

《城市轨道交通公共安全防范系统工程技术规范》GB 51151——2016
《道路工程术语标准》GBJ124——1988
《城市道路交通标志和标线设置规范》GB51038——2015
《城市道路交通设施设计规范》GB50688——2011
《城市道路交叉口规划规范》GB50647——2011
《城市道路交叉口设计规程》CJJ 152——2010
《城市道路工程设计规范》CJJ37——2012
《城市道路路基设计规范》CJJ194——2013
《城镇道路路面设计规范》CJJ169——2012
《城市道路路线设计规范》CJJ193——2012
《城市人行天桥与人行地道技术规范》CJJ69——95

《城市用地竖向规划规范》CJJ 83——99
《公交专用车道设置》GA/T507——2004
《城市道路空间规划设计规范》DB11/1116——2014
《广州市城市道路全要素设计手册》
《广东省城市道路设计技术指南》

4. 公共设施类

《公共信息导向系统导向要素的设计原则与要求第4部分：街区导向图》GB/T 20501.4——2018
《道路交通信号灯设置与安装规范》GB14886——2006
《无障碍设计规范》GB50763——2012
《城市公共设施规划规范》GB50442——2008
《道路交通标志和标线》GB5768——2009
《城市环境卫生设施规划规范》GB50337——2003
《城市道路和建筑物无障碍设计规范》JGJ50——2001
《城市夜景照明设计规范》JGJ/T163——2008
《城市道路照明设计标准》CJJ45——2015
《城市道路路内停车泊位设置规范》GAT850——2009
《城市道路公共服务设施设置与管理规范》DB11/T 500——2016
《城市景观照明技术规范》DB11/T 388——2015

5. 市政绿化类

《城市绿地设计规范》GB 50420——2007
《城市道路绿化规划与设计规范》CJJ75——1997
《通道绿化技术规程》LY/T2647——2016

6. 地区街道设计导则

《上海市街道设计导则》（上海市规划和国土资源管理局、上海市交通委）
《佛山市街道设计导则》（佛山市国土资源和城乡规划局）
《济宁市街道设计导则》（济宁城乡规划局）
《昆明市街道设计导则》（昆明市规划局）
《南京市街道设计导则（试行）》（南京市规划局）
《罗湖区完整街道设计导则》
《北京街道更新治理城市设计导则》